LES JEUNES
NATURALISTES

OU

Entretiens familiers sur les Animaux, les Végétaux et les Minéraux

PAR

Mme ULLIAC-TRÉMADEURE

TOME II

PARIS

DIDIER, LIBRAIRE-ÉDITEUR,

35, quai des Augustins.

Bibliothèque d'Ouvrages choisis pour la Jeunesse

LES

JEUNES NATURALISTES

II

PARIS. — IMPRIMÉ CHEZ BONAVENTURE ET DUCESSOIS
QUAI DES AUGUSTINS, 55, PRÈS DU PONT-NEUF

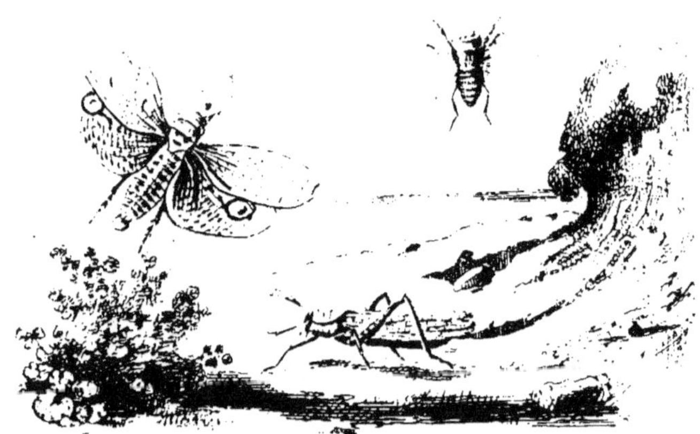

Le Fulgore. — Le Criquet. — La Cigale.

Nid de Termès pelliqueur. — Nid de Termès des arbres.

LES JEUNES
NATURALISTES

OU ENTRETIENS
SUR
L'HISTOIRE NATURELLE DES ANIMAUX
des Végétaux et des Minéraux

PAR

Mlle ULLIAC TRÉMADEURE

Sixième Édition

II

PARIS
DIDIER, LIBRAIRE-ÉDITEUR
35, QUAI DES AUGUSTINS

1856

LES
INSECTES

CHAPITRE PREMIER.

Les insectes en général.—Métamorphoses.—Les yeux à
réseaux,—Armes des insectes.—Leurs ruses.

« Je suis chargé d'une requête auprès de toi,
mon ami, dit un soir madame Derville à son mari ;
c'est de te prier de nous dire le nom des insectes,
en attendant le jour où tu reprendras les entretiens
sur l'histoire naturelle qui nous intéressent tous si
vivement.

—Les noms des insectes ! répéta M. Derville en
riant. Ce ne serait pas petite besogne, car on en
compte plus de soixante mille espèces.

—Soixante mille espèces ! » répétèrent à leur tour
Amédée et sa sœur ; et ils se regardèrent d'un air
stupéfait.

« Tu sais, ma chère amie, ajouta M. Derville,
qu'à mon avis, la science des noms n'est pas celle par

laquelle il faut commencer, dans l'histoire naturelle surtout.

— Eh bien, mon petit père, s'écria Cécile, commençons par des histoires, veux-tu?

M. DERVILLE. — Mais nous sommes convenus, il me semble, que nous ne reprendrions nos entretiens que la semaine prochaine!

CÉCILE.—Oui, mon père; c'est-à-dire si Amédée et moi nous n'avions pas mis en ordre nos notes sur les entretiens précédents; mais c'est fait; tu as vu nos cahiers et tu en es content, n'est-ce pas, mon petit père? Oh! je t'en prie, je t'en supplie, recommençons dès ce soir! »

Amédée joignit ses instances à celles de sa sœur, et M. Derville céda en disant : « Je suis content de vous, mes enfants, il est vrai, et puisque vous désirez si vivement de continuer nos entretiens, continuons.

CÉCILE. — Oh! quel bonheur! Mon père, par quel insecte allons-nous commencer?

M. DERVILLE.—Tous, ma fille, sont presque aussi intéressants l'un que l'autre; quelques mots vont vous mettre à même d'en juger. Tous, ou presque tous sont soumis à une métamorphose partielle ou complète; c'est-à-dire que, pour arriver à ressembler à leur père et à leur mère, ils doivent passer par différentes formes qui modifient non-seulement l'extérieur, mais aussi l'intérieur. Vous avez pu prendre une idée de ce qu'on appelle métamorphose par ce que nous a offert le têtard devenant grenouille; ici, les transformations sont plus extraordinaires encore. De même que le têtard, tel insecte éclôt dans l'eau, vit dans l'eau plus ou moins longtemps, puis se transforme et vit désormais sur la terre et dans l'air. Vous qui savez que les animaux aquatiques respirent l'eau par des *branchies,* vous devez comprendre qu'il doit s'opérer en eux un changement total pour arriver à pouvoir respirer l'air par des *stigmates.*

Amédée. — Et des trachées, n'est-ce pas, mon père?

M. Derville. — Les branchies de quelques insectes aquatiques correspondent à des trachées ou vaisseaux aériens qui reçoivent l'air dégagé de l'eau par l'effet des branchies ; mais ces trachées n'offrent pas absolument la même structure chez l'insecte tour a tour terrestre et aquatique, qui, après avoir respiré l'air par des branchies, le respire plus tard par des stigmates : d'où résulte nécessairement un changement complet dans tout l'appareil respiratoire. Et quand on songe à l'extrême petitesse de l'insecte chez lequel s'opèrent ces changements, on s'humilie devant le Créateur de si grandes merveilles.

Amédée. — Ainsi, mon père, le sang ne circule pas chez les insectes ; ce sont les trachées qui lui portent de l'air, comme dans les araignées trachéennes ?

M. Derville. — Oui, mon fils ; mais chaque espèce présente dans son organisation particulière des différences notables. Nous les étudierons attentivement un jour ; bornons-nous pour à présent à quelques généralités sur la structure des insectes ; ce nom vient du mot latin *intersectus,* entrecoupé.

« Tous les insectes ont une tête, des antennes, des yeux, une bouche *armée* de différentes manières, des yeux à réseaux, des yeux lisses, un corselet ou thorax, un abdomen aux côtés duquel s'ouvrent les stigmates ; enfin des membres, c'est-à-dire des pattes, des

ailes ; les uns ont des pattes et des ailes, les autres ont
seulement des pattes. Chez ceux dont la bouche est
destinée à *broyer*, soit le feuillage, soit d'autres insectes,
cette bouche présente une lèvre supérieure ou *labre*,
une lèvre inférieure, deux mâchoires supérieures appelées *mandibules* et deux mâchoires inférieures ; celles-
ci supportent deux petites antennes ou *palpes*, plus ou
moins développées, en tout six pièces ; toutes nécessaires, car vous savez que rien d'inutile n'a été donné
à chaque animal. Les palpes servent à l'insecte à reconnaître la nature de ce dont se compose sa nourriture ; les mandibules, à la saisir, à la retenir pendant
que les mâchoires officient. Chez quelques insectes,
la bouche n'est autre chose qu'une véritable trompe
avec laquelle ils pompent ou le sang des animaux, ou
le miel des fleurs.

« Avant de vous parler des yeux à réseaux et des
stemmates, yeux lisses, je vous rappellerai ce que je
vous ai dit de la métamorphose du iule ; celle des insectes est plus extrordinaire encore.

« L'insecte doit passer par trois *états* différents ou
formes différentes avant que d'arriver à l'état parfait. Le premier état est celui de ver : en sortant de
l'œuf, l'insecte, quel qu'il soit, a la forme d'un ver ;
il prend ensuite celle de *larve,* première métamorphose ; ainsi la chenille est la *larve* qui sort de la peau
du ver contenu dans l'œuf du papillon... Ne m'interrompez pas ; vous ferez bientôt les questions qui vous
viennent à l'esprit. Après un temps quelquefois assez
long, la larve se métamorphose en *nymphe ;* troisième
état et seconde métamorphose ; la *chrysalide* est la
nymphe de la larve appelée chenille. Vous savez tous
les deux que, dans cet état, la chenille, comme em-

maillotée dans une peau assez dure, ne bouge pas, ne mange pas. Qui dit *nymphe,* dit, pour presque tous les insectes, immobilité, repos complet, abstinence de toute nourriture solide ou liquide. Pendant que l'insecte demeure ainsi emmailloté, s'opèrent à la fois et le grand changement de forme extérieure, qui va lui donner des pattes, des ailes, à lui que dans son état de larve on a vu ramper ou nager, et le grand changement intérieur qui substituera des stigmates aux branchies, des yeux à réseau aux yeux lisses.

Cécile. — Mon père, mais la chenille n'a pas de branchies, elle qui vit sur les arbres?

M. Derville. — Non, sans doute; mais les stigmates à l'aide desquels elle respire à l'état de chenille, n'occuperont pas la même place quand elle sera passée à *l'état parfait,* celui de papillon. Voilà, vous le voyez, quatre formes bien différentes et trois métamorphoses tellement complètes, qu'il ne reste rien à l'insecte non-seulement de son état de ver, le premier de tous, mais de ses goûts comme larve; ainsi tel insecte, qui, à l'état de larve, est *carnassier,* ne se nourrira, à *l'état parfait,* que de végétaux ; tel autre, qui, à l'état de larve, ne se nourrit que de végétaux, deviendra, à l'état parfait, carnassier.

Madame Derville. — L'esprit demeure confondu à la seule pensée de transformations si entières s'opérant dans des individus tellement petits, qu'il faut le secours du microscope pour les bien voir !

M. Derville. — Des observations curieuses faites par Swammerdam et Malpighi ont prouvé que l'insecte parfait, le papillon futur, par exemple, est renfermé dans le ver, qui n'est pas toujours de la grosseur même d'un fil, qu'on voit sortir de l'œuf d'un papillon ; et voici comment Swammerdam est arrivé à le découvrir.

En faisant bouillir dans l'eau pendant quelques minutes une chenille prête à passer à l'état de nymphe ou de chrysalide, ou bien en la plongeant dans l'alcool (esprit-de-vin) et l'y laissant plusieurs jours jusqu'à ce que ses pattes eussent pris de la consistance, il vint à bout de mettre à découvert le futur papillon. Il vit que les ailes, roulées sur elles-mêmes comme une espèce de corde, sont logées alors entre le premier et le second anneau ou tégument de la chenille ; que les antennes et la trompe sont appliquées sur le devant de la tête, et que les pattes, quoique bien différentes de celles de la chenille, ont pour étuis celles de cette dernière.

AMÉDÉE. — Que tout cela est extraordinaire et curieux !

M. DERVILLE. — A ce propos M. Lacordaire dit dans son Introduction à l'entomologie, qu'une chenille n'est pas un animal *simple*. C'est en effet un animal composé contenant en lui le germe du papillon futur renfermé dans ce qui sera un jour le fourreau de la nymphe, fourreau qui lui-même est contenu dans plusieurs peaux placées les unes sur les autres. A mesure que la chenille grossit, ces peaux se dilatent, apparaissent au dehors, et sont tour à tour rejetées, jusqu'à ce que l'insecte parfait, qui était caché sous cette suite d'enveloppes ou de masques, se montre sous la forme qu'il ne quitte plus désormais.

MADAME DERVILLE. — Mes enfants, connaissez-vous rien de plus admirable ?

— Oh ! non, maman !

M. DERVILLE. — La métamorphose a lieu à l'intérieur comme à l'extérieur, puisque la chenille vit de feuillage et le papillon du miel pompé dans les fleurs. Les organes de la digestion ne peuvent donc plus être les mêmes, pas plus que ceux de la respiration ne peuvent être les mêmes chez la demoiselle libellule qui vit dans l'air et chez sa nymphe qui vit dans l'eau.

AMÉDÉE. — Mon père, et les yeux à réseau du papillon?

CÉCILE. — J'en ai entendu parler, mais je ne sais pas ce que c'est,

M. DERVILLE. — Les yeux ainsi nommés chez les papillons et chez les mouches de toutes les espèces, présentent en effet une sorte de réseau à mailles régulières. Ces prétendues mailles sont chacune un œil ayant pour *voisins* d'autres milliers d'yeux.

CÉCILE. — Des milliers, mon père! Il y a des milliers d'yeux dans un œil de papillon et de mouche?

M. DERVILLE. — On en compte seize mille et plus *dans* les deux yeux d'une mouche ordinaire, et près de trente-huit mille *dans* les deux yeux d'un papillon.

CÉCILE. — Ah! mon Dieu! et moi qui n'ai pas encore pu voir où sont placés les yeux d'un papillon, tant ils sont petits!

AMÉDÉE. — Moi j'en ai vu; on les trouve de chaque côté de la tête, tout auprès des antennes, tu sais, Cécile, ces deux longues barbes...

CÉCILE. — Oui, oui, je sais bien ce que c'est que des antennes. Tous les insectes en ont. Il y en a même dont les antennes sont si longues, si longues, qu'on ne conçoit pas comment elles ne s'accrochent point partout. Cela doit bien les embarrasser pour marcher et pour voler, ces espèces de cornes!

M. Derville. — Loin de les embarrasser, les antennes servent au contraire à les empêcher de tomber dans quelque piége. Avec leur secours, ils sondent le terrain sur lequel ils courent, et ils sont avertis de l'approche des objets extérieurs.

Cécile. — Mais mon père, les insectes doivent voir tout autour d'eux et de près comme de loin avec leurs milliers d'yeux et leurs yeux lisses?

M. Derville. — D'après l'examen des naturalistes modernes, il paraîtrait que les yeux des insectes ne sont point aussi parfaits, aussi complets que l'œil de l'animal vertébré. Mais ici la quantité supplée apparemment à la qualité, car les insectes voient fort bien. Tu dois comprendre, ma fille, qu'il n'est pas facile de disséquer des organes si délicats, si petits; cependant, avec le secours de fortes loupes et d'excellents microscopes, on est parvenu à reconnaître les vaisseaux aériens qui jouent un rôle très-important dans tout l'individu, et qui naissent d'assez gros troncs situés dans la tête. Ces vaisseaux forment autour de l'œil une trachée circulaire d'où part une infinité de rameaux; des filets nerveux non moins nombreux, se croisant avec eux, donnent des angles multipliés, et de cet assemblage de trachées et de filets nerveux, résulte, à la circonférence de l'œil, une sorte de réseau dont l'aspect est très-gracieux.

Amédée. — Ainsi, mon père, ces milliers d'yeux se réduisent pourtant à n'être que deux yeux à facettes.

M. Derville. — C'est une chose sur laquelle les savants ne sont point aussi prompts que toi, mon fils, à se prononcer. Si j'avais de bonnes planches, bien faites, j'essaierais de vous faire comprendre le mécanisme de la vision, les organes dont l'œil se compose, et je vous dirais ensuite ce qui manque à l'œil à réseau de l'insecte pour être aussi complet que celui des animaux vertébrés ; mais, privé du secours du dessin qui abrége la description et qui montre ce qu'on ne peut décrire, je dois me borner à vous dire que chaque œil lisse est un seul organe, tandis que l'œil composé, ou à réseau, est formé par la réunion d'un grand nombre d'yeux. Si des antennes, instruments du toucher doués du tact le plus délicat, ont été données à l'insecte, c'est que des dangers sans nombre l'environnent de toute part, et il fallait qu'il en fût averti à l'instant non-seulement par la vue, mais aussi par le tact. Car le plus petit moucheron, l'insecte invisible, sont encore des preuves, par leur organisation si admirable, de la bonté comme de la puissance infinie de Dieu.

AMÉDÉE. — Mon père, les insectes *broyeurs* ont à coup sûr des dents?

M. DERVILLE. — En général ils n'en ont d'autres que les deux mandibules de substance cornée très-dure, et qui sont placées chacune de chaque côté de la bouche, au-dessus de ce qu'on appelle les mâchoires. Cette dent unique, par la diversité de ses formes et de ses dentelures, représente celles que chez les animaux vertébrés on désigne sous les noms d'incisives et de molaires. La bouche des insectes ne ressemble pas du tout à celle des animaux que vous connaissez, et toutes mes descriptions ne pourraient vous en donner une idée. Prenez une loupe, examinez vous-mêmes, mes enfants, et alors j'aurais l'espoir d'être compris. Il en est de même de ce qu'on appelle *suçoir, trompes* ou *langues*. Chacun de ces petits in-

1.

struments de déglutition est un chef-d'œuvre en son genre. Les uns sont renfermés sous une gaine; d'autres sont tournés en spirale, d'autres sont divisés en deux ou trois filets que contient un étui articulé et pouvant, en quelque sorte, se replier sur lui-même.

MADAME DERVILLE.—Une chose m'inquiète, mon ami, c'est de savoir comment on a pu classer ces infiniment petits afin de s'y reconnaître et d'avoir la possibilité de les étudier *commodément* par espèces bien déterminées.

M. DERVILLE. — C'est particulièrement sur la présence ou l'absence des ailes, sur leur forme, leur contexture, sur la conformation de la bouche, celle des palpes, des antennes, enfin sur le nombre et la disposition des articles du tarse, que les divisions en ordres, puis en familles, en tribus, en genres, ont été établies. La classe entière se compose de huit ordres : des *aptères* d'abord, ou insectes sans ailes, qui renferment, entre autres familles, celle des parasites; le second est celui des *coléoptères*. Dans cet ordre sont compris tous les insectes dont les ailes, quand ils les replient, se trouvent renfermées sous des élytres ou étuis; tels sont le hanneton, la coccinelle. Mais avant d'aller plus loin dans la dénomination des huit ordres, remarquez, mes enfants, que ces mots, *étranges* à votre oreille peut être, sont des plus faciles à comprendre, et par conséquent à retenir. *Ptéron*, est un mot grec qui signifie *ailes*; nous en avons fait celui de *ptère*; nous n'avons donc à nous inquiéter que de la signification de la première syllabe ou des deux syllabes qui le précèdent; et cette signification, le dictionnaire la donne. Ainsi cherchons *aptères, coléoptères*, nous trouverons *a* privatif, c'est-à-dire *qui ôte,* qui *annule*;

les ailes étant *ôtées*, *annulées* dans le premier ordre des insectes, nous en concluons naturellement et avec raison que les insectes *aptères* sont *sans* ailes. Cherchons le nom de *coléoptère*; nous trouvons le mot grec *Koleos*, qui signifie *étui*; nous regardons un hanneton voler; nous voyons que, lorsqu'il replie ses ailes, celles-ci se logent dans un étui; nous en concluons que le second ordre, celui des coléoptères, se compose des insectes dont les ailes sont protégées par un étui. Maintenant que je vous ai mis sur la voie, vous parviendrez aisément à comprendre le *pourquoi* des noms donnés aux ordres suivants : orthoptères, hémiptères, névroptères, hyménoptères, lépidoptères, diptères, et l'ayant compris, vous vous rendrez promptement ces dénominations familières.

« De même vous arriverez à comprendre les subdivisions en sous-ordres, en tribus, en genres, si vous prenez garde que les antennes présentent quelquefois la forme d'une alène, d'autres fois qu'elles sont munies à leur extrémité de boutons ou arrondis, ou allongés en massue; enfin, que le tarse ou coude-pied se compose de un ou plusieurs articles ou phalanges, et qu'il est terminé par un ongle plus ou moins puissant. Le tarse, sa forme, ses divisions, sont au nombre des caractères qui ont servi le mieux à la classification des soixante mille espèces d'insectes.

Cécile.—Mon père, est-ce que nous serons obligés de *vérifier* tout cela par nous-mêmes?

M. Derville, *en riant.*—La *vérification* a été faite depuis longtemps, et, grâce au ciel, aucun de nous n'est chargé de la recommencer. Mais ce que nous pourrons faire, quand nous aurons un microscope, ce sera d'examiner le dernier article du tarse de quelques espèces d'insectes. Nous en trouverons dont le tarse est armé de deux ou de quatre crochets déliés, mais forts ; d'autres nous présenteront une masse de poils courts, touffus, et des pelotes qui aident merveilleusement l'insecte à se soutenir sur des corps que nous jugeons parfaitement polis, parce que nous ne les examinons point au microscope.

CÉCILE.—Comme les mouches au plafond, sur les vitres et sur les glaces, n'est-ce pas, mon père ?

AMÉDÉE. —Mais, mon père, dans tout cela, je ne vois pas que les insectes soient armés, comme je l'ai entendu dire.

M. DERVILLE. — Quand tu les examineras, tu reconnaîtras qu'ils le sont de pied en cap. Les uns se présenteront couverts de leur cuirasse qui enveloppe le corselet, et qu'on appelle *écusson*, de leurs élytres fermées par-dessus leurs ailes repliées ; les autres te montreront les touffes de crin rude dont ils sont hérissés ; d'autres encore leurs redoutables épines : voilà les armes défensives ; les armes offensives, ce sont les mandibules si terribles chez la plupart, parce que, creuses comme les crochets venimeux des serpents, elles laissent de même couler dans la blessure qu'elles ont faite, un poison qui glace ou engourdit la victime ; des pinces, des cornes, des crochets venimeux complètent *l'arsenal* dont la nature les a pourvus. Pour la fuite ils ont des ailes ; quelques-uns d'entre eux possèdent encore, dans les ressorts dont leurs pattes de derrière sont armées, le moyen de faire des sauts prodigieux ; d'autres filent rapidement en se laissant tomber d'une grande hauteur, et, par le secours de ce fil, arrivent si promptement à terre, qu'ils échappent soudain à leur ennemi.

Cécile. —Les chenilles font ainsi.

Amédée. — Et les araignées en font autant.

M. Derville. —Ce n'est pas tout; les ruses de guerre leur sont connues. Quelques-uns contrefont le mort; ils ramassent leurs pattes, se roulent en boule et demeurent ainsi des heures entières sans donner signe de vie; ou bien ils étendent au contraire leurs membres et leur donnent assez de roideur pour faire supposer que depuis longtemps ils n'existent plus; d'autres, couverts de poussière ou de sable, demeurent immobiles au moindre bruit. Le carabe pétard, au contraire, qui vit caché dans la terre, épouvante l'ennemi en faisant jouer son artillerie. De la partie inférieure de son abdomen s'échappe, en détonnant, une vapeur bleuâtre et acide; presque aussitôt tous les carabes des environs répondent au canon d'alarme, et ces bruits souterrains, ces vapeurs bleuâtres, s'échappant de la terre crevassée, offrent la représentation, en *miniature,* de l'éruption de plusieurs volcans.

Il est d'autres insectes dont les ruses, ou plutôt le déguisement, n'ont rien de bien tentant. Tel est, par exemple, le criocère du lis, petit scarabée d'un si beau rouge; il se fait une robe avec ses excréments.

Cécile. — Oh! le vilain!

M. Derville. — Plusieurs insectes ont recours à ce stratagème pour échapper à la vue perçante de leurs ennemis; ou bien, de même que le cicindèle à cocarde, ils font sortir de leur corps une humeur âcre, amère, qui dégoûte les oiseaux, et les oblige de lâcher prise. A l'état de larve, les insectes aquatiques savent aussi contrefaire le mort: mais, au lieu de se pelotonner ou de se roidir, les larves trouvent le moyen de rendre leur corps mollasse et flasque; elles laissent pincer, tirailler leur peau distendue, couverte de boue, et souffrent les piqûres, les déchirures avec un courage vraiment stoïque.

MADAME DERVILLE. – Qui se douterait jamais qu'on peut trouver du stoïcisme dans un insecte privé de tout moyen de défense!

M. DERVILLE. — Oui, de tout moyen de défense, comme tu le dis fort bien, ma chère amie; car, à l'état de larve, les insectes n'ont point de *cuirasse*, et ils ne possèdent d'autres armes offensives et défensives que leurs mandibules; mais leur instinct les avertit qu'en se donnant l'apparence d'animaux morts et presque en putréfaction, ils dégoûteront ceux des oiseaux et des poissons qui ne se nourrissent que de proie vivante.

AMÉDÉE. — Mon père, il y a des insectes qui se nourrissent de corps morts?

CÉCILE. — Veux-tu te taire! Pourquoi parler de cela?

M. DERVILLE. — Si tu ne *permets* pas que nous en parlions, ma fille, il faut nous résigner à ne point nous occuper des insectes. La plupart semblent avoir été créés pour aider les oiseaux sarcophages à débarrasser la terre, non-seulement de ces tristes restes, mais aussi des excréments des animaux.

CÉCILE. — Ah! qu'elle devient sale l'histoire des insectes!

M. DERVILLE. — Je comprendrais et je pardonnerais tes répugnances si elles étaient fondées sur quelque chose de raisonnable; mais comme il n'en est rien, je te répéterai ce que déjà je t'ai dit à propos des reptiles, qu'il n'est pas d'animal si repoussant, si dégoûtant qu'il puisse paraître, qui n'offre quelque

que chose d'intéressant à étudier, soit en lui-même, soit à cause des rapports existants entre lui et le besoin que l'homme si dédaigneux, si orgueilleux surtout, peut avoir de ses services.

Amédée. — A propos de cela, mon père, il y a une chose que je ne peux pas comprendre, c'est que des quantités d'insectes paraissent sortir de terre dès qu'il se trouve quelque chose.... qui leur convient. Je me suis amusé à faire attention à cela depuis quelques jours. Il y en a donc des quantités partout?

M. Derville. — Sans aucun doute. Les insectes abondent en tout lieu : les arbrisseaux, les plantes, la terre, l'écorce des arbres, l'eau, la mousse, le sable, les animaux vivants, les animaux morts ont les leurs. Mais l'unique occupation des insectes étant de se nourrir et de trouver un *nid* pour y déposer leurs œufs, le Souverain dispensateur de toute chose a dû leur donner l'un des organes les plus nécessaires à la découverte de la proie qu'ils sacrifieront soit à leur voracité, soit aux besoins de leur postérité à venir, j'entends par là l'*odorat* développé au plus haut degré.

Cécile. — Mon père, ils ont donc un nez?

M. Derville. — M. Duméril, savant distingué dont s'honore la France, a été l'un des premiers à faire remarquer la folie de chercher, chez les insectes, les instruments de l'odorat au même lieu où ils sont placés chez l'homme, les mammifères, les oiseaux, les reptiles. Voici ce qu'il dit à ce sujet ; écoutez-moi avec attention et tirez vous-mêmes la conséquence de ses paroles : « Les mammifères, les oiseaux, les « reptiles sont organisés comme l'homme sous le rap- « port de l'oléfaction (c'est-à-dire de l'odorat). Cela « devait être, puisque tous respirent *par des poumons,*

« et que l'air qui pénètre dans leur corps, pour cet
« usage, n'y peut parvenir que par une seule route,
« qui est la double entrée des narines...»

CÉCILE. — Et la bouche.

AMÉDÉE. — Tais-toi donc, ma sœur !

M. DERVILLE. — Écoutez bien ceci, tous les deux :
« C'est sur ce passage forcé et à l'orifice même (c'est-à-
« dire à l'entrée que l'essai de la qualité de cet air
« doit être fait, pour que l'animal soit averti du dan-
« ger de l'admettre, et de la nécessité de le repousser. »
Eh bien ! que concluez-vous de ce que vous venez
d'entendre ?

CÉCILE, *étourdiment.* — Je ne sais pas, mon père.

AMÉDÉE, *après un moment de réflexion.* — Je ne
vois pas trop où M. Duméril en veut venir.

M. DERVILLE *à sa femme.* — Et toi, ma chère amie ?

MADAME DERVILLE. — N'est-ce point par les stigmates que les insectes respirent ?

— « Ah ! j'y suis ! s'écria Cécile en sautant de
joie.

AMÉDÉE. — Et dire que je n'y ai pas songé tout
d'abord !

M. DERVILLE. — Si tu m'avais écouté avec plus
d'attention, tu te serais trouvé mis sur la voie par
M. Duméril, qui n'y a été mis, lui, que par ses propres
observations, aidées d'une grande justesse de raison-
nement. Ceci, mes enfants, n'est pas prouvé et n'est
pas positivement admis dans la science, mais c'est on
ne peut plus probable. On est allé jusqu'à dire que
les insectes doivent percevoir les odeurs par le corps
entier ; voilà qui est peut-être outré. Si, en effet, ils
les perçoivent par les stigmates, comme tout porte à
le croire, il est probable que, passé les membranes dis-

posées, sans nul doute, pour recevoir l'impression des odeurs, les odeurs deviennent insensibles aux trachées, comme elles le sont, en qualité d'odeurs et non pas d'air plus ou moins vicié, à nos poumons; mais, en même temps, il est également probable que le nombre souvent assez grand de stigmates rend la perception des odeurs plus vive, plus prompte; ainsi peut s'expliquer la promptitude avec laquelle le nécrophore fossoyeur, par exemple, est averti qu'à vingt pas, qu'à cent pas de là, peut-être, se trouve une taupe, une souris morte à enterrer, et comment la chenille, transportée par hasard sur une plante, sur un arbre qui ne lui convient pas, sait découvrir bientôt l'arbre, la plante dont le feuillage seul peut la faire vivre; ceci explique aussi comment la fiente d'un animal attire à l'instant, pour ainsi dire, les bousiers, les sphéridies, les escarbots, les staphylins, les mouches qui se mettent aussitôt à travailler à leur manière, et parviennent à faire disparaître complétement ces causes de dégoût et de miasmes souvent malfaisants.

Madame Derville *à Cécile*. — Commences-tu à *pardonner* ces détails de l'histoire des insectes?

Cécile. — Maman, je comprends que cette fois, comme toujours, mon père a raison, et qu'il faut savoir surmonter ses répugnances pour apprendre des choses.... très.... extraordinaires au moins. Mais j'aimerais mieux, pourtant, l'histoire des papillons et des jolies demoiselles au corps bleu brillant et aux ailes de gaze que nous avons vues, l'autre jour, voltiger au-dessus du ruisseau.

M. Derville. — Leur tour viendra. Je ne vous *impose* pas la *science*, mes enfants; mais il est cependant nécessaire de suivre, dans nos entretiens, une sorte de méthode. Nous commencerons donc par nous occuper des coléoptères, en négligeant pour le moment ceux des insectes qui peuvent piquer le plus votre curiosité, et auxquels nous reviendrons quand nous serons mieux en état de bien comprendre quelques-unes des merveilles de l'organisation. Vous voyez que la connaissance, quoique superficielle, des différents appareils respiratoires, nous a servi à sentir la valeur de la découverte faite par M. Duméril.

CÉCILE. — Oh! oui! Sans cela je n'aurais rien compris, pour ma part, à ce qu'il a dit des insectes qui flairent par les stigmates...

AMÉDÉE. — Il me semble que sans maman tu n'y aurais rien compris du tout, même en sachant ce que tu sais au sujet des stigmates et des trachées!

CÉCILE. — Ni toi non plus, monsieur mon frère!

AMÉDÉE. — Tu ne m'as pas donné le temps de penser! Tu es toujours si pressée de répondre, que je me dépêche aussi.

M. DERVILLE. — Allons, pas de querelle. Vous avez tort tous les deux : Cécile, en répondant toujours à l'étourdie; toi, mon fils, en ne voulant pas te laisser devancer par elle. L'impatience de l'une et l'empressement de l'autre ne sont au fond qu'un égal amour-propre, et non pas l'émulation dont je voudrais vous voir tous les deux animés. Notez cela sur vos tablettes, si vous m'en croyez. Vous pourrez vous servir un jour de cette observation, quand nous nous occuperons d'étudier l'homme sous le double rapport de l'organisation physique et de l'organisation intellectuelle. »

Cécile, un peu déconcertée, regardait son frère en

dessous; il paraissait aussi embarrassé qu'elle; tous deux, d'un mutuel accord, se tendirent la main et s'embrassèrent, comme doivent toujours s'embrasser un frère et une sœur qui s'aiment.

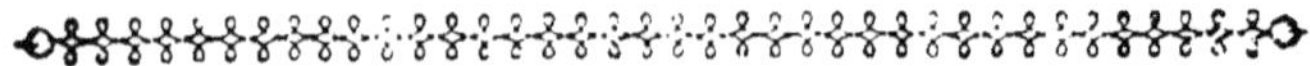

CHAPITRE II

Le hanneton. — La coccinelle. — Les libellules. — L'hydro-
phyle. — Le Ver luisant. — Le porte-lanterne. — L'oiseau
du Bengale.

—

Le lendemain soir, Cécile, d'un air de triomphe,
posa sur la table une petite boîte de carton qu'elle
avait remplie le matin même de tout ce qu'elle avait
pu recueillir de scarabées.

« Je n'ai pas osé la rouvrir de toute la journée,
dit-elle à son père, parce que j'ai eu peur de les voir
s'envoler, comme cela m'était arrivé déjà pour quelques-uns; il y en a de gros, de petits, de verts, de
rouges, de noirs, de bleus, plus jolis les uns que les
autres. J'en donnerai la moitié à mon frère, parce
qu'il n'a pas eu le temps d'en ramasser...

— La moitié de quoi? demanda M. Derville, qui
venait d'ouvrir la boîte : il n'y avait trouvé que des
débris d'élytres, de pattes et d'ailes.

— Ah! mon Dieu! s'écria Cécile stupéfaite; ils
sont tous partis!... Mais par où? la boîte était si
bien fermée!

M. DERVILLE. — Ils ne sont point *partis,* mon enfant; ils se sont livré bataille, et le seul qui ait
survécu et que je vois attaché au couvercle, est
en fort mauvais état lui-même, quoique vainqueur

de tous, à ce qu'il paraît. C'est un bupreste... Voici des restes de taupins, en voici d'autres de coccinelles.

Amédée. — Mais, mon père, on devrait trouver aussi des morts?

M. Derville. — Il y avait apparemment au nombre des *prisonniers* faits par Cécile, quelque carnassier; elle a mis ainsi le loup dans la bergerie; on se sera battu, puis dévoré l'un et l'autre.

Cécile. — Ah! que j'en suis donc fâchée! J'avais trouvé de si jolies petites poules du bon Dieu!...

M. Derville. — Tu en chercheras d'autres, ma fille; mais désormais tu auras la prudence de ne pas renfermer ensemble plusieurs espèces d'insectes. Il en est quelques-unes, le carabe, par exemple, qui s'entre-dévorent; et comme tu es fort loin encore de pouvoir les distinguer entre elles, je t'engage à attendre quelque temps avant que de commencer une collection pour laquelle je te donnerai bien volontiers mes conseils. Ce qui doit surtout nous occuper maintenant, ce sont les travaux auxquels les insectes sont soumis à l'état de larve, et la manière dont s'opèrent leurs différentes métamorphoses; ceci, je vous le raconterai, et quand vous serez devenus plus raisonnables, et par conséquent plus observateurs, vous pourrez vérifier, par vous-mêmes, ce que les savants, qui se sont occupés toute leur vie d'histoire naturelle, ont *vu* plus d'une fois avant que d'*oser* affirmer que les choses se passent ainsi. Pour vous intéresser davantage, je vous parlerai d'abord de l'un des coléoptères que vous connaissez de vue et de nom, du hanneton, le *souffre-douleur* des enfants.

CÉCILE. — Ah ! rien ne me dégoûte autant que le hanneton !

AMÉDÉE. — Moi, je les aime beaucoup, et je suis bien fâché quand ils sont rares, comme l'année dernière, par exemple : mais j'espère que cette année j'en aurai autant que je voudrai, surtout étant à la campagne.

MADAME DERVILLE. — Les cultivateurs les voudraient toujours rares, bien rares.

AMÉDÉE. — Pour quelques feuilles que les hannetons mangent...

M. DERVILLE. — S'ils ne s'attaquaient qu'au feuillage des arbres, mon fils, ce serait déjà une calamité ; mais la larve du hanneton, trop bien connue sous le nom de *ver blanc*, ronge les racines de tous les arbres indistinctement et en fait périr un grand nombre.

CÉCILE. — Je me rappelle maintenant qu'à notre arrivée ici, le jardinier nous a parlé des vers blancs qui ont été si abondants dans le pays, qu'il y a trois ans presque tous les arbres fruitiers ont péri... Voilà le mal qu'ils font, tes chers hannetons, Amédée.

AMÉDÉE. — Hanneton toi-même ! tu es bien assez étourdie...

M. DERVILLE. — Je suis fort mécontent du ton d'aigreur qui règne presque habituellement entre vous deux. Tâchez de ne pas m'obliger de vous le dire plus sévèrement, et d'interrompre des entretiens qui semblent ne servir qu'à vous fournir des occasions nouvelles de vous adresser mutuellement des mots piquants.

« Si le hanneton, en volant, se heurte presqu'à chaque instant, c'est qu'il y voit peu, le jour surtout ; ainsi le proverbe vulgaire, *étourdi comme un hanne-*

ton, est fondé sur une erreur; il n'y a point d'étourderie dans son fait, mais impossibilité d'apercevoir les objets placés à une certaine distance.

MADAME DERVILLE. — J'ai vu, je m'en souviens, il y a bien des années, quelques-uns de ces vers blancs dont tu viens de parler, mon ami. Le jardinier de mon père les faisait sortir de la terre au pied des arbres avec sa pioche ou sa bêche; nos poules en étaient très-friandes. J'ai vu aussi des hannetons tout blancs qu'il retirait également de la terre, où, apparemment, ils avaient passé l'hiver; du moins le jardinier l'assurait.

M. DERVILLE. — Parce que le jardinier n'avait pas la plus légère idée de la transformation subie par les vers blancs, et parce qu'il ignorait que la durée de la vie du hanneton n'est que de huit jours au plus.

MADAME DERVILLE. — Ainsi, quand ils disparaissent subitement, et presque partout au même moment, c'est qu'ils meurent?

M. DERVILLE. — Oui, ma chère amie. Prête-moi quelques minutes d'attention, et tu vas suivre pas à pas, pour ainsi dire, l'histoire du hanneton.

« La femelle, dont les pattes de devant sont armées de forts crochets, creuse un trou en terre à un demi-pied de profondeur pour y déposer ses œufs. Elle les place à côté les uns des autres, les recouvre, et deux jours après elle meurt.

« Le ver éclôt vers la fin l'été; les racines des herbes, des plantes de toutes les espèces forment sa nourriture pendant un an ou deux, et ainsi il fait périr un grand nombre de plantes potagères et d'arbrisseaux dont le feuillage flétri et les rameaux languissants donnent lieu de reconnaître qu'*un ver* les a *piqués;* on voit souvent des prairies entières dépouillées de verdure par suite de la faim dévorante des milliers de vers blancs que les femelles des hannetons sont venues y déposer.

« A l'âge de trois ans, le ver blanc a atteint toute sa croissance. Long d'un pouce et demi, gros comme le petit doigt, d'un blanc jaunâtre, et presque transparent, ce ver se tient souvent comme replié sur lui-même; mais, quand il lui plaît, il peut ramper à l'aide de ses six pieds, et s'enfoncer de plus en plus dans la terre; il y voyage pour chercher de la nourriture, à mesure que celle dont il était entouré commence à lui manquer; mais jamais il ne vient volontairement à la surface, car les oiseaux de toutes les espèces lui font la guerre, et les cochons l'auraient bientôt déterré s'il ne se tenait à plus de trois pieds de profondeur au-dessous du sol.

Cécile, *en hésitant un peu.* — Mais, mon père, comment le ver blanc fait-il pour respirer?

M. Derville. — Il est muni de stigmates organisés de manière à ce que l'air seul, et non la terre, y puisse pénétrer.

Amédée. — Ainsi, il y a de l'air jusque bien avant dans la terre?

M. Derville. — Les pierres et les métaux les plus durs contiennent de l'air.

« Plusieurs mues ont lieu avant l'époque à laquelle la métamorphose doit s'opérer. A chaque mue, le ver se creuse une petite loge parfaitement ronde; il sait le secret d'en rendre les parois solides et dures, et d'en sortir après la mue pour aller chercher de la nourriture. Ce n'est guère que vers la fin de sa quatrième année qu'il se prépare à la grande opération qui doit faire de lui un animal nouveau, lui donner des ailes et huit jours d'existence sur cette terre au sein de laquelle il a passé la presque totalité de sa vie.

« Le ver blanc s'enfonce alors à une plus grande profondeur encore, et met tous ses soins à arranger pour la dernière fois sa demeure. Peu de temps après, il commence à se gonfler et à se raccourcir; la peau qui l'enveloppait se fend, se détache; le ver, ou *larve*, est devenu *nymphe*. Il n'est pas possible de découvrir d'abord rien qui annonce un hanneton; la nymphe, d'un blanc jaunâtre, est sans forme, sans consistance; mais si on la touche, elle donne des signes de vie. Vers la mi-février, les formes du hanneton se dessinent; peu à peu sa couleur blanc sale devient plus jaune; chaque jour qui s'écoule donne du ton et de la solidité à l'insecte; au bout de douze jours, il est complétement formé, et cependant il demeurera encore trois mois immobile dans sa loge. A l'état de ver ou de larve, il lui a fallu, pour nourriture, les racines des plantes et des arbres; à l'état parfait, il lui faut du feuillage; le hanneton attend donc que le mois de mai ait couvert les arbres d'une verdure nouvelle; alors il sort lentement de sa loge, perce la terre pour monter à la surface, et presque chaque soir, pour ainsi dire, pendant tout le mois de mai, on voit des hannetons paraître, et le sol se cribler de trous presque tous égaux.

AMÉDÉE. — Ainsi, maman, les hannetons blancs que tu as vus dans le jardin de bon papa étaient des nymphes bien avancées dans leur métamorphose?

MADAME DERVILLE. — Sans nul doute Ce que c'est que l'ignorance, cependant! Elle donne des années d'existence à l'insecte parfait qui ne se montre sur la terre que huit jours, après avoir vécu dans son sein à l'état de ver seulement!

CÉCILE. — Mon père, et le hanneton du rosier? Oh! pour celui-là, il est bien joli avec sa couleur vert émeraude mêlée d'or?

M. DERVILLE. — Ne sachant, pour le moment, aucune particularité de son histoire, je ne t'en dirai rien; mais j'ajouterai qu'il y a plusieurs espèces de hannetons plus ou moins nuisibles: elles sont soumises, comme tous les insectes ailés, aux diverses transformations désignées par les noms de larves, de nymphes et d'état parfait.

CÉCILE. — Et la petite bête du bon Dieu! oh! si tu voulais nous raconter son histoire? elle est si gentille!

M. DERVILLE. — La coccinelle dépose ses œufs sur les jeunes branches qui, au printemps, se couvriront de pucerons. De chacun des œufs sort un ver bientôt transformé en larve; cette larve saisit les pucerons avec ses mandibules, les attire jusqu'à sa bouche en forme de suçoir, les y retient fixés, et vide complétement le puceron; elle rejette la peau, en saisit un autre, et, en quelques heures, elle en a *expédié* ainsi des centaines.

MADAME DERVILLE. — Il faudra que je *fasse connaissance* avec les larves des coccinelles, afin d'en *transplanter* sur quelques malheureux rosiers que je ne peux réussir à débarrasser des pucerons qui dévorent les jeunes pousses.

CÉCILE. — Maman, je te chercherai des coccinelles, si tu le veux; nous les mettrons à pondre sur nos rosiers, et l'année prochaine nous aurons autant de larves que nous en voudrons.

M. DERVILLE. — Pour qu'elles se dévorent l'une et

l'autre, de sorte qu'il n'en restera pas une seule.

Cécile. — Mais, mon Dieu, faut-il donc que toutes ces bêtes mangent ainsi leurs semblables?

M. Derville. — Que vous ai-je dit au sujet des mammifères, des oiseaux, des reptiles carnassiers? Que des obstacles de bien des genres s'opposent à leur trop grande multiplication, tandis que chez les animaux qui n'attaquent que le feuillage, les fruits et les fleurs, cette multiplication est en quelque sorte favorisée.

Cécile. — Oui, pour faire dévorer ces pauvres plantes !

M. Derville. — Tu trouves tout simple la multiplication de tout ce qui sert aux besoins de l'homme; pourquoi ne trouverais-tu pas tout simple la multiplication prodigieuse des insectes, par exemple, qui sont, soit *innocents*, soit carnassiers, comme une manne répandue partout pour les animaux sans nombre auxquels ils servent de pâture? Ma chère enfant, nous avons toujours deux poids , deux mesures; le Créateur n'en a qu'une ; nous rapportons tout à nous et à la petitesse de nos vues; les lois qui régissent ce vaste univers ont pour objet sa conservation et celle de tout ce qui le couvre, sans égard aux espèces et encore moins aux individus. Sachons voir ce qui est, et tâchons de comprendre la grandeur de l'Auteur de toute chose, au lieu de prétendre sans cesse à tout ramener à l'étroitesse de nos conceptions si souvent empreintes d'égoïsme.

«C'est par milliards que les pucerons se reproduisent deux ou trois fois l'an ; aussi sont-ils non-seulement destinés à nourrir les oiseaux, à donner *du lait* aux fourmis, mais à devenir la proie du ver des pucerons, et de deux ou trois autres espèces de *bêtes fauves* dans le genre de celui-ci ; tel est, par exemple, le barbet ou herisson blanc, ainsi surnommé parce qu'il se couvre d'une espèce de toison d'un blanc de neige qui cache sa peau verte ; tel est aussi un autre *petit lion* qui a pour habitude de se faire un manteau ou plutôt une chabraque avec la dépouille des vaincus. Dès qu'une peau de puceron est complétement vide, il se la jette sur le dos par le moyen de sa tête qu'il peut renverser en arrière selon son bon plaisir, et sa couleur disparaît sous cette chabraque chamarrée de peaux verdâtres, blanchâtres, roussâtres, plus ou moins hérissées de poils ; car il y a des pucerons tout velus.

CÉCILE. — Ces pauvres pucerons !

AMÉDÉE. — Allons, voilà que tu les plains à présent, après leur avoir reproché le dégât qu'ils font et le dommage qu'ils portent aux arbustes !

MADAME DERVILLE. — Et pourtant, ma fille, tu étais toute prête, il n'y a qu'un instant, à me *fournir* des œufs de coccinelles !

M. DERVILLE. — Quelque jour, je l'espère, Cécile aura soin de penser à ce qu'elle veut dire avant que de parler, et alors elle ne se contredira pas deux ou trois fois en une minute.

« Les savants ne sont pas absolument d'accord sur les larves qui donnent la coccinelle. Mais Réaumur, cet observateur infatigable et sage des travaux des insectes, nous a montré, dans le ver des pucerons, la larve d'une très-jolie mouche verte, aux ailes de gaze, au corps vert et doré, appelée hémérobe, et, dans le barbet blanc et le petit lion vainqueur, les larves des coccinelles grandes, petites, rouges, jaunes, vulgairement appelées poules ou petites bêtes du bon Dieu. Nous ne parlerons pas maintenant des hémérobes· elles appartiennent à l'ordre des névroptères, et non point à celui des coléoptères dont nous nous occupons aujourd'hui ; tandis que les coccinelles... Mais, à propos, Cécile, les as-tu vues voler, les coccinelles?

Cécile.—Oui, mon père. Elles sont longtemps à s'y décider ; elles soulèvent deux ou trois fois les étuis de leurs ailes, et enfin elles partent.

M. Derville. — Ainsi tu es bien sûre qu'elles appartiennent à l'ordre des coléoptères?

Cécile.—Mais certainement. puisqu'elles ont des étuis pour renfermer leurs ailes.

M. Derville.—Revenons à leurs larves. Quand arrive, pour celles-ci, le moment de se préparer à la métamorphose, elles commencent à se filer un cocon qui n'est jamais plus gros qu'un très-petit pois. C'est dans cet étroit espace que la larve parvient à se renfermer en se roulant, pour ainsi dire, sur elle-même. Elle s'y transforme en nymphe, c'est-à-dire que, sous sa dernière peau, se forme une enveloppe destinée à contenir les sucs nourriciers qui serviront au développement des membres dont elle doit être munie pour devenir scarabée. La métamorphose opérée, elle perce son cocon, en sort et demeure ensuite immobile afin que l'air enlève l'humidité dont elle est tout imprégnée ; les élytres de ses ailes prennent de la consistance ; ses ailes, ses pattes se raffermissent, et la voilà en état d'aller butiner sur les fleurs ; car il n'est plus question pour elle de carnage et de pucerons ; elle a dépouillé, avec son enveloppe de nymphe, l'instinct carnassier, et ce changement n'est pas un des moins remarquables de tous ceux qui se sont opérés en elle.

CÉCILE.—Ah! je suis bien aise que les petites bêtes du bon Dieu ne soient point carnassières. Mon père, vivent-elles longtemps?

M. DERVILLE. — Dès que la ponte des œufs est faite, ce qui a lieu peu de jours après la métamorphose, la coccinelle meurt : telle est la destinée de tous les insectes.

MADAME DERVILLE, *en riant.* — Ce serait bien ici le cas, ou jamais, de dire comme votre bonne maman : *Tant de peine et puis mourir!*

AMÉDÉE.—Mon père, voici quelque chose qui me revient à l'esprit maintenant, à propos de ce que tu nous as dit de l'odorat pour les insectes; je voulais te faire alors une question à laquelle je n'ai plus pensé : ou sont donc placés les stigmates? cela m'inquiète.

M. DERVILLE.—Chez l'insecte parvenu à *l'état parfait,* les stigmates se trouvent toujours placés sur le corselet; chez l'insecte à l'état de larve ou de nymphe, ces organes de la respiration tantôt s'ouvrent sur le corselet également, tantôt sur les anneaux qui composent le corps, tantôt à la partie tout à fait inférieure de l'abdomen. Ainsi, par exemple, le cousin, à l'état de larve, respire par les stigmates ouverts de chaque coté de la tête; à l'état de nymphe, les stigmates sont placés auprès de la queue; à l'état parfait, on les voit sur le corselet.

MADAME DERVILLE. — Et nous dédaignons d'examiner des animaux chez lesquels s'opèrent des changements si importants, si graves, si complets! des changements qui sont, à mon avis, une preuve si admirable de la puissance sans bornes dont la seule volonté a suffi pour imposer à la matière des modifications devant lesquelles notre esprit demeure confondu !

M. DERVILLE. — On le dédaigne trop souvent, en effet, ma chère amie ; mais nous, nous prendrons plaisir, n'est-ce pas, mes enfants, à pénétrer, autant qu'il dépendra de nous, dans les merveilles de l'organisation, et nous ne repousserons rien de ce qui pourra contribuer à nous fournir des sujets d'instruction et aussi de plaisir ; car c'est un plaisir bien vif, il me le semble du moins, que de se servir de ses yeux pour voir, et de son intelligence pour comprendre.

CÉCILE. — Oh ! oui, certainement !

AMÉDÉE. — C'est bien étonnant, tout cela, car enfin les trachées doivent changer aussi de place, et ainsi c'est par dedans comme par dehors que l'animal se métamorphose, n'est-il pas vrai, mon père ?

M. DERVILLE. — Sans nul doute. Je vais vous en donner deux exemples. Les demoiselles libellules vivent dans l'eau à l'état de larves et de nymphes jusqu'au jour de la métamorphose en mouches ; elles sont munies de branchies communiquant à des trachées ; leur tête est armée d'une espèce de masque fort singulier qui s'ouvre en deux parties comme deux volets, et qui leur sert à saisir et à retenir la proie vivante dont elles se nourrissent et que leurs dents broient assez lestement, car ces insectes ont des dents qui, pourtant, ne ressemblent point aux nôtres. Quand arrive le moment de la métamorphose, elles abandonnent leur masque, elles retirent de leurs dents de nymphes les dents de la demoiselle qui s'y trouvaient renfermées comme dans autant d'étuis, et l'on voit sortir par le corselet, sous la forme de cordons, les trachées appartenant aux branchies de la nymphe; nul doute qu'elles ne soient intérieurement remplacées par les trachées nécessaires aux stigmates de la demoiselle destinée à vivre désormais non pas dans l'eau, mais dans l'air. Ce n'est pas tout : chez quelques espèces, comme déjà je vous l'ai dit, les larves sont carnassières et l'insecte parfait se nourrit de feuillage ou du miel des fleurs; les organes de la digestion ne peuvent donc pas être les mêmes, car il est reconnu que chez-les carnassiers et chez les herbivores le canal intestinal n'est pas d'égale longueur; plus court chez les premiers, il fait moins de circonvolutions, et, dans sa texture, il éprouve aussi des modifications notables.

« L'autre exemple de transformation complète, à l'intérieur comme à l'extérieur, m'est fourni par l'hydrophile, animal fort singulier, surtout à l'état de larve. A l'état parfait, c'est l'un de nos plus gros coléoptères; il est de couleur brune, il marche mal et vole très-bien. La femelle possède, comme l'araignée, une filière placée à la partie inférieure de l'abdomen, et elle file une coque de forme ovale dans laquelle elle renferme ses œufs; cette coque étant remplie d'air, flotte sur l'eau sans courir le risque d'être jamais submergée.

Cécile. —C'est dans le genre de l'argyronète.

M. Derville. —Avec cette différence que la coque de l'hydrophile ne sert point de demeure à celle-ci; elle sert seulement de berceau à ses œufs qui s'y trouvent entourés d'une sorte de duvet. Mais, de même que l'argyronète cette fois, l'insecte a besoin d'air pour respirer, car il est muni de stigmates, et non de branchies, fort singulièrement placés à l'extrémité postérieure du corps. L'hydrophile maintient cette partie au-dessus de l'eau par le secours de deux appendices charnus qui l'y soutiennent lui-même, et, la tête en bas, il pêche. La facilité qu'il a de mouvoir sa tête munie de mandibules fortes et crochues, et de la renverser à sa volonté en arrière, a fait donner à ce singulier animal le surnom de *tourniquet*. Il faut le voir nager avec rapidité à droite, à gauche, la tête un peu relevée, et saisir en passant les petits coquillages attachés aux plantes aquatiques ; aussitôt le gibier pris, l'hydrophile se renverse en arrière, le pose sur son dos, et à coups de tête casse la coquille, puis il dévore sa proie. Mais une fois arrivé à l'état parfait, l'hydrophile ne se nourrit plus que de végétaux décomposés, et les organes de la digestion changent comme tout le reste, ainsi que déjà je vous en ai fait faire l'observation.

Cécile. — Mon père, puisque tu dois nous parler encore quelque temps des insectes, l'histoire du ver luisant viendra, n'est-ce pas ? Nous en avons dans le jardin deux ou trois ; je voudrais bien les voir de près, mais je ne sais comment les prendre. Cela ne brûle pas, n'est-ce pas, mon père ?

M. Derville. — Nullement, et je peux contenter, dès ce soir, ta curiosité de connaître *leur histoire,* car ce genre appartient à l'ordre des coléoptères.

Cécile. — Comment, ce sont aussi des hannetons.

Amédée. — Cela veut dire simplement que leurs ailes sont cachées sous des élytres.

M. Derville. — Le mâle seulement est pourvu d'ailes et d'élytres ; la femelle ne possède ni les unes, ni les autres, et, dans quelques espèces, il n'y a qu'elle qui brille d'une lumière phosphorescente ; propriété qu'elle possède également dans ses trois états de larve, de nymphe et d'insecte parfait.

Cécile. —Mon père, est-ce que ce sont les yeux qui brillent ainsi?

M. Derville. — Ce n'est point sur la tête, c'est sur les deux ou trois derniers anneaux de l'abdomen que se trouvent les taches jaunes, et non pas *les yeux*, auxquelles est due cette lumière vert-bleuâtre assez vive par moment et qu'il dépend, selon toute apparence, de la volonté du lampyre de rendre plus vive ou plus pâle, et même de cacher totalement.

Cécile. — Pourquoi donc a-t-on donné ainsi une lanterne à la femelle, et point au mâle?

M. Derville. — Je viens de te dire que, dans quelques espèces, le mâle et la femelle sont, sous ce rapport, également bien partagés; alors on voit des étincelles voltiger en l'air par une nuit d'été, tandis que d'autres brillent çà et là dans le gazon.

Amédée. — Mon père, les voyageurs rapportent qu'il y a des contrées où les vers luisants donnent assez de lumière pour qu'on puisse travailler et lire, ce qui fait que les gens du pays s'en servent le soir à cet usage pendant la veillée?

M. Derville. — Et les voyageurs disent la vérité. Tel est, entre autres, le coléoptère appelé à la Guyane *mouche à feu*, ou *mouche luisante*. Dans l'Amérique, dans l'Inde, un magnifique insecte, le *fulgore* ou *porte-lanterne*, répand une lumière plus vive encore; une autre espèce se trouve dans le midi de l'Europe : c'est le *lucciola*, ou lampyre splendidule. Trois individus de ce dernier genre, enfermés dans un tube de verre, donnent assez de clarté pour qu'on puisse distinguer les objets contenus dans une chambre; un seul suffit à éclairer le cadran d'une montre de façon à ce qu'il soit possible de voir l'heure. Le lucciola est très-commune en Italie.

CÉCILE. — Il faudra absolument que je fasse la chasse aux vers luisants que j'ai aperçus dans le jardin, et que j'essaie, en les réunissant, s'ils donneront assez de lumière pour lire au moins quelques lignes.

M. DERVILLE. — Un oiseau du Bengale, le loxia, connaît, dit-on, l'usage du lampyre comme *luminaire*. Le loxia travaille particulièrement la nuit à tresser son nid auquel il donne la forme d'une sorte de bourse et qu'il suspend à une branche flexible au-dessus des eaux tranquilles de quelque lac. Pendant ses travaux, il se sert de vers luisants pour s'éclairer.

CÉCILE. — Mais, mon père, comment fait-il pour les obliger de venir sur la branche de l'arbre et pour les empêcher de s'en aller?

M. DERVILLE. — Il gâche un peu de terre glaise mêlée de mousse, en forme un petit monceau tout auprès de son nid, et l'*incruste* de lampyres.

AMÉDÉE. — Quelle invention !

MADAME DERVILLE. — Elle est charmante de la part du loxia et bien cruelle pour les lampyres.

CÉCILE. — Les pauvres bêtes! Elles ne doivent pas vivre longtemps, et alors leur lumière s'éteint , n'est ce pas, mon père?

M. DERVILLE. — Les insectes, pour la plupart, ont *la vie dure*. Les lampyres s'agitent beaucoup, sans nul doute, afin de s'arracher à ce mortier qui les retient captifs ; mais plus ils s'agitent, plus la lumière phosphorescente qu'ils laissent échapper devient brillante ; ceci est un fait qu'on a pu vérifier.

CÉCILE. — Les loxias le savent apparemment?

M. Derville.—J'en doute, mon enfant. L'instinct leur apprend seulement a faire du lampyre ce singulier usage. Je ne crois pas que leurs combinaisons intellectuelles aillent au dela; car si, en effet, nous en remarquons, chez les animaux , quelques-unes qui nous obligent de leur accorder jusqu'à un certain point l'exercice de la pensée, cette pensée a des bornes fort étroites, l'expérience nous le prouve aussi, au delà desquelles elle ne saurait aller.

Madame Derville.— C'est une invention déja bien assez extraordinaire que cette maniere d'approprier les lampyres à leur usage !

Amédée.—Ainsi, mon père, c'est du phosphore qui sort des taches jaunes qu'on trouve sur l'abdomen du lampyre ?

M. Derville. — L'assurer, ce serait trancher une question qui n'a pas encore été decidée, que je sache; mais il paraîtrait que cette lumiere est de nature phosphorescente, car la lumière que donne le lampyre s'étend sur le lieu où on l'écrase.

Amédée.—Il faudra que j'en fasse l'expérience.

Cécile. — Oh ! non ! ces pauvres vers luisants, pourquoi les tuer ! Je suis bien sûre qu'ils s'amusent beaucoup la nuit à faire briller leur lanterne !

M. Derville. — *Et ne vendez la peau de l'ours qu'après l'avoir couché par terre.* Il n'est pas facile, mon fils, de se procurer des lampyres. C'est un insecte pacifique, très-timide , qui se cache le jour sous les feuilles et qui se promène lentement pendant les belles nuits d'été sur le gazon ; dès qu'on le touche, il retire sa tête, se met en boule et disparaît, ainsi que sa lanterne ; ou plutôt c'est celle-ci qui disparaît, et alors où le chercher?

Cécile.—Que c'est ennuyeux ! j'essaierai pourtant, car je meurs d'envie d'en voir et d'en avoir.

M. Derville. — Nous aussi, nous allons éteindre notre luminaire; il est temps d'aller se coucher. Prenez des notes comme de coutume, mes enfants. Demain je vous parlerai encore de quelques coléoptères, puis nous nous occuperons des *orthoptères*. Amédée cherchera ce mot dans son dictionnaire, l'expliquera à sa sœur, et quand je m'en servirai, tous les deux vous me comprendrez à l'instant. C'est ainsi que, sans fatigue, nous apprendrons quelques-uns des mots dont se compose le langage de la science pour l'histoire naturelle; langage utile autant que concis, et qu'il est bon de connaitre. »

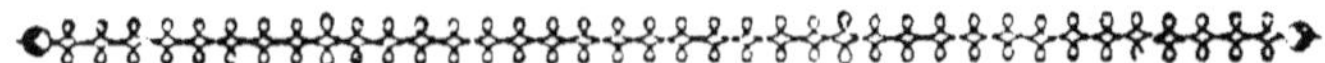

CHAPITRE III.

Les bruches. — Les calandres. — Les bostriches. — Le charançon. — Les blattes. — Les criquets. — Les grillons. — La courtillière.

—

Le lendemain soir, Amédée et sa sœur étaient en état de dire à leur père que le nom d'*orthoptères*, composé de deux mots grecs, *orthos* et *pteron*, signifie *droit* et *aile*.

—Mais, ajouta Cécile. mon frère et moi nous n'en sommes pas plus avancés pour cela.

—Mes enfants, répondit M. Derville, je vais vous mettre à même de comprendre aisément et le nom d'*orthoptères*, et ceux des ordres suivants, en vous répétant ce que je vous ai déja dit, que la grande classification en *ordres* pour les insectes qui, à l'état parfait, prennent des ailes. a été déterminée ou par la forme, ou par la contexture de ces ailes, ou par la manière dont elles sent portées pendant le repos. Si vous aviez mieux regardé les insectes qui s'offrent journellement à vos yeux, depuis surtout que nous habitons la campagne, vous auriez remarqué que les ailes de la mouche, quand elle est en repos, forment au-dessus d'elle une sorte de toit plus ou moins plat ; eh bien, chez le orthoptères au contraire, parmi lesquels nous trouverons les criquets, espèce de sauterelles, le perce-oreille, le taupe-grillon, *personnes de notre connaissance* ou à peu près, vous verrez que les ailes, qui s'ouvrent en éventail pour le vol, se ferment et se tiennent *droites*, au repos, de chaque côté du corps; d'où vous conclurez tout naturellement que le nom d'*orthoptères* doit signifier *ailes droites*.

CÉCILE.—Ah ! c'est vrai ! comment ne l'as-tu pas deviné, Amédée? c'est pourtant assez clair.

AMÉDÉE.—Tu n'as pas été plus habile que moi, ma sœur!

M. DERVILLE.—Maintenant, pour vous donner une idée des mots qui ont été choisis pour exprimer la contexture de l'aile, je vous citerai les *névroptères* qui appartiennent au cinquième ordre, en vous disant que les deux premières syllabes viennent du mot grec *neuron*, lequel signifie nerf; vous savez la signification des deux dernières syllabes ; dites-moi comment il faut traduire le mot de *névroptères?*

CÉCILE.—Oh! c'est trop difficile! dis, toi, Amédée.

AMÉDÉE.—Cela veut dire... des nerfs... et des ailes apparemment.

M. DERVILLE.—Et toi, ma chère amie ?

MADAME DERVILLE, *en riant.*—Je ne m'attendais pas à traduire jamais du grec en français... Il me semble qu'il doit y avoir du *nerveux* là-dedans, tout autant et même plus que des nerfs.

AMÉDÉE.—Oh ! j'y suis, *ailes nerveuses!*

M. DERVILLE.—C'est cela même. A présent que je vous ai mis sur la voie, je ne vous aiderai plus, mes enfants, pour ceux des autres ordres que j'aurai à vous nommer encore. Cherchez, et vous trouverez.

CÉCILE.—Mais, mon père, tu ne défends pas à maman de nous aider du moins.

M. DERVILLE.—Je n'ai rien à défendre ni à ordonner à votre mère.

MADAME DERVILLE. — Moi, mon ami, j'ai à te demander quelque chose. Si l'insecte dont je veux parler n'appartient pas à l'ordre des coléoptères dont tu as encore quelque chose à nous dire, tu ajourneras ta réponse. Je voudrais bien savoir comment on pourrait se défaire de la petite bête noire qui dévore nos provisions d'hiver, telles que les pois, les lentilles surtout, ou mieux encore le moyen de se garantir des dégâts qu'elle fait. Tu diras peut-être que ma question est plutôt d'une bonne ménagère que d'un amateur d'histoire naturelle ; mais, pour une femme, sa maison avant tout.

M. DERVILLE. — Tu as raison, et je désire que Cécile dise aussi quelque jour : *Pour une femme sa maison avant tout;* ce peu de mots signifie bien des choses. Fort heureusement pour l'*histoire naturelle,* la question que tu m'adresses vient à point ; tous les charançons appartiennent à l'ordre des coléoptères ; mais, très-malheureusement, les familles dont cet ordre se compose, sont difficiles à détruire. Le petit insecte noir qu'on trouve particulièrement dans les lentilles n'y pénètre pas, comme le charançon dans le blé, quand *la graine* est mûre ; ainsi je ne vois pas comment on pourrait s'en préserver.

CÉCILE. — Ah ! comment donc y pénètre-t-il, mon père ?

M. DERVILLE.—La bruche, qui attaque un grand nombre de nos plantes potagères et qui se nourrit de leurs graines ou de l'amande de certains fruits, dépose un œuf dans la fleur même au moment où le fruit, la graine vont se *nouer*, en termes de jardinier. Cet œuf, extrêmement petit, n'altère en rien le développement de la graine ou de l'amande, parce que la bruche n'injecte pas, comme l'insecte qui fait pousser des galles sur les arbres, une liqueur corrosive dans le nid ainsi préparé à sa progéniture; il est donc impossible de s'apercevoir de la présence de cet œuf.

CÉCILE.—Mais, mon père, il y a des vers blancs en même temps que des petites bêtes noires dans les lentilles et dans les pois secs. Marguerite m'en a montré l'année dernière!

M. DERVILLE.—Tu sais qu'il sort un ver de chaque œuf d'insecte; que ce ver devient larve, puis nymphe; les prétendus vers blancs que tu as vus, c'étaient les larves ou les nymphes des bruches qui devaient se métamorphoser en insecte parfait au printemps suivant; car elles passent neuf mois de l'année enfermées dans la graine légumineuse ou bien dans l'amande où elles sont écloses. Elles s'y nourrissent d'une partie de la substance farineuse, et, avant que de se métamorphoser en nymphes, elles se ménagent une sortie pour le moment où, passées à l'état parfait, elles prendront leur essor; cette sortie, c'est le trou rond qu'on trouve sur l'une des faces de l'amande ou de la graine qui a contenu l'une de ces espèces de charançon. Celui du blé, surnommé *calandre*, exerce de bien grands ravages, et il est impossible de s'apercevoir que le grain amoncelé dans les greniers est attaqué par cette redoutable vermine. La calandre femelle, après avoir déposé son œuf dans le grain, sait le se-

cret de boucher le trou qu'elle a fait pour s'y introduire, et c'est seulement plus tard qu'on s'aperçoit
du dommage. Il est parfois immense.

CÉCILE. — Mon père, chaque larve de calandre
mange donc un grand nombre de grains de blé?

M. DERVILLE. — Non, mon enfant, mais chaque femelle peut pondre dans une année plus de six mille
œufs. Ceux-ci donnent d'autres femelles qui multiplient tout aussi prodigieusement, et ainsi il faut très-
peu de temps pour que des monceaux de grains de
blé se trouvent dépouillés intérieurement de tout ce
que le grain contient de parties farineuses. Quand le
fermier veut vendre ou porter son blé au moulin, il ne
trouve que des grains vides.

CÉCILE. — Eh bien! Amédée, diras-tu encore *qu'il
faut que tout le monde vive?*

AMÉDÉE. — Je dirai qu'il faut trouver un moyen de
mettre en déroute ces insectes dévorants.

M. DERVILLE. — Les mettre *en déroute* ne suffit pas;
aussi s'est-on occupé d'abord d'en préserver le blé.
On y parvient en le remuant souvent; les calandres
ne peuvent souffrir le bruit et le mouvement; puis
on a cherché et découvert divers procédés pour détruire, dans le blé déjà attaqué, des insectes si nuisibles; ceci ne réussit que, lorsque par négligence, on
n'a point laissé le mal s'aggraver et devenir incu-
rable.

CÉCILE. — Ainsi, il y a des insectes pour dévorer
les racines, les feuilles, les fruits des arbres et des
plantes!

AMÉDÉE. — Et le bois aussi. Te souviens-tu, ma
sœur, de ces morceaux de bois que nous avons
trouvés l'hiver dernier dans le bûcher, et qui étaient

comme gravés de toute sorte de dessins si singuliers?

CÉCILE. — Ah! oui, c'est vrai. Ce sont apparemment les *tarets*, dont mon père nous a déjà parlé, qui mangent, ainsi le bois, n'est-ce pas mon père?

M. DERVILLE. — Mon enfant, crois-tu donc que la *création* soit assez *pauvre* en insectes pour ne présenter qu'une seule *espèce* de vers ou de larves se nourrissant indifféremment de bois mort ou sur pied et de bois sec ou mouillé? Il me semble t'avoir déjà dit que jusqu'aux mousses servent d'asile et de nourriture à des insectes divers; que chaque plante, chaque arbre *vivant* a les siens propres pour le feuillage, les fleurs, leur pollen, l'aubier, l'écorce, les racines; la plante, l'arbre mort, appartiennent à d'autres espèces. Cette loi est générale, et nous trouverons même, dans le règne minéral, la preuve que la dureté des pierres, des marbres, ne peut les mettre à l'abri des attaques d'autres animaux presque microscopiques.

AMÉDÉE. — Les mollusques appelés pholades nous l'ont bien montré pour les marbres et pour les rochers!

M. DERVILLE. — Les travaux des divers insectes qui rongent le bois, diffèrent entre eux; c'est aux figures que présentent les routes qu'ils tracent entre l'aubier et l'écorce, qu'on distingue les typographes, les calcographes, les ligniperdes, les bostriches et quelques autres. Mais les plus redoutables de tous les insectes orthoptères qui attaquent le bois *vivant*, ce sont les bostriches, si connus sous le nom vulgaire de *vers de sapin* ou de *vers noirs*. Il y a eu des années où plus d'un million d'arbres attaqués par ces insectes, dans les immenses forêts du Hartz, ont jauni et péri sur pied.

MADAME DERVILLE. — Quel terrible fléau!

M. Derville.—C'est par essaims, composés de milliers d'individus, que ces petits coléoptères, longs de cinq à six lignes, se répandent de proche en proche, et vont quelquefois d'une contrée à l'autre en franchissant plusieurs lieues. Vers le mois de mai, les bostriches qui ont passé l'hiver enfermés sous l'écorce des sapins, à l'état de larves, en sortent à l'état parfait pour aller déposer leurs œufs sur d'autres sapins. Entre l'écorce et l'aubier, éclosent et vivent en bonne intelligence des familles de plusieurs milliers d'individus qui creusent des galeries, rongent, dévorent pour ainsi dire côte à côte. Le feuillage du sapin jaunit; l'arbre entier se dessèche; il meurt par la cime d'abord ; la sève cesse bientôt de circuler, et le bûcheron n'a plus à abattre que du bois sans valeur.

Amédée.—Mon père, tu ne veux pas que nous trouvions rien d'inutile. Mais pourtant des petits animaux si nuisibles…

M. Derville,—Dieu n'a-t-il donc semé sur la terre les plantes à foison que pour le service ou l'usage de l'homme? Vous trouvez juste, mes enfants, que l'homme sacrifie à ses besoins des forêts entières, et vous êtes tout prêts à crier anathème sur des insectes qui ne prennent qu'une bien petite part des richesses répandues en tout lieu par une main libérale et divine !

Cécile.—Mon père a raison. Ah! c'est une chose bien difficile que d'être juste pour tout le monde !

M. Derville.—Les bostriches qui dévorent les sapins sont à leur tour dévorés par les pics; ainsi, et toujours, le remède a été placé à côté du mal ; ainsi, et toujours, règnent ces lois sages qui maintiennent partout l'équilibre et qui font que, sur la terre, comme dans le ciel, tout s'accorde pour la durée et le maintien de ce qui existe.

AMÉDÉE.—Je réfléchirai à cela, mon père, parce que cela mérite réflexion.

CÉCILE, *en riant*.—J'espère que voilà une phrase d'une beauté sans pareille :

M. DERVILLE.—Ma fille, si l'expression n'est pas heureuse, la pensée est bonne du moins. Je suis bien aise de voir que ton frère sente l'importance de ce que je viens de dire, et qu'il comprenne qu'on ne doit point décider sans examen, quand il s'agit des hautes combinaisons qui ont présidé à la création de l'univers. L'homme y tient un rang assez élevé pour satisfaire son orgueil, sans qu'il soit nécessaire qu'il prétende subordonner tout à lui, rapporter tout à lui, et ne voir que son intérêt et lui. Qu'il travaille à détruire les animaux qui lui sont nuisibles, il use de son droit ; mais qu'il ose demander compte à Dieu du nombre et de l'instinct de ses créatures, si ce n'est pour l'admirer dans son immensité et sa toute-puissance, c'est montrer à la fois petitesse d'esprit et sécheresse de cœur. Si vous vous êtes tant récriés sur les dégâts du calandre, qui détruit l'espoir du laboureur, sur ceux du bostriche qui réduit le bûcheron à la misère, que direz-vous donc du clairon, l'ennemi des abeilles, si haut placées dans votre estime, parce que vous aimez beaucoup le miel ? C'est à peine si vous pourrez pardonner aux clairons de glisser leurs œufs dans les ruches des abeilles domestiques, même en apprenant qu'ils en font autant dans les nids des guêpes maçonnes, et que les larves des abeilles et des guêpes deviennent indifféremment la proie des larves des clairons !

CÉCILE.—Mon père, je te promets de me retenir

désormais quand il me viendra sur les lèvres un jugement de ce genre, pour accuser la bonté et la grandeur de Dieu ; mais pourtant, il y a des choses qui feront que je me récrierai encore. Par exemple, pour les perce-oreilles que tu nous as dit appartenir à l'ordre des orthoptères. Est-ce que je ne peux pas du moins demander pourquoi il y a des perce-oreilles qui vous tuent quand vous vous endormez sur l'herbe ou qui vous rendent sourds ?

M. DERVILLE. — Les forficules doivent le surnom de *perce-oreilles* à un vieux préjugé. Ils n'en veulent aux oreilles de personne, ne tuent personne et ne s'introduisent point dans le cerveau par le canal auditif, attendu que celui-ci n'a aucune communication avec les autres parties de la tête, et que les forficules sont peu soucieux d'en ouvrir une. Le seul tort qu'on ait à leur reprocher, c'est de dévorer les fruits, les œillets surtout ; de la la guerre acharnée que leur font les jardiniers. La femelle offre quelque chose de particulier et de rare parmi les insectes ; c'est l'instinct maternel. Elle ne meurt pas après la ponte, et elle couve ses œufs. De même que la poule surveille ses poussins et les réunit en cas de danger sous ses ailes, de même la forficule soigne ses petits et les rassemble avec amour entre ses pattes. Ceci est rare chez les insectes parce que, dans presque toutes les espèces, la femelle succombe dès que la ponte est faite ; les œufs éclosent donc sans le secours de l'incubation, et, au sortir de la coquille, les petits sont en état de se tirer d'affaire.

AMÉDÉE. — Ce que c'est pourtant que les préjugés ! Ils vous empêchent d'examiner une foule de **choses** curieuses.

M. Derville.—Et en même temps, par le secours de la peur, ils renferment l'intelligence dans des limites de plus en plus étroites, tandis que l'instruction, au contraire, en développe toutes les facultés. Un autre insecte orthoptère se montre encore à nous dans l'exercice des soins de la maternité : c'est la femelle des blattes, variété des kakerlacs.

Cécile.—Ah ! ces vilaines bêtes noires qu'on trouve si souvent dans la cuisine, parce que le four de la ferme de notre voisin est tout près de ce côté de la maison?

M. Derville. —Celles-là même. Les véritables blattes subissent une demi-métamorphose et sont munies d'ailes. Pendant un temps assez long, la femelle porte, attachée à son abdomen, une espèce de coffret dans lequel sont enfermés ses œufs. Les naturalistes ne sont pas tout à fait d'accord sur la manière dont la blatte fabrique ce coffret, de forme plus ou moins allongée, et dont l'intérieur est rempli de petites cellules dans lesquelles les œufs ou les larves sont réunis deux par deux. Quand la blatte a trouvé un endroit convenable pour déposer son fardeau, elle s'en débarrasse; mais, quelques jours après, elle vient le reprendre, le tâte, le retourne en tout sens, l'ouvre d'un bout à l'autre et fait sortir de leurs cellules les petites larves blanches qui apparaissent deux à deux, roulées sur elles-mêmes. La blatte les frappe doucement du bout de ses antennes, et les aide, en quelque sorte, à se développer. De même que leur mère, les jeunes larves sont armées d'antennes assez longues; elles les agitent, puis vient le tour de leurs pattes; elles se détachent ensuite lentement les unes des autres, et, en quelques minutes, elles se trouvent en état de marcher. De ce moment, la mère cesse de s'en occuper; elles ont les moyens de pourvoir à leur subsistance, qui est la même que celle de l'insecte parfait; elles changeront de peau quand l'époque en sera venue; à la dernière, elles prendront des ailes, et toutes ces opérations se feront, comme chez les autres insectes, sans que *les parents* s'en mêlent.

MADAME DERVILLE.—Les instincts sont comme les formes, les armes, les mœurs; rien ne se ressemble positivement dans les espèces innombrables d'êtres animés qui couvrent la surface du globe, ou qui vivent dans son sein et dans la profondeur des eaux.

AMÉDÉE. — Mon père, je voulais te demander une chose, c'est si les sauterelles sont encore aussi nombreuses en Égypte que du temps de Moïse?

M. DERVILLE. —On appelle improprement sauterelle, le criquet; c'est la seule espèce, grande ou petite, pourvue d'ailes assez vigoureuses pour fournir à un vol élevé et prolongé. Quant à la multitude innombrable de ces insectes dévastateurs, elle est aujourd'hui la même qu'autrefois, et ce n'est pas seulement l'Égypte qui se trouve exposée à leurs attaques, mais l'Afrique, la Tartarie et quelques parties de l'Europe.

CÉCILE.—Mon père, de quelle couleur sont les criquets, je te prie?

M. DERVILLE. — Il y en a de plusieurs nuances au moins; chez les uns, le vert domine, chez les autres le gris et le brun, chez d'autres le jaune; leur taille varie également depuis six lignes jusqu'à trois pouces et demi; mais presque tous sont remarquables par la beauté, l'éclat des couleurs de leurs ailes, qui donnent à celles-ci beaucoup de rapport avec les ailes du papillon.

Madame Derville. — Je me souviens d'avoir entendu parler, dans ma jeunesse, d'une armée de sauterelles, c'est le nom généralement donné aux criquets, qui dévasta les environs de la ville d'Arles. Peu de temps auparavant, une autre *armée* s'était montrée en Allemagne, puis en Angleterre.

M. Derville. — L'histoire nous a conservé le souvenir du fléau qui compléta la misère des soldats de Charles XII, roi de Suède, après la perte de la bataille de Pultava, en Bessarabie. Des colonnes immenses de criquets, comme sortant du sein des flots, s'élevèrent soudain entre la mer et son armée, en nombre si énorme, que le soleil en fut obscurci. Leur vol produisait un bruissement plus fort que celui de la tempête; sur leur passage, les prairies verdoyantes, les riches moissons disparaissaient, et les contrées se transformaient en plaines de sable nu. Dans leur voracité, les criquets s'attaquaient jusqu'aux portes des maisons, et les hommes, les chevaux mourant de faim, écrasaient sous leurs pieds des milliers de ces insectes, si terribles par leurs dents meurtrières et par leur nombre, qui venaient leur enlever tous les moyens de subsistance.

Amédée. — Mon père, qu'est-ce qui produisait donc le bruit que faisaient ces criquets, et que tu as comparé à celui de la tempête?

M. Derville. — Le mouvement de leurs ailes pendant le vol. Ce bruit, multiplié à l'infini par la multitude infinie de ces insectes volant ensemble, est assez fort pour qu'on puisse l'entendre de loin.

Cécile. — Mon père, les criquets sautent aussi, n'est-ce pas?

M. Derville. — Tout aussi bien que la sauterelle

proprement dite, et que les locustes vertes si abondantes dans nos prés. Tous les genres de cette famille ont les plus grands rapports de mœurs et de *manières d'agir* dans les travaux de la métamorphose.

Madame Derville. — Je me souviens encore d'avoir entendu dire, à propos des dégâts faits par eux aux environs de la ville d'Arles, qu'on recueillit, à cette époque, trois mille mesures d'œufs de criquets.

Cécile. — Ah! mon Dieu! Et qu'est-ce qu'on en fit, maman?

Madame Derville. — On les brûla, afin de se mettre à l'abri du même fléau pour l'année suivante.

M. Derville. — Et probablement on brûla aussi tout ce qui mourut de criquets sur cette terre dévastée par eux. Leurs dépouilles abandonnées l'auraient transformée en un foyer pestilentiel d'où se seraient répandues au loin les maladies contagieuses, telles que la fièvre et peut-être la peste.

Amédée. — On a bien raison, dans la Bible, d'appeler les sauterelles l'une des sept plaies de l'Egypte!

M. Derville. — Ce qui est regardé avec raison comme un fléau redoutable dans les contrées cultivées, est reçu, au contraire, comme une manne précieuse dans l'intérieur de la Barbarie. Les Anciens ont fait mention les premiers d'un peuple qui se nourrit de sauterelles; on avait traité ce récit de fable: cette fable est aujourd'hui une vérité prouvée.

Cécile. — Ah! pour rien au monde je n'en mangerais!

M. Derville. — Je ne vois pas pourquoi tu montrerais du dégoût pour des criquets rôtis dans des treus creusés en terre qu'on a fait chauffer comme nous chauffons nos fours. Tu manges bien des crevettes roses et grises.

CÉCILE. — Oh! ce n'est pas la même chose!

M. DERVILLE. — Sans aucun doute. Mais la seule différence que j'y voie et que tu puisses y trouver, c'est que tu es habituée à manger des crevettes, et que tu ne l'es pas à manger des criquets. Ne tenant compte, du reste, d'aucune considération, tu ne prends pas garde que la crevette, comme presque tous les crustacés, se nourrit de proies vivantes, tandis que le criquet ne vit que de feuillage et d'herbe.

CÉCILE. — Ce que c'est que l'habitude! car tout cela est vrai, mon père, en y pensant bien!

AMÉDÉE. — Ah! mon père, encore un animal qui se tient, comme les blattes, tout près des fours des boulangers, et aussi dans les cuisines, c'est le cri-cri; nous en avons ici, j'en ai entendu avant-hier soir, et Marguerite est bien contente qu'il s'en trouve dans la maison, parce qu'elle assure que ces animaux-là portent bonheur.

CÉCILE. — Oui, comme les cigognes aux habitants des maisons sur lesquelles elles vont nicher!

M. DERVILLE. — Je suis bien aise, ma fille, que de toi-même tu songes à opposer un préjugé à un autre, ce qui est le meilleur moyen de les détruire tous. Ne trouvez-vous pas, mes enfants, qu'il est pitoyable de chercher des présages de bonheur ou de malheur dans le choix, tout à fait instinctif, de l'oiseau, de l'insecte, du reptile qui vient établir sa demeure dans la nôtre, ou tout auprès? Savez-vous d'où nous viennent ces pensées? de notre constante **préoccupation** de nous-mêmes; du soin que nous avons de rapporter tout à nous. Cette préoccupation nous rend assez sots pour nous faire attacher, en quelque sorte, nos joies, nos craintes à un *vil* insecte, qu'en toute autre occasion, et s'il gênait seulement notre regard, nous écraserions avec dégoût ou dédain !

« Le grillon vous porte *bonheur* d'une singulière manière, c'est en venant partager nos provisions de bouche. Il se rapproche de la demeure des hommes, parce qu'il y trouve la nourriture qui lui convient et la chaleur qu'il aime ; mais l'homme met son égoïsme à la place de celui de l'insecte, et celui-ci, profitant de la méprise, qu'il ignore, est presque divinisé par l'hôte auquel il demande l'hospitalité.

Cécile. — Mon père, le cricri chante donc comme la cigale ?

M. Derville. — Nous verrons plus tard que la cigale chante d'une autre manière que le grillon. Le grillon produit le bruit singulier qui lui a valu le surnom de *cricri*, en élevant ses élytres de manière à ce qu'ils forment un angle avec le corps ; alors il les frotte sur celui-ci pendant un temps plus ou moins long ; ce bruit a reçu, à tort, vous le voyez, le nom de *chant*.

Cécile. — Puisqu'il a des élytres, c'est donc un coléoptère ?

M. Derville. — Ces élytres méritent bien le nom d'*ailes droites* par la manière dont elles sont placées sur le dos ; de là vient que le grillon, de même que les blattes, les courtilières, etc., a été classé dans le troisième ordre, celui des orthoptères, seconde famille des sauteurs.

Madame Derville. — Je connais, au moins de

nom, la courtilière, qui cause tant de dommage en coupant les racines des plantes potagères et des arbustes.

M. Derville. — Et pourtant elle ne se nourrit guère que d'insectes. Mais elle a quelque chose de l'instinct de la taupe ; il faut que, comme la taupe, elle se creuse des galeries souterraines ; il faut aussi qu'elle se procure la terre convenable à la construction de la boule dans laquelle elle enferme ses œufs, au nombre de près de trois cents. La ponte finie, la courtilière ferme soigneusement cette boule, la consolide, et prend soin de la rouler vers les lieux exposés au soleil, dont la chaleur est nécessaire pour faire éclore les œufs. Croit-elle son trésor menacé de quelque danger, elle le ramène vers son terrier et l'y enfouit ; ses craintes dissipées, elle roule de nouveau sa boule de terre au soleil. A l'époque où ses œufs doivent éclore, elle place son nid ambulant à portée des lieux où les larves trouveront une nourriture convenable et abondante, puis elle abandonne sa petite famille qui n'aura nullement besoin d'elle pour se tirer d'affaire.

Cécile. — C'est pourtant bien triste pour ces pauvres petites bêtes, de ne connaître ni père ni mère ! »

Madame Derville attira sa fille près d'elle et l'embrassa tendrement.

« Et ce serait bien triste aussi, reprit M. Derville en souriant, pour les parents, que la nécessité d'abandonner ainsi leurs enfants, si Dieu leur avait donné quelques-uns des sentiments qui distinguent surtout l'espèce humaine. Mais, dans sa sagesse, il ne leur a accordé que l'instinct nécessaire pour la

conservation des espèces, en réservant à l'homme
les facultés qui peuvent se développer par l'exercice, telles que l'affection des parents pour leurs enfants, et des enfants pour leurs parents ; telles encore que le besoin et la possibilité de profiter des leçons de ses prédécesseurs et de marcher vers un but
constant de perfectionnement. Voilà, ma fille, ce
qui distingue particulierement l'homme entre tous
les êtres créés. C'est à son âme, a son intelligence,
qu'il doit de pouvoir aspirer au titre dont souvent il
se pare en croyant le justifier par l'abus qu'il fait de
la force physique, le titre de ROI DE LA NATURE ! »

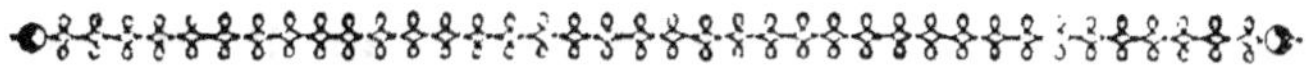

CHAPITRE IV.

Le termès belliqueux. — Le termès des arbres. — Le termès
voyageur. — Les céphalotes. — Les mineuses. — Les fourmiliers. — Le fourmi-lion.

—

« Mon père, dit Amédée qui désirait vivement de
prolonger la veillée, j'ai trouvé il y a quelque temps,
dans l'ouvrage anglais que tu m'as donné, une foule
de choses curieuses sur bien des sujets, et surtout
le récit d'un combat de fourmis ailées aux Antilles.

CÉCILE. — Des fourmis ailées! je n'en ai jamais vu
de cette espèce. Mon père, est-ce que nous en avons
en France qui ont des ailes?

M. DERVILLE. — Laisse ton frère nous raconter
d'abord le combat dont il parle; les explications
viendront après. Mon fils, nous t'écoutons.

AMÉDÉE. — Oh! je ne me souviens pas assez bien
de ce passage pour raconter ce combat, sans avoir le
volume sous les yeux... ou bien la traduction que
j'en ai faite. Mon père, veux-tu que je l'aille chercher?

M. DERVILLE. — Ce sera pour demain. D'ici là,
nous pouvons dire quelques mots des termites ou
termès qui, dans les classifications de l'*histoire naturelle*, prennent rang avant les fourmis proprement
dites, à cause de leurs ailes nerveuses.

Amédée. — Ce sont alors des névroptères.

M. Derville. — Très-bien, mon fils. Les fourmis, au contraire, ont dés ailes *membraneuses*, de là le nom d'*hyménoptères*. Tâchez de vous en souvenir l'un et l'autre.

Cécile. — Ainsi, décidément, les fourmis ont des ailes !

M. Derville. — Le tour des fourmis viendra. Nous nous occupons ce soir des termès seulement, que quelques auteurs désignent aussi sous les dénominations de *pou de bois*, de *fourmi blanche*.

« Ils ont, en effet, beaucoup de rapport avec les fourmis par leurs mœurs, leur activité, leur industrie, leurs travaux, leur réunion en société, les quatre ailes qu'ils prennent à une certaine époque, les colonies qu'ils vont alors former, et enfin par quelques ressemblances dans l'extérieur.

Madame Derville. — N'est-ce point parmi les termites ou termès qu'on trouve des soldats uniquement chargés de défendre la république ?

M. Derville. — Le savant auteur Sparmann, qui a été à même d'observer les mœurs des termès, dont on compte cinq espèces, rapporte que, dans le nid du termès *belliqueux*, on trouve un soldat par cent travailleurs. Les travailleurs, longs de trois lignes à peine, ont des mandibules conformées de manière à leur servir également pour porter à la bouche et pour retenir les corps qu'ils saisissent, tandis que les mandibules des soldats, très-pointues et en forme d'alène, ne sont propres qu'à percer, c'est-à-dire qu'à l'attaque et qu'à la défense.

Amédée. — J'espère que voilà des insectes qui

sont bien nés guerriers, et qui ne peuvent faire autre chose que de se battre !

M. Derville. — En ceci ils sont moins bien partagés que les travailleurs, puisque ces derniers peuvent non-seulement se rendre utiles par leurs travaux, mais aussi attaquer et défendre : nous en aurons des preuves lorsque nous nous occuperons des combats que les termès se livrent de république à république, de même que les fourmis. Mais ne m'interrompez pas ainsi à chaque instant, mes enfants, et prêtez-moi, au contraire, toute votre attention. Nous allons prendre notre point de départ, pour suivre les travaux des termès, du moment où ceux qui sont parvenus à l'état parfait quittent le nid paternel, s'élancent dans les airs et vont fonder ailleurs de nouvelles colonies. Il en périt des milliers dans ce genre d'expéditions.

« C'est immédiatement avant la saison des pluies que les termès, débarrassés de leur enveloppe de nymphe qui retenait leurs ailes captives, partent joyeusement. Les travailleurs émigrent comme ceux qui n'ont d'autre soin à prendre que de donner des œufs. Ce sont les travailleurs qui bâtiront le nid, qui placeront les œufs dans des cellules construites par eux, qui nourriront les larves lorsqu'elles seront écloses. Sans les travailleurs, il n'y aurait pas de colonies possibles, point de demeures, point de provisions; et les princes, princesses, rois et reines de ce petit empire courraient le risque de mourir de faim ainsi que leur progéniture.

« Bien des dangers menacent sur la route les termès voyageurs par air ou par terre; d'abord les habitants de plusieurs contrées de l'Afrique en sont très-friands; les fourmis en sont friandes aussi; les oiseaux en font leur proie; et enfin les pluies, si violentes dans ces contrées, les noient par milliers. Ce n'est pas tout : les belles ailes qui leur ont servi la veille à fuir si joyeusement le nid ou ils sont nés, seront tombées le lendemain avant le lever du soleil, et le termès belliqueux, ardent hier au combat, audacieux, intrépide, devenu tout à coup lâche et poltron, ne saura plus aujourd'hui se défendre contre les attaques des fourmis qui le poursuivent sur les branches, sur la terre, ou il trouve encore des reptiles de plus d'une espèce, auxquels il offre une proie attrayante et facile. Aussi, de plusieurs millions qui vivaient la veille, il en reste à peine quelques couples pour conserver l'espèce.

Cécile. — Et les travailleurs, mon père, que deviennent ils?

M. Derville. — Les travailleurs, que rien n'a fait sortir momentanément de leur obscurité première, ont voyagé terre à terre, uniquement occupés de se défendre d'ennemis tout aussi nombreux, et de recueillir au moins un couple de leurs compagnons ailés. Ils n'y réussissent pas toujours sans avoir livré aux fourmis des combats souvent meurtriers des deux côtés. Dès qu'ils ont délivré deux termès ailés la veille, aujourd'hui dépouillés de leurs ailes, fatigués, harcelés, ils construisent à la hâte, avec de l'argile, une petite chambre où ils les enferment, en laissant seulement une entrée suffisante pour donner passage à eux et aux soldats...

Amédée. — Ah! les soldats émigrent donc aussi, mon père?

M. Derville. — Je t'ai dit que l'on compte un soldat pour cent travailleurs; multiplie ces centaines de travailleurs par millions, et tu auras des milliers de soldats obligés d'aller, avec la population surabondante, chercher fortune ailleurs. Le couple, bien choyé, bien nourri, se refait promptement, et se laisse protéger, garder, *dorloter*. Bientôt les soins des travailleurs sont récompensés : en vingt-quatre heures ils ont à recueillir plus de quatre-vingt mille œufs. Des cellules ont été préparées d'avance pour la nombreuse famille si impatiemment attendue, car la première chambre a été promptement entourée d'une multitude d'autres plus petites, et dont chacune ne contient qu'un œuf. C'est là qu'éclôt un ver qui se transforme, plus tard, en une larve active : le nombre des travailleurs augmente; le nid s'agrandit, *les cadres de l'armée* se remplissent, et personne ne reste oisif dans la république.

AMÉDÉE. — Mon père, ils doivent être bien grands les nids des termès, pour contenir tant d'insectes?

M. DERVILLE. — Tu le devines aisément, mon fils. Quelques voyageurs assurent qu'ils forment des monticules assez élevés et assez solides pour qu'un bœuf sauvage s'en serve comme d'une espèce de piédestal d'où il domine sur la plaine où paît le troupeau; c'est de là qu'il veille à la sûreté de tous.

CÉCILE. — Et en dedans, mon père, comment est-ce arrangé?

M. DERVILLE. — La chambre de la mère de cette nombreuse famille est placée au niveau de la surface du sol, à une égale distance de toutes les dépendances du corps de logis, et en ligne perpendiculaire sous le dôme. Celui-ci présente, à l'extérieur et à l'intérieur, une forte calotte qui se prolonge circulairement jusqu'à terre. Autour de la chambre maternelle, si je puis m'exprimer ainsi, sont les cellules occupées par les œufs et par les larves ; les cloisons en sont faites avec des morceaux de bois réunis ensemble au moyen d'une sorte de gomme. Des galeries, plus larges que le calibre d'un gros canon, descendent sous terre jusqu'à la profondeur de quatre pieds : c'est là que les travailleurs vont chercher le gravier fin avec lequel sont construits les divers étages de l'édifice, à l'exception des chambres consacrées aux *nourrissons* et aux œufs. Un assez grand nombre de pièces servent de magasins ; on y trouve différentes espèces de gommes ou jus épaissi de plantes.

Madame Derville. — Quels travaux, quel ordre, quelle prévoyance !

M. Derville. — Voilà ce que sait faire le termès belliqueux, et il donne à ses constructions une telle solidité que, pour renverser l'édifice, il faut l'attaquer par la base ; on ne parviendrait que bien difficilement à le briser.

« Le termès atroce, le termès mordant élèvent leurs nids, en forme de tourelles, à la hauteur de près de deux pieds, et les couvrent avec des toits également en dôme ; mais l'intérieur ne donne point, par sa distribution, une idée aussi haute *du génie* de l'architecte que la vue de l'intérieur du nid du termès belliqueux.

« Vient ensuite le termès des arbres. Celui-ci n'emploie que de petites parties de bois, et, pour ciment, la gomme enlevée aux arbres à mesure qu'elle coule. Avec ces matériaux fragiles et simples, ces termès forment, sur les arbres, des nids sphériques tenant à une seule branche qu'ils entourent quelquefois jusqu'à soixante ou quatre-vingts pieds de haut. On en a vu, mais rarement, d'aussi gros qu'une barrique à sucre. Si les termès des arbres choisissent le toit d'une maison pour y établir leur demeure, on peut être assuré qu'ils feront de grands dégâts; moins grands cependant que les termès belliqueux, qui creusent la terre sous les fondations, s'introduisent dans les poteaux sur lesquels s'appuient les poutres, les solives, et les percent, les vident, d'un bout à l'autre, sans que rien trahisse au dehors des travaux dont le résultat est de faire crouler un beau jour maison ou magasin.

Cécile. — Ah! les vilaines bêtes!

Amédée. — Mais, mon père, pourquoi a-t-on appelé *belliqueux* les termès qui bâtissent en terre? Est-ce qu'ils se battent plus souvent que les autres?

M. Derville. — C'est probable; quand on touche à leur nid, les soldats se présentent aussitôt à l'entrée pour le défendre. Ils mordent tout ce qu'ils peuvent atteindre, et s'ils saisissent à la main, au pied, à la jambe l'agresseur, ils se laisseront arracher par morceaux plutôt que de lâcher prise. Une agitation extrême règne pendant ce temps dans tout le nid; l'ennemi une fois éloigné, les soldats rentrent dans le fort, et le calme succède à l'inquiétude et aux fureurs.

Amédée. — Si je demeurais en Afrique, je voudrais mettre plus d'une fois à l'épreuve la bravoure des termès belliqueux!

M. Derville. — Une autre espèce, non moins brave et non moins curieuse à observer, mais beaucoup plus rare, c'est celle des termès voyageurs. Il faut les entendre, dans une épaisse forêt, s'annoncer par un sifflement; aussitôt ils sortent de terre, à la suite l'un de l'autre, se forment en une troupe de vingt à vingt-quatre de front, puis se divisent en deux colonnes d'égale force ; ce sont des travailleurs auxquels se trouvent mêlés quelques soldats ; ceux-ci se placent bientôt de chaque côté de la ligne, à un ou deux pieds de distance, comme pour protéger la marche; d'autres, montant sur des plantes, arrivent a la pointe de quelque feuille, ou ils se tiennent en vedette; de temps en temps, avec leurs pattes, ils frappent sur le feuillage ; l'armée entière répond au signal par un sifflement, et hâte le pas. Si l'alarme est grande, en quelques instants la troupe a disparu par des trous ouverts sous l'herbe; sinon, elle se contente d'avancer de plus en plus vite.

Cécile. — Mon père, ou vont donc ainsi les termés voyageurs?

M. Derville. — Ils vont chercher le gibier qui leur manque. Certaines espèces ne craignent pas d'attaquer des moutons, des chèvres; ils les accablent par le nombre, les harcèlent, les épuisent a force de blessures, et, en une seule nuit, ils les dévorent si complètement, que le lendemain en n'en trouve plus que le squelette. Cette espèce de termés, particulière à la Guinée, est fort redoutée des habitants, dont elle n'épargne pas les maisons ; extrèmement adroite à évider les poteaux, les solives, elle les réduit à ne plus présenter, a l'intérieur, que des cloisons délicates et si fragiles, qu'il suffit de toucher de la main un poteau ainsi travaillé, pour qu'il tombe en poussiere.

Cécile. — Je le crois bien, qu'on les redoute, ces *tra ailleurs!*

M. Derville. — A Surinam, au contraire, on désire l'arrivée des termés voyageurs, nommés par les

Portugais *fourmis visiteuses.* Lorsqu'on les voit paraître, on s'empresse d'ouvrir les buffets, les armoires, afin qu'elles puissent plus commodément trouver les rats, les reptiles, les araignées énormes et tous les insectes nuisibles qu'elles exterminent et dévorent.

CÉCILE. — Quelle différence entre deux espèces! c'est bien singulier!

M. DERVILLE. — La seule différence réelle que j'y trouve, c'est celle du *gibier* que chassent les termès voyageurs de Guinée, et les termès voyageurs de Surinam; car, au fond, leur naturel carnassier est le même, et leur goût pour les voyages le même aussi.

CÉCILE. — Mon père, ils viennent dans les maisons deux ou trois fois l'année, n'est-ce pas?

M. DERVILLE. — Non, ma fille; les *fourmis visiteuses* sont quelquefois trois années entières sans se montrer, ce qui désole les habitants.

CÉCILE. — Pourquoi donc ne viennent-elles pas, puisqu'on les reçoit si bien?

M. DERVILLE. — Parce qu'elles ne cherchent la demeure de l'homme que faute de trouver ailleurs, en assez grande abondance, la nourriture qui leur convient.

MADAME DERVILLE, *en riant.* — Ce sont des ingrates et des égoïstes, n'est-il pas vrai, ma fille? »

Cécile allait répondre à l'étourdie, comme de coutume; mais elle s'interrompit dès le premier mot à peine prononcé, et elle dit : « Non, maman, les fourmis visiteuses ne sont point des ingrates, car ce n'est pas pour leur faire plaisir qu'on leur ouvre les armoires et les buffets, mais c'est parce qu'elles rendent service aux habitants en mangeant tant de bêtes nuisibles.

M. Derville. — Il y a donc égoïsme des deux côtés ; partant, quitte.

« Puisque les termes nous ont conduits à parler des fourmis étrangères, je veux vous dire ce qu'on a observé des mœurs de quelques espèces assez singulières : nous nous occuperons des fourmis d'Europe quand nous serons arrivés aux hyménoptères.

« Surinam nous offre encore une espèce de fourmis voyageuses, les céphalotes, qui habitent sous terre à sept ou huit pieds de profondeur. Elles sont de grande taille, mais point carnassières ; elles se nourrissent, ainsi que leurs petits, de feuillage, et une nuit leur suffit pour dépouiller plusieurs arbres. Quand le feuillage manque, elles se mettent en course pour en aller chercher ailleurs. On les voit alors, pour franchir un courant d'eau, former un pont très-singulier. La première s'attache fortement à l'extrémité d'une branche d'arbre ; une autre vient s'attacher à la première, une troisième à la seconde, et ainsi de suite, de façon à faire un long cordon qui ondule au souffle du vent et se donne à lui-même le plus de mouvement possible afin d'atteindre de l'autre côté de la rive. Les fourmis et le vent aidant, la dernière de ce long cordon parvient à saisir enfin une autre branche, s'y cramponne, et voilà le pont jeté. Toute l'armée y passe ; la première fourmi qui s'était attachée, devenue alors la dernière, lâche prise, se laisse entraîner à son tour par le vent, et arrive à son tour sur la rive opposée où l'on se remet en bon ordre pour continuer la route.

Amédée. — C'est une jolie invention que celle-là !

Madame Derville. — Il me semble avoir lu quelque part que les singes emploient le même moyen.

M. Derville. — Pas positivement le même ; ils forment en effet, en s'attachant les uns aux autres, un long cordon ; mais ils se contentent de lui donner le mouvement en se balançant, et quand le dernier attaché a pu saisir une partie de rocher, une branche d'arbre, un objet élevé et solide en un mot, il tire à lui tous ses camarades.

Amédée. — Mon père, une chose que je ne comprends pas, c'est comment les fourmis s'y prennent pour s'ouvrir des galeries et des souterrains dans la terre?

M. Derville. — Comment, toi qui appartiens à l'espèce la mieux organisée et la plus apte à *inventer* tous les travaux dont *l'instinct* donne le secret aux animaux, tu as besoin qu'on te dise que les fourmis mineuses du Mexique, par exemple, comme toutes les fourmis qui creusent la terre, rejettent au dehors cette terre à mesure qu'elles l'enlèvent?

Amédée. — Pour ceci, mon père, je le devine bien ; mais comment font-elles pour consolider leurs galeries, pour empêcher les éboulements?

Cécile. — Comme on fait en Angleterre pour le tunnel qui doit passer sous la Tamise.

Amédée. — Voilà une belle réponse ! Est-ce que les fourmis ont des échafaudages, du ciment?

M. Derville.—Il me semble que des échafaudages sont parfaitement inutiles pour qui peut marcher sur un plan perpendiculaire ou incliné, la tête et le corps en bas, et les pattes en haut. Quant au ciment, les fourmis en possèdent presque toutes et peuvent le sécréter, de même que les chenilles et les araignées sécrètent la soie. Je te dirai cependant, mon fils, puisque une explication te paraît nécessaire, qu'à mesure que s'exécute le travail des mineuses, s'exécute aussi celui des architectes. Les travailleuses sont placées sur deux rangs. L'une porte dans ses mandibules la terre qui doit servir au ciment : elle l'applique sur les parois à l'ouverture du souterrain; l'autre dégorge aussitôt une matière visqueuse, et toutes deux se mettant à pétrir, mêlent ensemble la terre et la liqueur visqueuse, et font prendre à ce ciment la forme arrondie de la voûte qui doit régner tout du long du souterrain. Aussitôt leurs provisions épuisées, les deux travailleuses se retirent à la queue de la longue colonne : deux autres les remplacent, répètent les mêmes opérations, et vont à leur tour rejoindre les deux premières. Ce travail, dirigé par un chef, s'exécute avec tant d'ordre, qu'un grand nombre de mineuses peuvent travailler à la fois dans un espace fort resserré, sans se gêner l'une l'autre; et la besogne avance avec une vitesse merveilleuse.

CÉCILE. — Mon père, nos fourmis sont aussi habiles, n'est-ce pas?

M. DERVILLE. — C'est ce que nous saurons demain. Les Mexicains seraient charmés que leurs mineuses le fussent beaucoup moins, car il n'est pas facile de se garantir d'un ennemi qui fait soudain irruption dans les maisons, sans qu'on sache comment, ni par où ; qui enlève de la même manière les graines qu'on vient de semer ; qui se répand partout, infecte les provisions de bouche, huiles, confitures, graisses ; qui couvre tout à coup une table bien servie en mettant en fuite, par le *parfum* que l'armée entière exhale. tous les convives, et qui arrive jusque dans les lits d'où les mineuses, par leurs morsures, chassent les dormeurs.

CÉCILE. — Ah! les indignes bêtes!

AMÉDÉE. — Mais, mon père, on doit avoir pourtant des moyens de s'en garantir?

M. DERVILLE. — Les Mexicains n'en connaissent d'autre que de s'installer, pour la nuit, dans des espèces d'îles artificielles, c'est-à-dire de s'entourer d'eau.

CÉCILE. — Heureusement que les mineuses ne savent point faire un pont à la façon des céphalotes; autrement toute cette eau ne servirait de rien. Mon père, il me semble que c'est à présent que je peux te prier de nous raconter comment le lion des fourmis fait pour les prendre? Il doit être bien plus gros dans les Indes, dans l'Afrique que dans l'Europe, puisque les fourmis y sont plus grosses que les nôtres?

M. DERVILLE. — Ta question, mon enfant, vient d'autant plus à propos que le *fourmi-lion*, ou *myrméléon*, ou *formica-leo*, car on lui donne indifféremment ces trois noms qui signifient tous la même chose, appartient à l'ordre des névroptères dont les termès font eux-mêmes partie.

« Je ne sache pas que le myrméléon ait été observé ailleurs qu'en Europe; mais, dans l'Afrique, dans les Indes, au Mexique, il existe, comme tu l'as deviné, des *lions* qui dévorent les fourmis. Ce ne sont point des *insectes* comme notre myrméléon: quelque multipliés qu'on pût les supposer, ils n'y suffiraient pas; ce sont les oiseaux en général, et, en particulier, le roi des fourmiliers, bien plus vigoureux, bien plus vorace que notre pic; son bec redoutable entame les nids les plus solides; ce sont encore le grand et le petit tamanoirs, quadrupèdes étranges dont le museau se termine en une sorte de trompe renfermant une langue longue de deux à trois pieds, roulée sur elle-même, et qui, se déroulant à la volonté de l'animal, pénètre sans effort, par l'ouverture du nid, dans la demeure du termès belliqueux, du termès atroce, du termès mordant, du termès des arbres, de tous les termès enfin. Quelquefois le fourmilier, avec ses grosses pattes de devant armées de griffes tranchantes, fait si bien, en attaquant les fondations des nids des termès, qu'il les renverse, et alors il peut à loisir plonger sa langue gluante au milieu de tout ce peuple en émoi, et avaler travailleurs et soldats par milliers. D'autres fois, quand il est dans ses jours de paresse, il se contente de l'allonger à travers un sentier que son instinct lui dit être fréquenté par les fourmis, ou voisin d'une fourmilière de voyageuses ou de mineuses ; elles montent une à une, puis deux à deux sur cet obstacle inconnu ; peu à peu elles arrivent en plus grand nombre, s'engluent, ne peuvent plus se dégager, et le tamanoir, faisant rentrer sa langue, les avale par *fournées,* si je puis m'exprimer ainsi.

Amédée. — A la bonne heure ! Oh ! j'étais sûr que Dieu aurait placé le remède auprès du mal, mais je suis bien aise de le savoir.

M. Derville. — Dans notre Europe, les ennemis des fourmis ne manquent pas ; on leur en connaît plus d'un ; mais celui qui a particulièrement attiré les regards par son industrie, c'est le myrméléon dont je vous ai dit un mot déjà. Ce singulier petit animal, qui n'est guère plus gros qu'un cloporte, ne marche jamais qu'à reculons et toujours dans le sable. Il s'y creuse un trou en forme d'entonnoir, besogne peu facile et qui exige de sa part bien des travaux ; puis, caché tout au fond et ne laissant paraître qu'une partie de sa tête armée de mandibules, il attend patiemment que quelque fourmi imprudente, courant à l'aventure, vienne jusqu'au bord du *précipice* ; le sable mouvant s'éboule sous les pattes de la victime ; celle-ci, quelquefois, se débat et paraît près de s'échapper ; alors le myrméléon lui lance, avec sa tête, une pluie de sable qui l'étourdit, l'entraîne, et il s'en saisit avec ses mandibules qui lui servent aussi de suçoir.

Madame Derville. — Le jardinier m'a montré, l'autre jour, qu'il y a des fosses de fourmis-lions au pied du vieux mur au midi ; nous pourrons les aller voir si vous voulez, mes enfants.

Cécile. — Oh ! quel bonheur ! Mais pourvu que le jardinier ne les détruise pas !

Madame Derville. — Ne crains rien pour les fosses des fourmis-lions ; le jardinier les protége, parce que ce sont les ennemis des fourmis qu'il poursuit à outrance.

Amédée. — Il y a, sans doute, aussi des fourmilières dans le jardin? J'en voudrais bien voir une !

M. Derville. — Tâche d'en découvrir ; je doute cependant que tu y réussisses, car maître Jean est impitoyable pour ces insectes ; ils ne font cependant pas autant de mal aux plantes que les vers blancs et les chenilles. Si nous n'en trouvons pas dans le jardin, nous en pourrons aller chercher ailleurs. Mais profitez de l'occasion pour exercer votre patience dans l'observation des travaux du myrméléon. Vous trouverez sa fosse toujours propre. Dès que son repas est fini, il a soin de lancer au dehors, et assez loin, la dépouille de la fourmi, de la chenille, de l'araignée, de la mouche même, que son adresse lui a procurées pour gibier ; il rejette aussi le sable qui a roulé avec elle ; puis il se cache de nouveau, et il attend ce que sa bonne fortune lui amènera... A demain, mes enfants, quelques-uns des hyménoptères. Prenez des notes, mettez-y tous vos soins ; nous avons parlé de beau-coup d'insectes ce soir... Prouvez-moi que vous avez bonne mémoire. »

Nid de Bourdons des mousses. — Bourdons des mousses.

Récolte de la Cochenille dans une nopalerie.

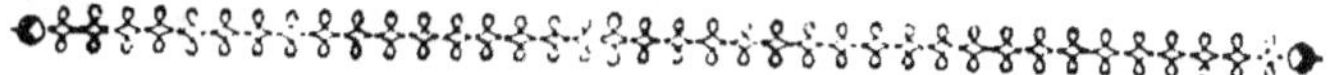

CHAPITRE V.

Les abeilles. — Le bourdon des mousses. — Les phyllotomes.
— L'abeille perce-bois. — La guêpe. — Langage des fourmis. — Attaque et prise d'une fourmilière.

—

« Mon père, dit Cécile, le lendemain soir, tu n'oublieras pas de nous parler des abeilles, n'est-ce pas?

— Oublier de parler des abeilles! s'écria M. Derville en riant; ce serait un peu fort!

Cécile. — C'est que tu ne nous en as encore rien dit jusqu'à présent. J'ai lu une foule de choses sur les abeilles, mais je n'ai rien trouvé du tout sur la manière dont elles fabriquent la cire et le miel; c'est ce que je voudrais pourtant bien savoir!

Amédée. — Et moi aussi.

M. Derville. — Il est probable que vous avez lu, sans beaucoup d'attention, *cette foule de choses* dont parle Cécile, et que vous avez passé ce qui vous paraissait *trop sérieux* pour ne vous arrêter qu'à ce qui vous paraissait *amusant*: c'est assez ordinairement ainsi qu'en agissent certains enfants de ma connaissance.

Amédée. — Mon père, Cécile a raison, tu peux m'en croire. Dans nos livres il y a beaucoup de récits merveilleux sur le *gouvernement* des ruches, mais on n'y parle pas du tout de la fabrication du miel et de la cire; ce qui pourtant est fort bon à savoir.

M. DERVILLE. — L'un de vous a-t-il eu l'occasion de voir de près des ouvrières? Je dis des *ouvrières*, parce que les ouvrières, les mâles et les femelles, si elles se ressemblent par les couleurs et par les poils dont leur corps est tout couvert, ne se ressemblent ni pour la forme, ni pour la grosseur. Le mâle est gros et court; la femelle a le corps allongé, surtout dans la partie inférieure; l'ouvrière est de moyenne taille, et son corps se trouve divisé en deux parties à peu près égales.

CÉCILE. — J'ai bien eu l'occasion de *voir* des abeilles; mais j'avais tant de peur de leur aiguillon, que je n'ai pas osé les examiner de trop près.

AMÉDÉE. — Moi aussi, mon père, j'en ai vu, mais, comme Cécile, d'un peu loin.

M. DERVILLE. — J'espère que maintenant votre *amour* pour l'étude de l'*histoire naturelle* vous portera à chercher de nouvelles occasions de les examiner *de près*.

« Les mâles et les femelles, chez les abeilles, de même que chez les termès et les fourmis, ne travaillent point; les ouvrières seules construisent les gâteaux de cire, remplissent de miel les cellules appelées alvéoles, placent dans d'autres alvéoles les œufs pondus par la femelle, et nourrissent les larves qui en sortent. Vous qui savez déjà, mes enfants, que les instruments nécessaires à l'exercice de son industrie particulière ont été donnés à chaque insecte, vous devinez, sans qu'il soit besoin que je vous le dise, que chez les abeilles ouvrières, de même que

chez les ouvrières des termes et des fourmis, l'organisation extérieure et intérieure ne peut pas être absolument la même que chez les mâles et les femelles,
puisque les unes doivent produire de la cire, du miel,
des matières visqueuses propres aux travaux de
construction, tandis que les autres ne produisent que
des œufs. Vous ne verrez donc point un faux bourdon, une reine se rouler dans le calice des fleurs
pour enlever le pollen. Ils ne sauraient qu'en faire;
l'ouvrière, au contraire, en connaît la valeur, et c'est
elle qu'on voit souvent retourner à la ruche les deux
pattes de derrière chargées chacune d'une petite pe-
lote jaune ou roussâtre, suivant les fleurs sur lesquelles elle est allée butiner.

Amédée. — Mais, mon père, comment forme-t-
elle ces deux pelotes et les attache-t-elle à ses pattes?

M. Derville. — Elle passe la première paire de
pattes sur tout son corps qui est couvert de poils;
ces poils se sont chargés de pollen pendant que l'a-
beille se roulait dans le calice de chaque fleur. Le
pollen ainsi réuni forme de petites pelotes que l'a-
beille place dans les deux cavités appelées *corbeilles*,
qui se trouvent entre la dernière articulation des
jambes de derrière, et le premier article des tarses
postérieurs. Dès que les corbeilles sont pleines de
boules de pollen de diverses couleurs, l'ouvrière revient à la ruche; ses compagnes ne lui laissent pas
toujours le temps de déposer son butin dans le magasin commun; elles vident les corbeilles et mangent à
mesure le pollen.

« Jusqu'à Hubert l'aveugle, observateur infatigable
et admirable des abeilles, de leur industrie, de leurs
mœurs, on avait cru que le pollen suffisait à la pro-

duction de la cire comme du miel. Des expériences ingénieuses, mais qu'il serait trop long de décrire maintenant, apprirent à Hubert que des abeilles nourries uniquement de pollen ne sécrètent jamais de cire; que celles, au contraire. auxquelles on donne une liqueur sucrée, en fournissent en grande abondance. Continuant ses observations, Hubert reconnut bientôt que l'ouvrière qui rentre avec ses corbeilles garnies de pollen et l'estomac rempli du miel pompé dans les fleurs, ne dégorge point ce miel. soit dans les alvéoles, soit dans le réservoir général, quand elle a l'intention de construire; elle le garde, au contraire, et produit alors de la cire en grande abondance. La cire est une sécrétion, comme la soie chez les araignées, et, de même aussi, c'est aux derniers anneaux de l'abdomen qu'il faut la chercher. Là, elle se moule en lamelles qui sont retenues et recouvertes par l'anneau ou segment antérieur, de sorte qu'on ne l'aperçoit pas; et ce n'est qu'après une observation persévérante qu'Hubert est parvenu à reconnaître que les abeilles dégorgent le miel et sécrètent la cire. Il faut, mes enfants, entendre par les mots de *sécréter* et de *sécrétion*, le résultat de la filtration, de la séparation des humeurs diverses que renferme le corps, enfin la production d'une matière quelconque.

« Quant à la manière dont ces insectes industrieux s'y prennent pour former l'assemblage d'alvéoles destinées à recevoir les œufs qui tarderont peu à se transformer en vers. puis en larves, je vous dirai seulement que c'est par la partie supérieure de la ruche que les abeilles cirières commencent leurs travaux, me réservant de vous les décrire pour le moment où je vous aurai fait voir ce qu'on appelle un gâteau ou rayon de miel. M. Darvin, grand amateur d'abeilles, a promis de m'en envoyer ces jours-ci ; alors vous pourrez admirer la délicatesse infinie de ce travail et la régularité des cellules dont le rayon se compose. La principale affaire des ouvrières, quand une ruche se fonde, c'est d'établir ces cellules, ces alvéoles dont elles ont besoin pour placer les œufs que la reine va leur donner. Si elles sont pressées par le moment de la ponte, qui a lieu quelquefois avant que tous les rayons soient prêts, elles ne donnent aux alvéoles que la moitié de la profondeur que celles-ci doivent avoir, se réservant d'achever leurs travaux quand toutes les alvéoles dont elles ont besoin seront ébauchées et en état de recevoir du moins les œufs.

Madame Derville. — J'ai lu dans ma jeunesse l'ouvrage de Hubert l'aveugle sur les abeilles, et c'est de ce moment seulement que j'ai compris combien l'homme est injuste de refuser, dans son orgueil, aux autres êtres de la création l'intelligence et la pensée. Si Dieu les leur avait refusées comme lui, comment les espèces qu'il a créées pourraient-elles surmonter les obstacles que mille circonstances inattendues opposent aux travaux nécessaires à leur multiplication et à leur conservation ?

M. Derville. — Et cette multiplication, cette conservation étant le but principal offert aux animaux, l'homme est non-seulement orgueilleux, mais il est injuste et il manque au respect dû à la Divinité quand il prétend ne trouver en eux que des machines plus ou moins bien organisées pour atteindre ce but. De simples machines ne sauraient pas former les combinaisons nécessitées par les obstacles dont tu parles, ma chère amie, et des milliers d'individus périraient dans l'œuf; et cette cause nouvelle de destruction s'unissant à tant d'autres causes, les espèces disparaîtraient peu à peu..... Il y a de la grandeur dans tous les ouvrages du Créateur, et une grandeur durable, parce qu'elle se fonde sur une justice égale pour tous. L'homme peut la sentir du moins s'il ne peut toujours la concevoir tout entière.

MADAME DERVILLE. — Sait-on, mon ami, pourquoi la cire est toujours plus parfumée que le miel? Je m'en suis aperçue bien des fois.

M. DERVILLE. — Je crois que cette différence vient tout simplement de ce que la liqueur sucrée que les abeilles pompent dans le nectaire des fleurs est beaucoup moins aromatisée que leur pollen; et quoiqu'avec du pollen, seul, elles ne puissent pas sécréter de la cire, il doit en entrer beaucoup cependant dans cette sécrétion, car elles en sont très-avides.

AMÉDÉE. — Mon père, il y a plusieurs espèces de cire, n'est-ce pas?

M. DERVILLE. — Oui, mon fils. Sa qualité, de même que celle du miel, varie suivant les fleurs sur lesquelles les abeilles vont butiner. Ce qu'il y a encore de remarquable chez ces insectes, c'est que l'intérieur et l'extérieur des rayons ne sont point fabriqués avec la même espèce de cire.

« On désigne sous le nom de *propolis* la cire, l'enduit brunâtre qui entoure la ruche entière; jamais la cire n'arrive au degré de dureté, de solidité que présente le propolis. On ne sait pas, du moins je le crois, sur quelles plantes les abeilles ouvrières vont recueillir les *ingrédients* nécessaires à la sécrétion du propolis; mais lorsqu'elles reviennent de butiner, elles ont besoin du secours de leurs compagnes pour débarrasser leurs corbeilles et leurs pattes de cette matière résineuse, odorante et de couleur brune. C'est avec précaution que les autres abeilles l'enlèvent par petites parties des corbeilles et des pattes de la pourvoyeuse qui, à ce qu'il paraît, ne pourrait s'en débarrasser seule.

Cécile. — Pauvres gentilles abeilles ! Comme elles travaillent chacune pour la communauté !

Amédée. — Mon père, j'ai lu que les abeilles ne souffrent point de faux-bourdon dans la ruche, ni deux reines; j'ai lu encore que les cellules qui sont pour les larves de reine sont bien plus grandes que celles des abeilles ordinaires, et que les ouvrières donnent à ces larves une meilleure nourriture : tout cela est-il vrai?

M. Derville.—Oui, mon fils. L'abeille forme une nation ailée extrêmement remarquable par son industrie, ses mœurs, son intelligence, l'ordre qu'elle établit dans sa demeure, ses tendres soins pour sa reine, pour les jeunes larves, son courage et son dévouement à la chose publique. Je ne vous en dirai cependant pas davantage aujourd'hui sur son compte, parce que je veux vous parler de quelques autres hyménoptères; mais nous aurons des ruches à nous l'année prochaine, et, prenant pour guide le livre de Hubert, nous vérifierons ses remarques, peut-être même en ferons-nous de nouvelles.

Cécile. — Nous aurons des ruches! ah! que je suis contente!

AMÉDÉE. — Mon père, si tu veux bien le permettre, j'ai encore quelque chose pourtant à te demander. Est-ce que les larves des abeilles se transforment en nymphes avant que de devenir mouches ?

M. DERVILLE. — La transformation des larves en nymphes est une condition indispensable pour l'insecte avant que de passer à l'état parfait. La larve de l'abeille devient nymphe après qu'elle s'est filé un cocon. Dès que les ouvrières s'aperçoivent qu'il y a des larves qui filent, elles ferment la cellule de chaque fileuse au moyen d'un petit couvercle de cire légèrement bombé, et cessent de s'en occuper. Au bout de huit jours, l'insecte, arrivé à l'état parfait, brise, avec ses mâchoires, le couvercle qui le retenait captif, et sort de sa prison, encore tout humide, comme le papillon sort de sa chrysalide ; aussitôt les ouvrières viennent l'entourer, lui offrir de la nourriture en dégorgeant par la trompe une petite quantité de miel, et elles l'aident à se sécher.

CÉCILE. — Et nous verrons tout cela ! oh ! quel bonheur !

M. DERVILLE. — En attendant qu'il nous soit possible de *voir* ce qui se passe dans les ruches, nous pouvons, en regardant à nos pieds, lors de nos promenades dans les prairies de sainfoin ou de luzerne, *voir* des choses assez curieuses ; le bourdon des mousses entre autres, qui élève son nid de cinq à six pouces au-dessus de la surface du sol, et qui, pour le dérober à tous les regards, le recouvre soigneusement de mousse.

« Mais ce n'est pas une petite besogne que d'apporter cette mousse, ou plutôt de la conduire au nid ! Après l'avoir coupée avec leurs mandibules, les bourdons la réunissent en petits tas, et, tournant le dos au nid, ils prennent, entre leurs mandibules, un de ces petits tas et le font passer par dessus leur tête; alors la première paire de pattes s'en saisit et le conduit jusqu'à la dernière paire de pattes qui le pousse au delà du corps; un autre bourdon est derrière; il fait le même manége; par le moyen de cette espèce de chaîne, le petit tas de mousse arrive au nid. Là, se trouvent d'autres bourdons qui s'occupent à tresser la mousse pour s'en servir non-seulement à couvrir l'extérieur du nid sur lequel ils la fixent au moyen de leur cire, mais aussi pour en tapisser l'intérieur, et, dans cet intérieur, ils dressent, sur un pied assez solide, un certain nombre d'alvéoles destinées à recevoir les œufs, les larves, les nymphes. Ce singulier gâteau de cire a tout à fait l'aspect d'un champignon supporté sur sa tige et parfaitement épanoui. Il ne contient que quelques alvéoles; la tige qu'il surmonte est tout ensemble solide et flexible.

« Une autre espèce de bourdons, les phyllotomes, se creusent des maisons dans la terre et les tapissent avec des feuilles d'arbrisseaux, ou des pétales de fleurs. Leurs dents en ciseaux leur servent à détacher des pétales d'un coquelicot, d'une rose, puis ils les découpent de différentes manières et les collent, au moyen d'un peu de cire, aux parois de leur demeure; à l'entrée, ils forment, avec ces mêmes pétales découpés, un joli rebord; c'est dans cet élégant berceau que les petits éclosent.

Cécile. — Moi qui croyais que les bourdons étaient tous de grosses vilaines bêtes noires, incapables de faire autre chose que de vous piquer et de manger le miel des abeilles !

Madame Derville. —Tu nous as parlé, mon ami.

des termes des arbres qui creusent le bois avec beaucoup d'adresse; mais il me semble avoir entendu dire que nous avons en France des abeilles *perce-bois*, non moins habiles?

M. Derville. — On n'en connaît en Europe qu'une seule espèce qui a été soigneusement observée par Réaumur. Elle possède, en effet, un très-*joli talent* pour percer, avec ses mandibules, dans le bois mort, des trous qui ont quelquefois jusqu'à un pied de profondeur. C'est la femelle qui fait ce travail, de même que c'est aussi la femelle du phyllotome qui creuse son nid souterrain et le garnit de fleurs. L'abeille perce-bois dépose un œuf tout au fond du trou qu'elle vient de creuser, et y met assez de l'espèce de miel appelé *pâtée,* pour que la larve, au sortir de l'œuf, trouve de quoi vivre jusqu'à sa métamorphose en insecte parfait; avec de la sciure de bois et un peu de cire, elle entoure le tout d'une enveloppe solide; puis, elle pond un second œuf, prépare les provisions de la larve à venir, et l'enveloppe de même; pendant deux mois elle est occupée à remplir ainsi, jusqu'à l'orifice, le trou qu'elle a creusé.

Cécile. — Mais, mon père, comment les petites abeilles perce-bois feront-elles pour sortir de ce nid ainsi arrangé?

M. Derville. — Elles feront ce que leur nom t'indique; elles perceront le bois, et s'exerceront ainsi dès en naissant, pour ainsi dire, aux travaux que plus tard elles seront appelées à exécuter à leur tour.

Amédée. — Mon père, le jardinier m'a montré l'autre jour un nid de guêpes qu'il venait de trouver entre la haie et le mur du jardin; il m'a dit que c'est absolument de la même façon que les abeilles construisent leurs gâteaux, sauf que ceux-ci ne sont point de couleur grise.

M. Derville. — Les différentes espèces de guêpes construisent leurs nids de diverses manières. Il en est qui le suspendent à une branche d'arbre, et qui lui donnent la forme d'une rose dite à cent feuilles ; les pétales sont détachés les uns des autres et composés d'une sorte de carton plus ou moins mince, mais toujours de couleur grise.

Cécile. — Mon père, elles savent donc trouver du papier pour faire ce carton ?

M. Derville. — Les frênes leur fournissent la matière première de ce prétendu carton. Longtemps on a cru qu'elles employaient de vieux bois, et qu'elles le réduisaient en pâte. Des observations toutes récentes ont prouvé qu'elles s'attaquent, non pas au vieux bois, mais aux jeunes branches du frêne. Très-adroitement elles les dépouillent de leur écorce brune et mince, puis elles enlèvent, non moins adroitement, des lanières, tout aussi minces, composées de la partie herbacée et verte, et de quelques fibres de la partie fibreuse qui enveloppe le bois déjà formé ; c'est avec ces lanières qu'elles fabriquent l'étoffe grise et mince dont elles composent ensuite les feuillets de leur nid. Pour peu que vous regardiez attentivement quelques-uns de ces feuillets, il vous sera facile de remarquer des veines blanches se détachant sur le fond généralement gris ; ces veines blanches proviennent de la partie herbacée ; le reste est le produit de la partie ligneuse desséchée, amincie et aplatie par les travaux des guêpes. L'histoire des différentes espèces de guêpes et de leurs industries est aussi curieuse, mes enfants, que celle des abeilles ; mais elle paraît moins intéressante, parce que les guêpes, loin de nous être d'aucune utilité, ne se présentent jamais que comme des parasites importuns au moins; il en est de même des fourmis. Et cependant, que de travaux exécutés par ces insectes que nous détruisons sans regret, dont nous renversons les demeures, produit de travaux souvent si longs, si bien conçus, si admirablement exécutés!..... Accordons-leur du moins notre admiration, et reconnaissons, par l'exemple des fourmis, que le moyen de communiquer ses idées à ses semblables a été donné à tous les êtres animés.

MADAME DERVILLE. — J'en ai eu la pensée chaque fois que je me suis amusée à regarder des fourmis aller et venir autour du lieu où je supposais que devait être une fourmilière.

M. DERVILLE. — Le fils de ce Hubert, si célèbre par ses recherches sur les abeilles, en a acquis, on peut le dire, la certitude. Plus heureux que son père, il n'a pas eu besoin de recourir aux yeux d'autrui pour voir l'usage que les fourmis font de leurs antennes.

CÉCILE. — Comment, mon père, recourir aux *yeux d'autrui?*

M. DERVILLE. — Oui, mon enfant. Hubert le père était aveugle, je l'ai dit déjà deux fois, tu n'y as point pris garde; mais il avait auprès de lui un serviteur dévoué et fidèle qui *savait voir*, et qui lui rapportait, avec une exactitude scrupuleuse, les observations qu'il faisait aussi soigneusement, aussi curieusement que l'aurait pu faire son maître. Mais Hubert le fils a vu par lui-même ce qu'il raconte au sujet du *langage antennal* des fourmis. Voici

ce qu'il en dit : « Nous les avons vues faire un usage
« fréquent de leurs antennes, sur le champ de ba-
« taille, pour jeter l'alarme parmi leurs compagnes,
« et pour se distinguer de leurs ennemis; au sein de
« la fourmilière, pour s'avertir de la présence du so-
« leil, si favorable au développement des larves; dans
« leurs courses et leurs émigrations, pour s'indiquer
« mutuellement la route; dans le recrutement, pour
« décider le départ. »

AMÉDÉE. — Elles se battent donc, mon père?

M. DERVILLE. — Certaines espèces sont éminem-
ment belliqueuses, ou pour mieux dire conquéran-
tes. Telle est, en particulier, la fourmi sanguine, qui
fait la chasse aux fourmis cendrées, plus petites
qu'elle. Je vais vous citer ce qu'Hubert raconte de
la prise d'une fourmilière de fourmis cendrées, par
des fourmis sanguines.

« Le 15 juillet au matin, la fourmilière sanguine
« envoie en avant une poignée de ses guerriers. Cette
« petite troupe marche à la hâte jusqu'à l'entrée du
« nid des fourmis cendrées... Elle se disperse autour
« de ce nid. Les habitants aperçoivent ces étrangè-
« res, sortent en foule pour les attaquer et en emmè-
« nent plusieurs en captivité; mais les sanguines ne
« s'avancent plus; elles paraissent attendre du se-
« cours; de moment en moment je vois arriver de
« petites bandes de ces insectes, qui partent de la
« fourmilière sanguine et viennent renforcer la pre-
« mière brigade. Elles s'avancent alors un peu da-
« vantage et semblent risquer plus volontiers d'en
« venir aux prises; mais plus elles approchent des
« assiégées, plus elles paraissent empressées à en-
« voyer à leur nid des espèces de courriers. Ces

« fourmis arrivent en hâte, jettent l'alarme dans la
« fourmilière, et aussitôt un nouvel essaim part et
« marche à l'ennemi. Les sanguines ne se pressent
« point encore de chercher le combat : elles n'alar-
« ment les noires cendrées que par leur seule pré-
« sence. Celles-ci occupent un espace de deux pieds
« carrés au-devant de leur fourmilière; la plus grande
« partie de la nation est sortie pour attendre l'en-
« nemi. Tout autour du camp, on commence à voir
« de fréquentes escarmouches, et ce sont toujours
« les assiégées qui attaquant les assiégeantes. Le
« nombre des noires cendrées, assez considérable,
« annonce une vigoureuse résistance ; mais elles se
« défient de leurs forces et songent d'avance au
« salut des petits qui leur sont confiés, et nous
« montrent en cela un des plus singuliers traits de
« prudence dont l'histoire des insectes nous fournisse
« l'exemple. Longtemps avant que le succès puisse
« être douteux, elles apportent leurs nymphes au
« dehors de leurs souterrains, et les amoncellent à
« l'entrée du nid, du côté opposé à celui d'où vien-
« nent les fourmis sanguines, afin de pouvoir les
« emporter plus aisément, si le *sort des armes* leur
« est contraire. »

Madame Derville. — En effet, rien de plus remarquable que ce trait-là.

M. Derville. — « Leurs jeunes femelles pren-
« nent la fuite du même côté; le danger approche, les
« sanguines, se trouvant en force, se jettent au mi-
« lieu des noires cendrées, les attaquent sur tous les
« points et parviennent jusque sur le dôme de leur
« cité. Les noires cendrées, après une vive résistance,
« renoncent à la défendre, s'emparent des nymphes

« qu'elles avaient rassemblées hors de la fourmilière
« et les emportent au loin. Les sanguines les pour-
« suivent et cherchent à leur ravir leur trésor. Toutes
« les noires cendrées sont en fuite ; cependant on en
« voit quelques-unes se jeter avec un véritable dé-
« vouement au milieu des ennemis et pénétrer dans
« les souterrains, d'où elles enlèvent encore quel-
« ques larves pour les soustraire au pillage. Les
« fourmis sanguines pénètrent dans l'intérieur,
« s'emparent de toutes les avenues et paraissent s'é-
« tablir dans ce nid dévasté. De petites troupes ar-
« rivent alors de la fourmilière sanguine, et l'on
« commence à enlever ce qui reste de larves et de
« nymphes. »

CÉCILE. — Qu'est-ce que les sanguines en veulent
faire, mon père?

M. DERVILLE. — Leur nourriture, leur pâture. « Il
« s'établit une chaîne continue d'une demeure à l'au-
« tre, et la journée se passe de cette manière. La nuit
« arrive avant qu'on ait transporté tout le butin ;
« un bon nombre de sanguines reste dans la cité prise
« d'assaut, et le lendemain, à l'aube du jour, elles re-
« commencent à transférer leur proie. Quand elles
« ont enlevé toutes les nymphes, elles se portent les
« unes les autres dans leur fourmilière jusqu'à ce
« qu'il n'en reste plus qu'un petit nombre. »

AMÉDÉE. — Voilà qui est bien singulier ! Ce sont
apparemment les moins fatiguées qui transportent les
autres.

M. DERVILLE. — C'est probable. « Mais quelques
« couples vont en sens contraire, leur nombre aug-
« mente ; une nouvelle résolution a sans doute été
« prise par ces insectes vraiment belliqueux ; un

« recrutement nombreux s'établit sur la fourmilière
« sanguine en faveur de la ville pillée, et celle-ci
« devient la cité sanguine. Tout y est transporté
« avec promptitude, larves, nymphes, mâles, fe-
« melles, auxiliaires et amazones; tout ce que ren-
« fermait la fourmilière sanguine est déposé dans
« l'habitation conquise, et les fourmis sanguines re-
« noncent pour jamais à leur ancienne patrie. Elles
« s'établissent aux lieux et place des noires cendrées,
« et, de là, entreprennent de nouvelles invasions. »

AMÉDÉE. — Mais pourquoi ce changement, mon
père ?

M. DERVILLE, *en riant.* — Je pourrais te le dire,
mon fils, si j'avais été admis au conseil qui s'est tenu
probablement avant que les sanguines aient pris
cette importante résolution: comme il n'en a rien
été, je me trouve réduit à des conjectures et à croire
qu'apparemment elles ont jugé la fourmilière des
noires cendrées plus commode, plus convenable que
la leur.

« Quand nous étudierons sérieusement l'histoire des
fourmis, nous trouverons chez elles, de même que
chez les abeilles, des traits d'une intelligence faite
pour surprendre ; nous les verrons, toujours occupées
de la prospérité et du bonheur de la république,
soigner les nymphes, les porter au soleil par un beau
jour, les rapporter dans la fourmilière si un orage
semble s'annoncer; aider les nymphes à se débarrasser de leur enveloppe ; soigner les morts ; les
brosser avec leurs pattes et les lécher pendant plusieurs heures comme pour les rappeler à la vie; nous
les verrons aussi recueillir partout, et emporter celles
qu'elles trouvent sans vie.

MADAME DERVILLE. — C'est à mon tour de raconter une observation que j'ai faite il y a longtemps, sans y attacher autrement d'importance, et que ce que tu viens de dire, mon ami, des soins des fourmis pour leurs morts, me rappelle à l'instant.

« Nous étions depuis quinze jours à peu près à la maison de campagne que mon père venait d'acheter, lorsque je m'aperçus qu'une armoire, surtout, était remplie de fourmis. Cette armoire avoisinait une fenêtre ; c'était par là qu'elles arrivaient pour venir dévorer le sucre, les confitures, et empester tout, car le parfum qu'elles exhalent n'a rien d'agréable, il s'en faut. On me conseilla de placer sur l'appui de la fenêtre des verres à moitié remplis d'eau bien miellée, et d'écraser sans pitié, aux environs, tout ce que je verrais monter ou descendre le long de la fenêtre ; moyen certain, disait-on, de noyer les unes et de chasser à jamais toutes les autres.

« Le soir même, mes deux verres étaient noirs de fourmis qui étaient venues se noyer dans l'hydromel que je leur avais préparé, et je massacrai sans pitié tout ce qui montait le long de la fenêtre, laissant les mortes sur le champ de bataille pour servir d'épouvantail à celles que le parfum de l'hydromel pourrait attirer ; je renouvelai l'eau de mes verres, et je continuai de la sorte, les jours suivants, prenant et tuant des fourmis par centaines.

« Un matin, je m'aperçus, pour la première fois, que toutes les fourmis tuées la veille avaient été enlevées dans la nuit. Mais comment, et par qui ? Je me mis à observer ces pauvres bêtes, et je vis celles que j'avais laissées vivre, aller, venir autour des mortes, essayer de les soulever, enfin les emporter lorsqu'elles avaient pu les détacher de la pierre sur laquelle je les avais écrasées. Cela me toucha; je m'expliquai alors comment les corps morts disparaissaient, et je vis enfin par qui ils étaient enlevés.

CÉCILE. — Pauvres petites bêtes! Maman, tu cessas d'en tuer, n'est-ce pas?

MADAME DERVILLE. — Hélas! ma fille, je continuai; il le fallait bien, ces malheureuses fourmis envahissaient tout. Un matin, je fus bien surprise de trouver vide un de mes verres que la veille, au soir, j'avais vu noir de fourmis, et tellement, qu'on aurait dit une pâte presque sèche, composée de ces insectes. Étonnée, je soulevai le verre... Une partie seulement des fourmis mortes qu'il contenait, la veille au soir, se trouvait entassée derrière le verre dans le coin de la fenêtre. Ainsi elles avaient été retirées pendant la nuit du *précipice* par leurs compagnes, et si le jour n'était pas venu interrompre ces pénibles travaux, toutes auraient disparu.

M. DERVILLE. — Quel dévouement et quel instinct! c'est admirable!

MADAME DERVILLE. — Ceci me toucha, et je me promis qu'après avoir fait de nouvelles observations, je ne mettrais plus d'appât. Mon désir était de m'assurer, par mes propres yeux, de la manière dont mon verre se remplissait de ces malheureuses bêtes. Je vis que si quelques-unes, attirées par le parfum du miel, glissaient le long des parois du verre en voulant goûter au breuvage, celles qui venaient ensuite se noyaient, parce qu'elles multipliaient leurs efforts pour retirer leurs compagnes cherchant inutilement à regagner le bord.

« Je mis dans une autre armoire le sucre, les confitures, je cessai de tendre des piéges, et les fourmis ne reparurent pas.

Amédée. — Mais pourtant, maman, si elles avaient reparu! car enfin la fourmilière n'était pas épuisée, puisqu'il y en avait pour venir relever les mortes?

Madame Derville. — Il est probable, mon fils, que j'aurais recommencé.

Cécile. — Oh! maman! non, non, tu aurais eu pitié de ces pauvres petites bêtes!

M. Derville. — Détruire les animaux pour *s'amuser*, est barbarie, ma fille. Les détruire lorsqu'ils nous sont réellement nuisibles, c'est user de son droit, c'est suivre la loi commune.

Amédée. — Depuis que nous sommes ici, j'ai remarqué que les fourmis aiment beaucoup le sucre et tout ce qui est sucré; mais je n'en ai vu aucune emporter des grains de blé et d'orge pour faire des provisions, comme on le raconte dans mon livre anglais.

M. Derville. — La fourmi n'emmagasine point pour l'hiver, ainsi qu'on l'a cru longtemps. Quant aux prétendus grains d'orge et de blé qu'on a *vus* dans ses mandibules, ce n'était pas autre chose que des nymphes qu'elle transportait d'une fourmilière dans une autre, ou bien qu'elle avait apportées le matin au soleil, et qu'elle reportait dans la fourmilière avant la nuit, comme je viens de vous le dire tout à l'heure. L'observation des animaux, et l'observation répétée peut seule détruire les erreurs, les préjugés adoptés depuis des siècles; et c'est ainsi qu'on est parvenu à découvrir le motif qui fait recueillir, par les fourmis, des troupeaux de puce-

rons. Elles les apportent chaque soir à la fourmilière,
elles les rapportent chaque matin sur les arbres où
ils trouveront leur nourriture. Leurs soins vont
même jusqu'à construire des galeries de terre à l'abri
desquelles elles peuvent, à toute heure, aller, le long
des branches, de la fourmilière au *pâturage* des pucerons et les surveiller : il en est encore qui entourent d'une boule de terre le nid de pucerons le mieux
fourni, afin de mettre obstacle à l'enlèvement de ce
troupeau par d'autres fourmis.

AMÉDÉE. — Mon père, c'est pour les manger peu
à peu qu'elles les gardent ainsi?

CÉCILE. — Comment? tu as donc oublié ce que
nous avons lu dans le Petit Jardinier fleuriste [1], de
cette liqueur sucrée que rendent les pucerons et qui
est comme une sorte de lait dont les fourmis sont
aussi friandes que nous du lait de nos vaches?

AMÉDÉE. — Ah! c'est vrai, voilà que je m'en
souviens à présent.

MADAME DERVILLE. — A propos de pucerons, je
te prie, mon ami, de ne pas oublier que tu nous as
promis de nous parler de la cochenille, qui n'est, si
je m'en souviens bien, autre chose qu'un puceron.

CÉCILE. — Tu as promis aussi, mon petit père,
de nous raconter l'histoire des mouches.

M. DERVILLE. — Eh bien, laissez-moi me reposer
un peu pendant que vous prendrez quelques notes,
et nous achèverons ce soir ce que, pour le moment,
je veux vous dire au sujet des insectes en général :
mais remarquez, *en passant*, qu'il en est beaucoup

[1] Gustave, éd. *Le Petit Jardinier fleuriste*, 1 vol. in-18.

que vous pouvez observer-vous-mêmes, et qu'il ré-
sultera pour vous, de cette observation, un plaisir
pur et vrai. »

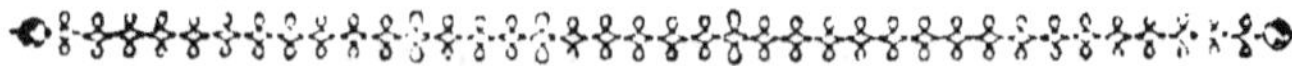

CHAPITRE VI.

La cochenille. — Le kermès. — La cigale. — Le cousin. — Les mouches. — Les rhinaptères.

Cécile eut la première achevé de prendre des notes sur ce que M. Derville venait de raconter, et elle attendit impatiemment qu'Amédée, qui ne faisait rien fort vite, fût prêt, pour dire à son père : « Je ne sais pas du tout ce que c'est que la cochenille, et si maman ne te l'avait pas rappelé, mon père, j'aurais oublié que tu avais promis précédemment de nous en parler.

AMÉDÉE. — Tu as oublié, à ce que je vois, ce que nous avons lu un jour, chez Eugène, au sujet de la *graine d'écarlate...*

CÉCILE.—Ah ! c'est vrai. Mais si c'est de la graine, ce n'est pas un insecte ?..

M. DERVILLE. — On a cru longtemps que la cochenille apportée en Europe par la voie du commerce, et qui donne la matière première pour la fabrication du carmin et des teintures pourpre et écarlate, était, en effet, de la graine recueillie sur un arbrisseau inconnu. On sait maintenant que c'est un insecte fort singulier, et qu'il s'en trouve en Europe quelques espèces qui ne valent pas la cochenille fournie par le

Mexique. Celle-là vit sur le nopal, communément appelé *raquette*.

Cécile. — Ah! je sais ce que c'est, mon père! c'est une plante grasse qui pousse sans tige, mais dont les feuilles sont comme plantées les unes sur les autres ; elle a des épines et des fleurs d'un rouge vif.

M. Derville. — Les larves de la cochenille sont si petites, qu'on ne peut les découvrir sans le secours d'une loupe, et alors elles montrent une sorte d'activité fort différente de l'immobilité complète à laquelle elles se trouvent condamnées, du moment qu'elles ont acquis un certain accroissement. Armées d'un bec fort court, ces larves pompent le suc des jeunes pousses ; de temps en temps elles se fixent pour changer de peau ; puis, enfin, elles se fixent pour toujours, et s'entourent d'une espèce d'enveloppe composée de matière cotonneuse.

Cécile.—Mon père, elles n'ont donc point d'ailes?

M. Derville. — Le mâle seul en possède quatre ; quant à la femelle, elle n'en a jamais. Sa forme courte et ramassée, son immobilité complète ont sans doute contribué à entretenir longtemps l'erreur qui a fait passer cet insecte pour une graine. Le moment de la ponte arrivé, chaque cochenille donne à peu près quatre mille œufs.

Amédée. — Quatre mille œufs ! un si petit insecte!

M. Derville. — Quoique la taille plus ou moins petite ne soit pas ce qui règle la reproduction plus ou moins considérable des diverses espèces d'animaux, on peut dire cependant qu'en général plus l'insecte est petit, plus est grand le nombre des œufs qu'il donne ; je citerai pour exemple les familles des pucerons, auxquelles appartiennent les différentes espèces de cochenille, et dont la fécondité est réellement prodigieuse. Les œufs de la cochenille demeurent réunis sous elle ; les deux membranes qui forment l'abdomen se rapprochent, et enferment ainsi presque entièrement les œufs dans une espèce de cavité. Bientôt la cochenille meurt ; son corps se dessèche, sa peau se durcit, et, dans cette cavité, les œufs demeurent en sûreté.

« C'est donc à l'abri des restes de la mère que les œufs éclosent et que les larves prennent le premier degré d'accroissement. En sortant de cette coque, les larves sont en état de pourvoir d'autant plus facilement à leurs besoins, que la cochenille, quand elle se fixe définitivement, choisit toujours l'aisselle ou bifurcation des feuilles ; celles-ci poussent pendant le temps que les œufs mettent à éclore ; quand les jeunes larves quittent leur singulier berceau, elles trouvent du feuillage jeune comme elles.

MADAME DERVILLE. — Quelle variété dans les œuvres du Créateur, et quelle constante bonté, quelle prévoyance dans les divers instincts donnés aux diverses espèces !

AMÉDÉE. — Mais, mon père, comment a-t-on eu l'idée de se servir de la cochenille pour la teinture, et pour la peinture aussi puisqu'elle entre dans le carmin ?

M. DERVILLE. — Ce même *hasard,* qui enseigna aux Grecs le parti qu'on pouvait tirer du pourpre, enseigna de même aux Mexicains à faire usage de la cochenille pour teindre en rouge leurs étoffes de coton : et quand les Européens, qui ne voulaient que de l'or, eurent découvert dans la cochenille une nouvelle source de richesses, la culture de ces insectes précieux devint l'objet de leurs soins. Peu à peu on établit des nopaleries; on imagina de *semer* la cochenille sur la plante qu'elle aime, et l'on arriva à un tel degré de perfection en ce genre, que maintenant la cochenille donne chaque année un revenu considérable et assuré.

CÉCILE. — Semer de la cochenille ! Mais comment peut-on s'y prendre pour la semer, mon père, puisque ce n'est pas une graine ?

M. DERVILLE. — Des œufs de cochenille sont de la graine de cochenille, comme tous les œufs d'oiseaux, de poissons, de reptiles, d'insectes sont en quelque sorte *la graine* de ces divers animaux. Ne le comprends-tu pas ?

CÉCILE. — Ah ! c'est vrai !

M. DERVILLE. — On les réunit, par huit ou dix, dans un petit nid formé d'une étoffe légère et claire, ressemblant assez au canevas. On noue ensemble les quatre coins de cette étoffe, et l'on place chacun de ces nids factices à l'aisselle des feuilles ou des branches du nopal, tout à fait dépourvu de cochenille. Les jeunes larves sortent par les intervalles que les fils du nid laissent entre eux, et voilà de la graine de cochenille semée.

AMÉDÉE. — Alors, mon père, ce sont les corps des cochenilles mortes qu'on récolte pour en faire de la teinture ?

M. DERVILLE. — Non, pas du tout; c'est la cochenille vivante. On en réserve un certain nombre *pour graine*; le reste est enlevé au moyen d'un couteau bien tranchant qu'on passe légèrement de haut en bas, le long de la peau du nopal, en ayant soin de ne blesser ni la plante, ni l'insecte, et l'on reçoit dans la main les cochenilles qui tombent. Quand en en a réuni un certain nombre dans un panier, on les porte aux ateliers, où elles sont placées dans un tamis, retenu au fond d'une terrine ; on verse dessus de l'eau bouillante, en agitant, afin de détacher la terre qui pourrait être mêlée aux insectes, puis on étend ceux-ci au soleil, sur une table, pour les faire sécher, ce qui est l'affaire d'une journée.

CÉCILE. — Pauvres petites bêtes ! Ainsi, on leur coupe le bec, et on les fait cuire tout en vie !

MADAME DERVILLE. — Je suis bien certaine que maintenant Cécile ne portera pas un seul nœud de ruban ponceau, qu'elle aime tant, sans songer que, pour obtenir cette belle couleur, il a fallu *immoler* des milliers de cochenilles !

CÉCILE. — Oh ! certainement, maman !

AMÉDÉE. — Mon père, dans ce livre que j'ai vu chez Eugène, il était question de kermès, en même temps que de cochenilles ?

M. DERVILLE. — Je viens de vous dire que l'on compte plusieurs espèces de ces insectes. De même que la chenille du Mexique, le kermès fournit la matière première de la couleur rouge, tandis que toutes les autres cochenilles sont, sous ce rapport, tout à fait inutiles. Le kermès de Pologne a été recherché aussi longtemps que la cochenille du Mexique est demeurée rare ; mais aujourd'hui il est sans valeur.

CÉCILE. — Ah ! pendant que j'y pense ! Mon père, Marguerite a entendu, hier soir, chanter des cigales. J'en voudrais bien voir, des cigales qui chantent tout l'été, comme dit La Fontaine. C'est un insecte, n'est-ce pas?

M. Derville. — Oui, ma fille, et un insecte intéressant à observer, surtout pour les organes qui servent à la production de ce prétendu chant beaucoup
trop exalté par les poëtes, car il est en lui-même assez peu remarquable et assez monotone.

Cécile. — Je voudrais bien l'entendre, pourtant !

M. Derville. — Je l'ai entendu dans le jardin.

Cécile. — Alors je pourrai voir aussi des cigales !

M. Derville. — Tu verras un animal qui n'est pas
beau du tout, soit à l'état de larve, soit à l'état parfait ; mais, du moins, la cigale concourt à débarrasser
les arbres de leurs branches mortes.

Cécile. — Ah ! et comment cela, mon père ?

M. Derville. — Les jardiniers ne l'en aiment pas
davantage ; ils la poursuivent avec autant d'acharnement que les vers blancs, dans les pays méridio-
naux où elle abonde ; dans nos contrées plus tempérées, elle est assez rare.

Cécile. — Elle fait donc du mal aux jardiniers ?

M. Derville. — Non pas aux jardiniers, mais
aux racines des arbres dont elle se nourrit ; ce qui est
fort singulier quand on sait qu'elle dépose ses œufs à
leur cime.

Madame Derville. — Voici un genre d'instinct
tout à fait contraire à ce que nous avons vu jusqu'ici. Ordinairement les femelles des insectes placent leurs œufs de façon à ce que les vers ou les
larves trouvent sans peine de la nourriture.

M. Derville. — La cigale n'a pas été moins bien
partagée sous ce rapport que les autres animaux ;
mais son industrie est différente.

« Quoiqu'on la connaisse mieux dans sa constitution physique que dans ses mœurs, on sait cependant

d'une manière certaine qu'au moment de la ponte, elle perce les petites branches de bois mort avec la tarière dont elle est munie, et qu'elle dirige dans le sens de la moelle. Ses œufs sont disposés l'un au-dessus de l'autre dans cette espèce de tube, puis elle repousse, réunit les fibres du bois qu'elle a écartées sans les couper, et elle recommence un peu plus loin : rien ne trahirait l'existence du nid, si ce travail et la réunion des œufs ne formaient une petite élévation sur la branche.

Amédée. — Mais, mon père, les larves, dès qu'elles éclosent, sont obligées de faire un long voyage pour descendre le long de l'arbre et pour aller chercher les racines?

M. Derville. — Les vents, les tempêtes débarrassent la cime des arbres de leur bois mort; les menues branches surtout sont facilement détachées, d'autant plus que les travaux de la cigale les ont rendues extrêmement fragiles, et elles vont joncher la terre à peu de distance des racines même. En sortant de l'œuf, les larves n'ont qu'à s'enfoncer dans le sol, où elles travaillent les racines comme leur mère a travaillé les branches : mais, cette fois, c'est pour s'en nourrir. A l'époque de la métamorphose, les larves, devenues nymphes, sortent de terre, se cramponnent au tronc de l'arbre qui les a vues naître, qui les a nourries, et deviennent insectes parfaits; enfin, elles prennent les ailes qui les portent à sa cime pour y déposer une génération nouvelle.

Cécile. — Je ne me serais pas doutée que les vents et les tempêtes pussent servir à quelque chose de bon en ce monde !

M. Derville. — Si les vents et les tempêtes détruisent par milliers les animaux, les plantes, les insectes, ils transportent aussi par milliers les graines, les insectes dans les contrées les plus éloignées; et ainsi s'ensemencent, ainsi se peuplent des terres jusqu'alors stériles et désertes. Entre les mains du Maître de tout, mes enfants, tout est puissance, force, grandeur, sagesse, prévoyance et utilité ; cependant, notre chétive intelligence ose trop souvent en douter !

Amédée. — Mon père, et le chant des cigales?

M. Derville. — Le mâle seul a reçu les organes nécessaires à cette espèce de chant assez monotone, je viens de vous le dire, et quelquefois assez fort pour donner mal à la tête à ceux qui l'entendent, bon gré, malgré.

«Au-dessous des pattes postérieures, sont deux plaques presque rondes recouvrant deux cavités qui offrent dans le fond une surface polie et comme irisée : ce qui lui a valu le nom de *miroir*. C'est là qu'on trouve une membrane plissée qui a la forme d'une timbale, et, au-dessus, deux muscles composés d'un nombre prodigieux de fibres droites ; ces fibres se terminent par une plaque d'où partent plusieurs filets qui s'attachent à la surface concave de la timbale. Les muscles, en se contractant et en se relâchant successivement, rendent convexe, puis concave, la timbale qui produit alors l'effet d'un morceau de papier chiffonné qu'on ouvrirait et qu'on fermerait sans précaution, mais avec une certaine régularité de mouvement, et la cigale mâle *chante* alors, dit-on.

Amédée. — Je comprends. Le bruit produit par

les mouvements de cette membrane, qui se déplisse et se replisse, est répété comme par un écho dans les deux cavités, n'est-ce pas, mon père?

M. DERVILLE. — C'est très-probable.

CÉCILE. — Et il est plus ou moins fort, suivant que la cigale mâle fait aller plus ou moins vite sa timbale.... Oh! que je suis contente de comprendre aussi, moi! Mais alors, mon père, il ne faut pas dire que la cigale chante; il faut dire qu'elle donne de la timbale. Oui, c'est un timbalier, et non pas un chanteur. Ce que c'est pourtant que de regarder les choses de près!

M. DERVILLE. — C'est en regardant les choses de près, ainsi que tu viens de le dire, que Réaumur a découvert l'instrument dont se sert la cigale et celui dont se sert le papillon tête de mort, le seul qui fasse entendre un bruit tout à fait singulier en volant; bruit que les gens superstitieux appellent *la trompette de la mort*. Mais je ne vous en parlerai pas ce soir. Je compte vous faire étudier les lépidoptères, d'une manière toute particulière, par le secours des chenilles que nous recueillerons, que nous élèverons avec soin, et dont nous garderons les chrysalides; ce sera pour le printemps prochain. Cette année, vous êtes trop étourdis encore pour qu'il soit possible de s'en reposer sur vous des soins à donner aux chenilles et aux vers à soie, et moi je suis trop occupé, ainsi que votre mère, de notre établissement ici pour avoir du temps de reste.

CÉCILE. — Ainsi, mon père, l'année prochaine, tu nous permettras d'avoir à nous des chenilles et des vers à soie! oh! quel bonheur!

AMÉDÉE. — Laisse donc mon père nous parler des

mouches, ainsi qu'il nous l'a promis; la soirée avance,
et tu sais que nous devons en finir aujourd'hui avec
les insectes.

CÉCILE. — Ah! c'est vrai. Mais les mouches, cela
ne m'intéresse guère!

MADAME DERVILLE. — Je n'en dis pas autant, ma
fille. Aucun animal ne m'est à présent indifférent;
et jusqu'au plus petit insecte me paraît digne d'attention, surtout quand je songe qu'il n'a pas paru
indigne, à l'Auteur de l'univers, d'obtenir les avantages d'une riche parure, d'armes offensives et défensives, et d'un instinct, d'une intelligence dont
nous admirons les résultats en oubliant trop souvent de remonter à la source véritable d'où ils émanent.

CÉCILE. — C'est vrai, maman, et je ne suis qu'une
étourdie.

M. DERVILLE. — Il ne suffit pas de le proclamer
hautement, ma fille; il faut tâcher de te corriger d'un
défaut qui peut te jeter dans plus d'un embarras.
Quand une fois tu auras vu une petite partie de ce
que je ne fais aujourd'hui que raconter d'une manière bien abrégée, je suis certain que tu prendras
intérêt à une foule d'êtres et de choses qui t'inspirent
une sorte de dédain. Alors, quand nous recueillerons sur les eaux stagnantes quelque débris de feuilles couvertes d'œufs de cousins, par exemple, au
lieu de détourner les yeux et de dire qu'il vaut mieux
détruire d'un coup et par centaine cette *graine* d'insectes malfaisants, tu suivras avec plus d'intérêt chaque jour, dans le verre d'eau où nous aurons placé
notre trouvaille, la sortie des larves de ces petits œufs;
tu voudras les surprendre pendant les trois ou qua-

tre changements de peau auxquels elles sont soumises dans l'espace de quinze jours ; tu verras ces larves monter à la surface de l'eau, s'y tenir d'abord allongées, puis enfoncer leur tête et leur queue sous l'eau et reparaître dépouillées de leur dernière peau et transformées en nymphe; mais en nymphes agissantes et mangeantes cette fois, contrairement à une foule d'autres nymphes avec lesquelles tu as déjà pu faire légèrement connaissance par mes récits. Viendra enfin le moment de la complète métamorphose. Alors, tu verras la nymphe revenir tout entière à la surface de l'eau : s'y tenir dans une position horizontale, en élevant un peu sa grosse tête et le corselet; presque aussitôt s'ouvrira, sur le corselet, l'enveloppe de nymphe qui tient le cousin plus étroitement serré qu'un maillot, et à l'instant même, pour ainsi dire, la tête et le corselet de l'insecte parfait se montreront. Le plus difficile n'est pas fait ; il faut dégager le reste du corps : il faut dépouiller la queue de la nymphe qui retient captives les pattes, les ailes, les balanciers, l'extrémité du corps armée de ce dard si redouté et si admirable dans sa structure... C'est ce que nous verrons un de ces jours en nous servant d'une bonne loupe. Revenons aux mouches. Quelque peu intéressantes que tu les juges, elles tiennent cependant une place assez remarquable dans l'entomologie, car leur famille nombreuse présente plus de deux mille petits groupes.

Amédée. — Vois-tu, Cécile! les savants n'ont pas fait comme toi ; ils ne les ont pas dédaignées !

M. Derville. — Sans les dédaigner, nous nous bornerons à dire quelques mots de la mouche commune ; il n'est pas mal de faire connaissance avec une espèce dans la société de laquelle nous vivons très-familièrement et qui se mêle de nos affaires un peu plus que nous ne le voudrions.

« Les mouches, dont nous nous plaignons parfois si amèrement, ont été répandues abondamment sur la terre pour aider les oiseaux et les quadrupèdes à faire disparaître les restes des animaux morts, ainsi que déjà je vous l'ai dit, et tout ce qui pourrait contribuer a infecter l'air. Il en fallait des milliards, vous le comprenez aisément, mes enfants, pour accomplir une si grande tâche ; et chaque année elles se reproduisent par milliards. Toutes sont soumises à une complète métamorphose. La mouche, qui dépose ses œufs sur le fromage, a été, avant que de devenir mouche, une larve sautante et très-agile ; celle de la mouche domestique est fort paisible au contraire Quand approche pour elle l'époque de la métamorphose, sa peau se durcit, devient écailleuse et forme une espèce de coque dans laquelle elle passe toute la mauvaise saison ; elle n'en sort qu'au printemps, munie seulement de moignons d'ailes ; mais ces moignons se développent assez promptement pour la mettre bientôt en état de voler.

Amédée. — Ce que je ne conçois pas, c'est que tant d'espèces d'animaux puissent rester ainsi des mois entiers sans manger !

Cécile. — Oh ! j'étais bien sûre que mon frère finirait par dire cela, lui qui se croit bien malade quand il ne peut faire ses quatre repas !

M. Derville. — Les plantes dorment aussi tout l'hiver de cette espèce de léthargie qui est nécessaire à leur développement ; au printemps, tout se réveille, tout s'anime, tout reprend ou acquiert une nouvelle vie. **L'homme seul**, qui ne peut supporter que pendant un temps déterminé la privation de toute nourriture, vit, agit et pense dans toutes les saisons de l'année, et, seul aussi, nous l'avons déjà remarqué, il transmet à ses descendants les développements que le travail, l'étude amènent dans son intelligence. Les races humaines se perfectionnent donc, tandis que les animaux qui peuvent se perfectionner jusqu'à un certain point par les soins que l'homme leur donne, restent au fond toujours les mêmes. Ce que le moucheron, ce que le mouton à l'état sauvage ont fait depuis que le monde existe, ils le feront jusqu'à ce que le monde finisse ; et si le cheval, le chien acquièrent entre les mains de l'homme, sous le rapport de l'intelligence, leurs acquisitions sont perdues pour leurs descendants. Ceci seul, mes enfants, suffirait à prouver la supériorité de l'homme sur tous les êtres de la création, si la faculté de sentir, d'aimer, de se soumettre à la loi du devoir, quelque sévère qu'elle puisse lui paraître, et si le sentiment religieux surtout ne suffisaient pas à montrer la supériorité réelle accordée par le Créateur à celui que la science prétend vainement réduire à la simple animalité ; il possède, de plus que l'animal proprement dit, un principe de vie à part, une âme source féconde de vraie grandeur et de véritable puissance.

AMÉDÉE. — Je suis bien aise d'entendre cela, mon père ; car nous avons à la pension des jeunes gens qui prétendent que l'homme n'est que d'un degré au-dessus du singe, parce qu'il sait parler, voilà toute la différence.

M. DERVILLE. — L'intelligent et hideux orang-outang, surnommé pongo ou bien homme des bois, a reçu les organes nécessaires à la parole ; et pourtant il ne parle pas ; et il ne peut apprendre à parler, lui qui est capable d'apprendre tant d'autres choses ; lui dont le cerveau est de la même forme et dans les mêmes proportions que le nôtre !

AMÉDÉE. — Alors, mon père, ce que j'ai entendu dire est donc vrai, que le singe est un homme dégénéré ?

M. DERVILLE. — Mon fils, l'homme qui s'abandonne à ses passions, peut dégénérer au moral, au physique même, il peut se réduire à l'état de brute ; mais ses descendants ne deviendront pas pour cela des singes, ni au moral, ni au physique ; ils apporteront en naissant ce qui distingue surtout l'homme, la forme extérieure et une âme plus ou moins développée, à laquelle l'éducation pourra rendre du moins l'usage de quelques-unes de ses facultés. Ce sera l'éducation encore qui achèvera de réveiller, dans les descendants des descendants de l'homme dégénéré, les autres facultés de l'âme, de l'intelligence, et l'arrière-petit-fils de l'homme dégénéré redeviendra homme dans toute la noble acception du mot.

AMÉDÉE. — Je dirai cela à Théodore, qui se prétend très-savant, et qui veut absolument que l'homme ne soit qu'un animal.

CÉCILE. — Mon père, est-ce que tu n'as plus rien à nous dire au sujet des insectes ?

M. DERVILLE. — Je n'ai pas *osé*, jusqu'ici, parler devant toi, ma fille, des rhinaptères, ou suceurs.

CÉCILE. — Les suceurs !...

AMÉDÉE. — Les puces, les...

CÉCILE. — Ah ! fi !

MADAME DERVILLE. — Encore du dédain!

CÉCILE. — Non, maman. Mais c'est qu'en vérité...

M. DERVILLE. — Pour moi, si j'étais à ta place, j'éprouverais quelque curiosité au sujet de notre *démon familier*.

CÉCILE. — Oh! très-familier et très-insupportable!

M. DERVILLE. — Je voudrais savoir comment naît et se développe un petit animal doué d'assez de courage pour n'être point épouvanté du bruit d'un petit canon auquel on est parvenu à l'atteler, qu'on charge de poudre, et qu'on fait partir derrière lui. Voilà ce qu'on obtient de la puce apprivoisée; et elle ne donne pas le moindre signe d'effroi.

CÉCILE. — Est-il possible qu'on ait eu une invention pareille!

MADAME DERVILLE. — J'ai vu, dans mon jeune temps, un petit chariot en ivoire sur lequel était placé un éléphant proportionné au chariot, et que deux puces traînaient de bon accord.

CÉCILE. — Oh! que j'aurais voulu le voir aussi, moi! Mais, maman, elles le traînaient en sautant, car les puces ne marchent pas.

M. DERVILLE. — Elles marchent en se servant même de leurs longues pattes de derrière qui font l'effet d'un ressort quand elles veulent sauter, et à l'aide desquelles elles s'élancent assez haut. Ce n'est pas sans peine qu'on est parvenu à observer quelques-unes des larves à leur sortie des œufs que la puce pond par douzaines. Les puces sont douées d'assez d'instinct et de finesse pour placer leur postérité à l'abri d'une partie des dangers qui la menacent. De même que le hanneton, la puce ne se colore que quelque temps après sa complète métamorphose ; mais aussitôt débarrassée de son enveloppe de nymphe, elle se montre aussi agile que père et mère, et aussi avide du sang qui fait sa seule nourriture.

Cécile. — Oh ! elle pique bien !

M. Derville. — Je veux t'en faire voir une au microscope, et te faire admirer sa trompe aiguë, cannelée, légèrement recourbée et la cuirasse dont sa poitrine est recouverte. Sa tête a beaucoup de ressemblance avec celle de la sauterelle. Au-dessus de ses yeux noirs et brillants, s'élèvent deux antennes ; ses pattes, hérissées d'épines, sont armées de deux crochets recourbés vers en haut afin qu'elle puisse s'en servir pour s'attacher au poil des animaux velus dans lequel elle court avec une grande rapidité ; enfin le dos est protégé par six écailles dures et fermes, par des épines et par des poils.

Cécile. — Ah ! cela fait frémir quand on pense qu'un *monstre* de ce genre vous court sur la peau !

Madame Derville. — Je ne m'étonne pas qu'il soit si difficile de tuer un animal ainsi cuirassé !

M. Derville. — Et il devait être *ainsi cuirassé*, pour que l'espèce entière ne pérît pas sous la dent des divers animaux que la puce attaque avec audace. »

— « Mon père, s'écria Cécile, en voyant que M. Derville se taisait, il y a bien des insectes dont tu ne nous as point parlé.

— « Je le crois répondit M. Derville en riant. Ce sujet, mes enfants, est pour ainsi dire inépuisable, et vous êtes encore trop étourdis pour qu'on puisse espérer de fixer longtemps votre attention sur une seule classe d'animaux ; aussi, passerons-nous la semaine prochaine aux animaux-plantes qui nous conduiront tout naturellement à dire un mot des véritables plantes.

CÉCILE. — Les animaux plantes ! comment, mon père, il y a des plantes qui sont des animaux ?

M. DERVILLE. — Les animaux ne sont point des plantes, et les plantes ne sont point des animaux ; mais on a uni ensemble ces deux mots pour donner, au moins, une idée générale d'animaux fort singuliers, et qui ont passé longtemps pour des plantes aux yeux mêmes des hommes les plus savants. Les zoophytes tiennent de la plante par leur apparence, et de l'animal par leur constitution, par leur industrie et par leurs travaux... Mais je suis fatigué. Sans pitié vous m'épuiseriez tous les deux...

— « Oh ! non ! non ! mon bon père ! s'écrièrent ensemble le frère et la sœur, en sautant au cou de M. Derville.

— « Prenez soigneusement des notes, dit-il en se levant ; car, avant de passer au règne végétal, nous ferons une petite récapitulation de ce que nous avons retenu au sujet du règne animal, et si l'un de vous deux est absolument hors d'état de répondre, il sera exclu de nos entretiens.

— « Ah ! mon Dieu ! s'écria Cécile d'un air effaré.

— « Travaille, ma fille ! murmura doucement madame Derville.

— « Ma sœur, je t'aiderai, ajouta Amédée.

— « Et souvenez-vous surtout, reprit M. Derville, de cette loi générale, que l'instinct, l'industrie, chez les animaux , dépendent de l'organisation, et que, soit géant, soit pygmée, chacun a reçu de la bonté de Dieu, des armes pour la défense, des armes pour l'attaque, et tout ce qu'il faut pour sa conversation dans le milieu où il doit vivre. »

LES
ANIMAUX-PLANTES

CHAPITRE PREMIER.

Les zoophytes. — L'étoile de mer. — L'oursin. — Le ver de
Médine. — La crinoïde.

Comme tous les enfants peu raisonnables, Amédée
et sa sœur avaient lu, jusqu'alors, avec beaucoup d'a-
vidité, et sans réflexion, les livres dont leurs parents
et les amis de la famille prenaient plaisir à garnir les
rayons de leur petite bibliothèque. L'un et l'autre n'ai-
maient que les ouvrages *amusants*, c'est-à-dire les
contes, les historiettes; tout le reste était simplement
parcouru en sautant d'alinéa en alinéa, et même de
pages en pages; aussi la mémoire ne conservait-elle
rien de ce qui avait passé avec tant de rapidité sous les
yeux, et l'on continuait de demeurer étranger à une
foule de choses dont il aurait été très-facile de prendre

Étoiles de mer _ Crinoïde _ Holothurie _ Oursins.

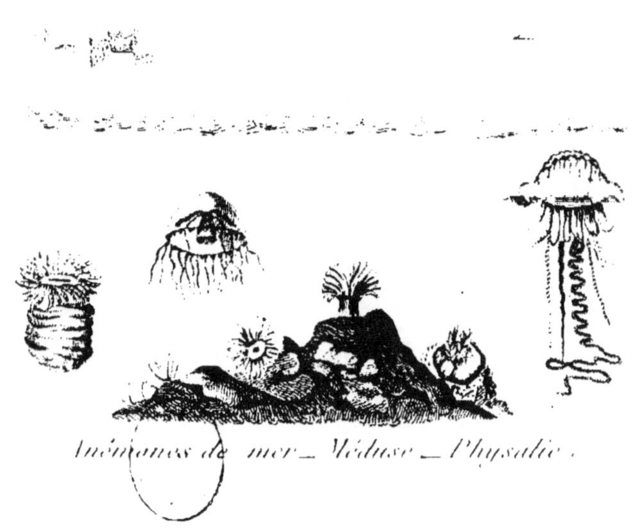

Anémones de mer _ Méduse _ Physalie.

du moins quelque idée. Mais depuis que M. Derville racontait à ses enfants quelques-unes des merveilles de l'histoire naturelle, Amédée et Cécile avaient imaginé de recourir à leurs livres si longtemps dédaignés, et d'y chercher des lumières, une instruction dont ils commençaient à comprendre la valeur. Les simples abrégés faits pour leur âge ne pouvaient satisfaire la passion de savoir qui maintenant les animait; cependant ils y trouvaient comme le complément de certains sujets dont leur père leur avait légèrement parlé, et des indications pour une foule d'autres.

Ce fut ainsi qu'ils arrivèrent à deviner ce que M. Derville avait voulu dire peu de jours auparavant en leur annonçant que bientôt il leur parlerait des *animaux-plantes*, et, tout fiers de leurs découvertes, ils apportèrent le soir même les livres remplis de gravures qui représentaient des branches de corail, des madrépores, en disant presqu'en même temps : « Mon père, voici des zoophytes ou animaux-plantes.

— « Mais, par exemple, ajouta Cécile, nous n'avons rien trouvé sur la manière dont ils *poussent*.

— « C'est-à-dire, s'écria Amédée, que nous n'avons rien compris à l'explication qu'on en donne. Et pourtant nous avons lu avec une attention!... N'est-ce pas, ma sœur?

— « Oh! oui! sans passer une ligne! répliqua Cécile. Voilà mon père qui rit!

M. DERVILLE. — La manière dont vous vous exprimez, mes enfants, me prouve que vous n'avez pas pour habitude de lire *avec attention, sans passer une ligne,* et que vous en êtes tout émerveillés ; c'est cet aveu qui me fait sourire.

CÉCILE. — Je te promets, mon père, que désormais nous lirons toujours ainsi. C'est bien plus amusant que lorsqu'on va d'une chose à l'autre, parce qu'enfin on comprend et l'on apprend.

M. Derville. — Alors vous avez, sans doute, compris et appris que la plupart de ces productions singulières, appelées animaux-plantes, appartiennent à la mer?

Cécile. — Mon père, il y en a aussi dans les rivières. N'est-ce pas, Amédée?

Amédée. — Oui ; mais ils ne sont pas de la même espèce. Par exemple, c'est dans.... la nomenclature que Cécile et moi nous nous sommes perdus; mais tout à fait, sans pouvoir nous y reconnaître, quoique nous ayons lu et relu, tu sais, ma sœur?

Cécile. — Oh! oui, plus d'une fois!

M. Derville. — Sans nous *y jeter à corps perdu*, voyons si nous ne pourrons pas nous rendre compte du *pourquoi* de la classification de ce quatrième et dernier grand embranchement du règne animal.

« Il renferme, en nombre considérable, des êtres dont l'organisation est infiniment plus simple que celle des trois autres embranchements, je vous l'ai dit déjà. On trouve dans ces animaux, à quelques exceptions près, la forme rayonnante, c'est-à-dire que les parties appelées pieds ou bras sont disposées en rayons autour d'un axe commun. Les zoophytes ne présentent pas de système véritable de circulation; le système nerveux, non plus, n'est jamais évident; mais lorsqu'on a pu croire en trouver des traces, il s'est de même présenté sous la forme rayonnante.

Cécile. — Mais, mon père, ces animaux respirent pourtant, et si leur sang ne circule pas, c'est du moins l'air qui circule dans leur corps au moyen des trachées ?

M. Derville. — Dire, mon enfant, que ce système de circulation échappe à l'anatomiste, ce n'est point dire qu'il n'existe pas. Nous savons que tout ce qui a vie respire, et que la respiration ravive le liquide nourricier appelé *sang*; nous savons encore que sans système nerveux il n'y aurait point de volonté, et sans les muscles point d'action ; mais tous ces instruments de la vie, pour ainsi dire, de la volonté et du mouvement, vont tellement en se simplifiant chez les zoophytes, qu'on en trouve quelques-uns auxquels manque jusqu'à l'apparence d'une bouche ; ceux-là ne peuvent guère se nourrir que par absorption.

« La simplicité d'organisation de ces animaux, et la disposition rayonnante de leurs organes, rappellent les plantes et la forme des fleurs : vous avez pu vous en convaincre par vos propres yeux en regardant les gravures de vos livres ; de là le nom d'animaux-plantes, ou zoophytes, qui leur a été donné. Mais il y a des degrés dans cette simplicité même ; et ce sont ces degrés qui ont guidé le naturaliste pour la classification dans ce dernier embranchement, de même qu'il l'avait été dans les trois précédents par le plus ou le moins de complication de l'organisation. Les zoophytes ont donc été divisés en cinq classes.

« La première renferme les échinodermes, ou peau de hérisson, avec ou sans pieds. Revêtus d'une peau bien organisée, souvent soutenue d'une sorte de squelette, et armée de pointes ou d'épines articulées et mobiles qui leur servent de pieds, les échinodermes présentent encore à l'intérieur un intestin distinct, flottant dans une grande cavité, et des organes pour la respiration et pour une circulation partielle.

« Les vers intestinaux forment la seconde classe ; ici ne se montrent ni circulation distincte, ni organes séparés de respiration.

« La troisième classe renferme les *acalèphes*, ainsi se nommait l'ortie chez les Grecs ; on les désigne dans la langue usuelle par le nom d'*orties de mer*. Les acalèphes ne présentent ni vaisseaux vraiment circulatoires, ni organes de la respiration ; leur forme est généralement circulaire et rayonnante.

« Les polypes composent la quatrième classe. Il n'y a de visible en eux qu'un estomac tantôt simple, tantôt suivi d'intestins.

AMÉDÉE. — Voilà justement, mon père, ce que je voulais te demander. Tous les animaux doivent avoir une bouche pour manger, un estomac pour digérer, etc.

M. DERVILLE. — Je viens de te parler tout à l'heure d'animaux qui ne se nourrissent qu'en absorbant l'eau par leurs pores ; ceux-là n'ayant pas besoin de bouche, n'en possèdent pas ; mais ils possèdent les organes de la nutrition comme tous les animaux, car la revivification du sang par l'oxygène de l'air, ne suffirait pas à en nourrir aucun ; seulement, les organes de la nutrition, comme tous les autres, se simplifient de plus en plus.

« Enfin, les infusoires, ou animaux microscopiques, forment la cinquième et dernière classe des zoophytes ; la plupart ne montrent qu'un corps gélatineux et sans viscères.

Amédée. —Cécile, il faudra que maintenant nous relisions nos livres, afin de voir si nous comprendrons ce que nous n'avons pu comprendre hier.

M. Derville. — Nous allons dire quelques mots de chacune de ces cinq classes des zoophytes qui ont été subdivisées en ordres et en genres, d'après leurs différents caractères. Quelle est la première classe ?...

— « Celle des échinodermes, répondit Amédée, après avoir jeté les yeux sur les notes qu'il venait de prendre selon sa coutume.

M. Derville. — Nous ne parlerons que du premier ordre, celui des échinodermes *pédicellés*, ou munis de pieds. Leur enveloppe est aussi dure que celle des crustacés ; elle est percée d'une multitude d'ouvertures par lesquelles passent une multitude de tentacules ou de petits pieds munis à leur extrémité de ventouses pour se fixer, et que l'animal fait disparaître à volonté. L'un des premiers échinodermes pédicellés est l'étoile de mer.

Madame Derville. — Vous avez, mes enfants, parmi vos coquillages, des étoiles de mer, des oursins.

Cécile. — Ah ! je m'en souviens ! oui, c'est vrai. Ces coquilles ont des trous en quantité.

Amédée. — Mais l'oursin a des épines, tandis que sur l'étoile de mer on n'en voit pas.

M. Derville. — L'astérie, ou étoile de mer, ayant le pas dans l'ordre des échinodermes pédicellés sur l'oursin, nous parlerons d'elle d'abord. Apportez ici vos coquillages.... Maintenant examinons l'astérie que voici

CÉCILE. — Elle a juste cinq branches, comme les étoiles.

M. DERVILLE. — Quelques-unes en présentent jusqu'à vingt. Vous voyez au centre une ouverture? Là se trouvait la bouche, et le long de ce sillon, qui marque en dessous le milieu de chaque branche, passaient, par tous ces trous, les pieds ou tentacules. Quant à ces milliers de pores ou petites ouvertures dont l'astérie est toute semée, on présume qu'ils servent à l'absorption de l'eau nécessaire à la respiration de l'animal.

CÉCILE. — Ah! oui, parce que l'astérie a des branchies et des trachées, n'est-ce pas, mon père?

·M. DERVILLE. — Mon enfant, tu oublies qu'on ne trouve point chez les zoophytes la plupart des organes accordés aux animaux aquatiques plus parfaits, et que l'on ne peut dire positivement par ou ils respirent, par où ils voient, par où ils entendent, quoiqu'on ait la certitude que ces diverses opérations ont lieu, même chez le polype d'eau douce qui n'est qu'une espèce de sac gélatineux affectant diverses formes élégantes ou bizarres.

CÉCILE. — Mais on peut dire du moins par où ils mangent, puisque voici la bouche de l'astérie. Mon père, de quoi se nourrit-elle, je te prie?

M. DERVILLE. — D'animaux aquatiques et vivants. L'astérie est très-vorace, et, de même que les crustacés, elle peut reproduire fort promptement celles de ses branches que quelque circonstance malheureuse lui a fait perdre.

CÉCILE. — Mon père, et ses petits? Les met-elle au monde tout vivants?

M. DERVILLE. — Non, mon enfant. Elle fraie,

comme les poissons, des milliers d'œufs, et pour frayer elle vient à l'embouchure des rivières. Vers la fin de mai, on voit flotter entre deux eaux une quantité prodigieuse de ce frai, qui ressemble à de la gelée de viande. Je vous ai expliqué l'effet de la colle de poisson sur les liqueurs, et vous vous en souvenez, je pense?

AMÉDÉE. — Oui, mon père. La colle de poisson forme comme un réseau sur la liqueur, et, en se précipitant au fond, elle entraîne avec elle toutes les impuretés.

CÉCILE. — De sorte que c'est le filtre qui passe à travers la liqueur pour la purifier. Je me souviens bien que tu nous l'as dit, mon père.

M. DERVILLE. — Eh bien, mes enfants, le frai de l'astérie produit sur l'eau ce même effet. Après avoir nagé ainsi quelques jours, il se précipite, entraîne avec lui tout ce qui se trouvait mêlé à l'eau et la rendait trouble; aussitôt, l'eau paraît parfaitement claire. La chaleur fait éclore les œufs assez promptement. Ces masses gélatineuses et inertes deviennent des masses vivantes où fourmillent des milliers de vers qui prennent bientôt la forme d'étoiles. Sur les côtes de la Manche, où les astéries sont fort abondantes, on les emploie comme engrais pour les terres. Au fond de l'eau, ce frai sert à la nourriture des poissons; les moules en mangent beaucoup, et il ne leur est pas nuisible.

CÉCILE. — Alors, mon père, quand on trouve des étoiles de mer dans les coquilles des moules, c'est que la moule n'avait pas encore eu le temps d'en faire sa nourriture lorsqu'on l'a prise?

M. DERVILLE.—C'est possible; mais il est possible

aussi que ce soient des œufs éclos dans la coquille de la moule même.

AMÉDÉE. — Il n'y aurait rien d'étonnant à cela.

CÉCILE. — Mais, mon père, comment les étoiles de mer ne font-elles pas mourir les moules, puisqu'elles font tant de mal aux hommes qui mangent des moules dans lesquelles il s'en trouve?

M. DERVILLE. — Tu as oublié ce que je t'ai dit précédemment; que ce ne sont ni les petits crustacés, ni les étoiles de mer qui rendent les moules nuisibles à une certaine époque de l'année, mais la saison où elles-mêmes commencent à frayer.

« Quant au frai des étoiles de mer, il est nuisible par lui-même à certains poissons, tels que le saumon, l'esturgeon; il est nuisible aussi à tous les quadrupèdes, et cependant la moule s'en nourrit. Nous trouverons la même singularité pour quelques plantes: nuisibles à certaines espèces, elles offrent à d'autres un mets bienfaisant.

AMÉDÉE. — De sorte, mon père, qu'on pourrait dire presque qu'il n'y a point, à proprement parler, de poison sur la terre?

M. DERVILLE. — Oui, mon fils, on peut le dire, puisque les animaux venimeux pour quelques carnassiers, puisque les plantes vénéneuses pour quelques herbivores, servent à la nourriture de quelques autres. Vous comprenez qu'il en devait être ainsi, rien ne pouvant avoir été créé sans but et sans utilité par l'Auteur de toutes choses.

CÉCILE. — Alors, mon père, il y a des poissons et des... crustacés qu'on peut manger sans danger, dans toutes les saisons, même à l'époque du frai; car les carpes œuvées, les écrevisses qui ont des milliers d'œufs sous le ventre...

M. DERVILLE. — Les faits sont à l'appui de ton observation, ma fille; seulement je te ferai remarquer qu'alors ces poissons et ces crustacés ne sont pas aussi agréables au goût, et n'offrent pas une chair aussi délicate que dans les autres saisons.

MADAME DERVILLE. — Si l'on ne mange pas d'étoiles de mer, on mange du moins l'oursin, ou hérisson, ou châtaigne de mer, si je ne me trompe. Il me semble me souvenir d'avoir entendu des habitants de Marseille et de Toulon vanter ce mets comme l'un des plus délicieux de tous ceux que peut fournir la mer.

M. DERVILLE. — J'en ai goûté, pendant un voyage que je fis à Marseille dans ma jeunesse, et il m'a fallu du *courage* pour m'y résigner. Rien n'est moins attrayant, quand on ouvre un oursin, que cet amas d'œufs dont il est tout rempli; surtout si on le mange cru comme nous mangeons les huîtres. Quand il est cuit, l'oursin rappelle, par sa couleur rouge et par le goût, l'écrevisse de mer.

CÉCILE. — Mon père, est-ce qu'ils sont tous faits comme celui dont voici la coquille?

M. DERVILLE. — Non, mon enfant; ils sont aussi variés de forme que de couleur. Il y en a qui présentent la forme d'un turban, d'autres celle du chardon, d'autres celle d'un cœur, d'autres celle d'un œuf, d'une feuille, d'un beignet, d'une châtaigne; on en trouve de rougeâtres, de verdâtres, de violets, de gris cendré. Presque tous sont armés de pointes plus ou moins longues, les unes aiguës, les autres obtuses, et qui leur servent autant que leurs tentacules, à marcher, à nager, à s'accrocher aux rochers. Ces pointes sont mobiles et obéissent à la volonté de l'animal.

AMÉDÉE. — Pourtant, mon père, sur l'oursin que voici et qui en a une belle quantité, les piquants ne bougent pas!

M. DERVILLE. — Parce que la membrane qui les attache à la coquille de l'animal est desséchée; mais pendant sa vie, cette membrane flexible forme une charnière à laquelle il imprime le mouvement quand et comment il lui plaît.

CÉCILE. — Mais, mon père, pour vouloir et pour penser qu'on veut, il faut avoir une tête : où était celle de notre oursin, je te prie?

M. DERVILLE. — Chez la plupart des zoophytes, mon enfant, la tête est tout aussi invisible que chez les mollusques acéphales. La position de la bouche fait seule deviner que là doivent se trouver les organes de la volonté et de l'industrie instinctive; ainsi les anatomistes parleront de la bouche de l'oursin garnie de cinq dents enchâssées dans une charpente calcaire très-compliquée et ressemblant à une lanterne à cinq pans; mais aucun ne dira un mot de la tête, parce qu'aucun n'a jamais rien trouvé qu'on pût *honorer* de ce nom.

AMÉDÉE. — Mon père, je voudrais savoir comment ils marchent?

M. DERVILLE. — J'étais trop jeune dans le temps où je suis allé à Marseille pour avoir fait attention à mille choses qui, plus tard, m'auraient intéressé vivement; je me souviens cependant d'avoir vu des oursins se servir de leurs pieds ou tentacules pour marcher sur le sable au fond de l'eau, tout comme nous nous servons de nos jambes en mettant l'une devant l'autre. Ils couraient même fort vite, et ce n'était pas sans peine que je parvenais à en *darder* quelques-uns avec le morceau de bois, fendu à l'une de ses extrémités, qui sert de *ligne* pour ce genre de pêche.

« Le premier ordre des échinodermes pédicellés renferme plusieurs espèces d'astéries, d'oursins et d'autres genres non moins remarquables ; telle est l'encrine ou crinoïde que je citerai particulièrement, ainsi que les holothuries.

« Les crinoïdes habitent les profondeurs des mers. C'est là que se déploient les rameaux dorés de cet arbre *vivant* dont le tronc ou la tige se compose d'un grand nombre d'articulations ; les branches, divisées en rameaux, sont de même articulées, et elles portent des espèces de filets aussi articulés. Ces assemblages forment de magnifiques panaches d'or. Ils entourent le sommet de l'arbre, ou plutôt la bouche de l'animal, et, par leurs mouvements ondulants, ils amènent à cette bouche les animalcules dont l'*arbre* prétendu se nourrit. On trouve dans certains terrains, à l'état fossile, des fragments de la tige de la crinoïde ou encrine ; on a désigné longtemps ces fragments sous les dénominations diverses de *grains de rosaire*, de *larmes de géants*, de *pierres des fées*.

CÉCILE. — Ah ! voilà enfin un animal-plante !

AMÉDÉE. — Mais, mon père, comment s'y est-on pris pour voir la crinoïde agiter ses rameaux d'or, et comment a-t-on acquis la certitude qu'elle fait ces mouvements pour attirer dans sa bouche des animalcules ?

M. DERVILLE. — Dès le moment qu'on a pu observer et reconnaître les principaux caractères des animaux rayonnés ou radiaires, c'est-à-dire de ceux dont la bouche est entourée de filets appelés *cirrhes*, parce qu'ils ressemblent aux cirrhes ou filaments en spirale de la vigne; du moment enfin qu'on a pu *voir* l'usage qu'ils en font, il est devenu facile de *deviner* les mœurs et l'industrie de ceux qui, à une profondeur de onze cent pieds, se dérobent à nos regards. Animaux, végétaux, minéraux, tout est soumis à des lois générales aussi simples qu'admirables; l'étude des principaux caractères qui distinguent entre elles les différentes espèces d'animaux, de végétaux, de minéraux, conduit à la connaissance de ces lois générales, de ces lois immuables, et fait *présumer*, *deviner*, avec la dernière certitude, ce qu'il est impossible de *voir*.

AMÉDÉE. — Entends-tu, Cécile, où elle mène cette science qui te fait peur?

CÉCILE. — Oui, j'entends. Oh! je commence à n'en plus avoir peur, et à prendre plaisir à faire connaissance avec les caractères des différentes sortes d'animaux.

M. DERVILLE. — En ce cas, je ne craindrai pas, ma fille, de te dire que l'holothurie, placée par l'admirable Cuvier dans l'ordre des échinodermes pédicellés, a été désignée depuis sous la dénomination de *cirrhodermaire*. Vous savez l'un et l'autre ce que signifie le mot *cirrhe*; celui de *derme* s'explique de lui-même, il me semble; l'holothurie est donc un animal dont la peau est hérissée de cirrhes ou tentacules présentant des spirales comme les filets de la vigne. Ces tentacules, ces pieds, si vous l'aimez mieux, sont les organes locomoteurs de l'holothurie, de même que les tentacules *encroûtés* de l'étoile de mer et de l'oursin sont leurs organes locomoteurs. Remarquez combien la connaissance de la différence de ces organes vous aide à distinguer ces animaux l'un de l'autre, dès que vous les entendez nommer! Ainsi, les uns se présentent à votre pensée, le corps tout hérissé de piquants; les autres, le corps tout hérissé de cirrhes ou tentacules élastiques.

Cécile. — Mais, mon père, pourquoi les tentacules de l'holothurie sont-ils ainsi tortillés?

M. Derville. — Afin, probablement, qu'ils puissent s'allonger ou s'accourcir suivant les besoins de l'animal. Nous trouverons chez les polypes nus, surnommés à long bras, cette même disposition des tentacules; mais nous aurons une autre différence à remarquer alors, c'est que les polypes ne se servent guère de leurs tentacules ou bras que pour saisir, que pour enlacer la proie qui se présente, et rarement pour marcher; tandis que ceux de l'holothurie, munis à leur extrémité de suçoirs ou ventouses, comme les tentacules solides des étoiles de mer et des oursins, lui servent uniquement pour marcher.

Amédée. — Mon père, quelle forme a l'holothurie, je te prie?

M. Derville. — Celle d'un gros ver. Les Chinois en sont très-friands.

Cécile. — Est-ce bon, mon père?

M. Derville. — Je l'ignore. On n'en pêche point sur nos côtes. Celle que nous avons dans nos mers est revêtue d'une enveloppe presque écailleuse. Mais aux Moluques et en Chine, la pêche des holothuries et les préparatifs nécessaires à leur conservation, occupent un grand nombre de bras.

« Aux mois d'avril et de mai, on voit une foule de petits bateaux errer le long des côtes, sur les eaux de l'Océan qui sont alors parfaitement unies et très-transparentes. Les pêcheurs, munis de bambous, qui peuvent s'enter les uns dans les autres et s'allonger ainsi autant qu'il est nécessaire, se penchent sur le bord de leur embarcation. Leurs yeux perçants découvrent les holothuries, jusqu'à cent pieds de profondeur, attachées aux rochers et aux coraux. Le dernier bout de tous les bambous est armé d'un crochet. Chaque pêcheur fait descendre doucement cette espèce de harpon qu'il allonge à mesure du besoin, et, saisissant adroitement sa proie, l'amène à la surface de l'eau, puis la retire et la jette dans son bateau.

« Quand la pêche est finie, et cette pêche dure parfois des journées entières avant qu'on ait pu réunir un très-grand nombre de prises, on vide les holothuries, on les fait sécher au soleil après les avoir plongées quelques minutes dans de l'eau bouillante, et on les expédie dans les diverses parties des îles Moluques ou du *Céleste* Empire pour la consommation des amateurs éloignés des côtes. Je vous ferai voir, *en peinture*, des holothuries; il y en a de diverses couleurs, mais toutes offrent un point de ressemblance dans la forme surtout de ce que nous appellerions *la tête*, si l'on trouvait dans cette partie-là autre chose qu'une bouche. Cette bouche est entourée très-régulièrement d'espèces de houppes composées d'une multitude d'appendices, sortes de *branches* garnies, dans toute leur longueur, d'autres appendices qui ont quelque rapport aux feuilles du myrte, par exemple. La réunion de ces houppes ou de ces menues branches, autour du centre commun, qui est la bouche, donne à cette partie de l'animal l'aspect d'une fleur, d'une marguerite.

CÉCILE. — Ah! voilà maintenant une fleur *vivante!*

AMÉDÉE. — Et ces mêmes branches servent sans doute, à l'holothurie, à amener les animalcules à sa bouche?

M. DERVILLE. — Des animalcules s'attachent tout naturellement à ces appendices en forme de pétales de fleurs, ou, par eux, sont saisis au passage; l'holothurie porte successivement à sa bouche chacun de ces appendices, les suce tour à tour, et se trouve ainsi nourrie sans beaucoup de peine.

AMÉDÉE. — Que de façons variées de se procurer de la nourriture pour ces mille milliers d'espèces d'animaux que Dieu a semés sur la terre et dans les eaux!

M. DERVILLE. — Au nombre des zoophytes, les naturalistes placent encore les vers intestinaux dont je me garderai bien de parler avant l'année prochaine. Cécile n'est pas encore animée d'un amour de la science assez ardent pour supporter certains détails qui révolteraient sa susceptibilité, déjà blessée par le peu de mots que j'ai dits précédemment au sujet de quelques insectes destinés à purger la terre des débris malfaisants. Cependant, je ne passerai pas tout à fait sous silence le *ténia*, si connu sous le nom de *ver solitaire*, quoiqu'il soit rarement *seul* chez les personnes qui s'en trouvent attaquées, et le ver de Médine, trop commun dans les pays chauds.

Pour celui-ci, il s'introduit sous la peau, s'y développe à la longueur de plusieurs pieds, et vit ainsi aux dépens de l'homme pendant des années, sans occasionner toujours des douleurs bien vives; mais quelquefois, lorsque surtout il se loge dans les articulations, il donne des convulsions par l'effet des souffrances que sa présence seule excite. Quand il se montre au dehors, on le saisit, et on le retire avec beaucoup de lenteur, de peur de le rompre. Sa grosseur est celle du tuyau de la plume d'un pigeon.

Cécile. — Oh! j'ai entendu raconter des histoires effrayantes au sujet du ver solitaire, et je t'assure, mon père, que bien volontiers j'en entendrais encore.

M. Derville. — Je n'en doute pas. Mais ce que je pourrais raconter, moi, sur ce sujet, ce ne seraient pas des *histoires effrayantes*, et par conséquent *amusantes*, ce seraient des détails intéressants, curieux en eux-mêmes, dont aucun de vous n'est encore en état de sentir la valeur. *Vous sauterons donc à pieds joints* par-dessus les intestinaux, auxquels appartiennent les lernées, cette *vermine* qui ronge les yeux des poissons, et dont je vous ai précédemment parlé, et demain nous nous occuperons de la troisième classe des zoophytes. Elle nous offrira des animaux parfaitement radiaires ou rayonnés, des plus beaux et des plus curieux.

— « Que je voudrais être à demain ! » s'écria Cécile

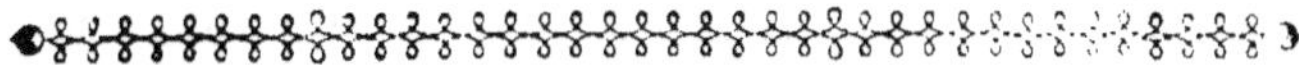

CHAPITRE II.

Les orties de mer. — Les anémones de mer. — Les polypes gélatineux. — L'hydre verte. — Les corinnes. — Les verticelles.

—

Le lendemain, si désiré la veille par Cécile, arriva ; et elle eut quelque peine à répondre aux questions de son père, qui voulait savoir à quel embranchement du règne animal on en était arrivé, et le nom de la troisième classe des zoophytes dont il allait parler. Heureusement Cécile fut aidée par son frère ; elle s'en tira tant bien que mal, non sans rougir plus d'une fois, soit d'impatience de trouver sa mémoire en défaut, soit de son étourderie qui lui faisait confondre ensemble les grandes divisions, ou embranchements, les classes, les ordres et les familles.

— « Mon père, dit-elle enfin, cela vient de ce que j'ai la plus grande envie de connaître les animaux-plantes qu'on appelle orties et anémones de mer.

— « Cela vient de ce que tu ne relis point tes notes, reprit M. Derville. Si tu les avais relues ce matin seulement, tu aurais vu que les zoophytes forment le quatrième embranchement du règne animal, qui renferme cinq classes, et que la troisième classe de cet embranchement est celle des acalèphes ou orties de mer.

CÉCILE. — Mon père, je te promets de relire mes notes si souvent, qu'il faudra bien que tout cela se grave dans ma tête. Voudrais-tu avoir la bonté de m'expliquer si les orties de mer ressemblent positivement à des orties ?

M. DERVILLE. — Pas du tout, ma fille. Ce nom leur a été donné à cause de la sensation brûlante qu'elles font éprouver à la peau lorsque celle-ci est touchée par leurs longs filaments désignés sous le nom d'*appendices*.

« La classe des acalèphes se divise en deux ordres ; le premier ordre est formé des acalèphes simples qui flottent et nagent dans les eaux de la mer, par le seul effet des contractions et des dilatations de leur corps. Ces singuliers animaux se composent d'une substance gélatineuse sans fibres apparentes et sans véritable circulation. Quelques-uns présentent la charge complète d'un champignon plus ou moins épanoui sur sa tige ; au bas de cette tige, est placée la bouche, entourée d'un plus ou moins grand nombre d'appendices charnus qui saisissent au passage les insectes aquatiques, les mollusques, les vers dont se nourrissent ces acalèphes connus en histoire naturelle sous la dénomination de *méduses*. Chez d'autres méduses, du chapeau de champignon ou de l'ombrelle, qui est le corps de l'animal, partent de longs filets, les uns droits, les autres en partie tournés en spirale. La méduse fait serpenter autour d'elle ces longs filets pour s'emparer des animaux dont elle se nourrit, et pour les amener à sa bouche ; de ce mouvement *serpentin* est venue, sans doute, l'idée du nom *imposant* de méduse qui lui a été donné.

CÉCILE. — Mon père, de quelle couleur, je te prie, sont les méduses?

M. DERVILLE. — Dans les eaux de la mer, où elles abondent vers la fin du printemps et pendant l'été, elles offrent aux yeux le bleu d'azur, le rose pâle ou vif, et toutes brillent, aux rayons du soleil, des nuances de l'iris. Les flots sont alors diaprés comme un tapis semé de fleurs. La nuit, elles concourent à faire étinceler les vagues des vives lueurs du phosphore. Mais une fois hors de l'eau, les méduses, au corps gélatineux et transparent, ne présentent plus qu'une membrane sans consistance, sans couleur, qu'un tissu celluleux enfin rempli d'eau.

AMÉDÉE. — Alors, mon père, il est difficile de les bien voir, à moins de les pêcher dans un verre rempli d'eau de mer?

M. DERVILLE. — Les méduses ne sont point des animaux microscopiques, comme tu parais le supposer, mon fils; il y en a même d'assez grandes. On est parvenu à s'en procurer de différentes espèces en nombre suffisant et *assez vivantes*, pour arriver à les classer d'après les divers caractères que présente la bouche. Morte, la méduse est toujours phosphorescente; vivante, elle ne l'est qu'à sa volonté.

MADAME DERVILLE. — Ainsi, ce champignon *vivant*, cette membrane sans consistance, ce tissu celluleux rempli d'eau, possède les organes de la volonté et ceux qui l'exécutent! Qu'elles sont admirables et incompréhensibles les merveilles de la création!

M. DERVILLE. — Si, du premier ordre, celui des acalèphes simples, nous passons au second ordre, celui des acalèphes hydrostatiques, nous trouvons

des animaux non moins extraordinaires : d'abord,
les *physalies* qui sont suspendues dans les eaux, au
moyen de plusieurs vessies remplies d'air. La physalie, proprement dite, se compose d'une grande
vessie oblongue de couleur bleu de ciel, nuancé de
rose et de lilas. Cette vessie porte, à la partie supérieure, une crête saillante, ridée et bordée d'un rose
vif; à sa partie inférieure, et vers l'une de ses ex-
tremités, sont un grand nombre d'appendices charnus de forme cylindrique, se terminant par des
filets ou droits ou frisés; le tout d'un beau bleu.
Quand la mer est calme, la physalie, connue des marins sous le nom de *petite galère*, vogue à la surface en se servant de sa crête comme d'une voile.

CÉCILE. — Mon père, ce doit faire un bien joli
animal !

M. DERVILLE. — Joli, sans doute, par l'éclat des
couleurs, original par la forme, mais dangereux,
ou du moins redoutable jusqu'à un certain point;
car ses appendices, partout où ils touchent la main
qui veut saisir la physalie, brûlent à la manière de
l'ortie.

« Les physophores, dont je vous ai déjà parlé
sous le rapport de la phosphorescence, appartiennent à ce second ordre des acalèphes hydrostatiques.
Dans celui-ci, comme dans le premier, celui des
acalèphes simples, sont réunis beaucoup d'autres animaux fort singuliers par leurs formes, leur structure, par leur phosphorescence, soit morts, soit
vivants.

AMÉDÉE. — Mon père, est-ce parmi eux que se
trouvent les actinies ou anémones de mer?

CÉCILE. — Ah! j'allais les oublier !

M. Derville. — Non, mon fils. Les actinies appartiennent à la quatrième classe des zoophytes, celle des polypes, et au premier ordre, celui des polypes charnus. On les désigne également sous le nom vulgaire d'orties de mer *fixes*. Les polypes charnus voyagent cependant ; mais ils ont pour habitude de se fixer, par leur base, aux rochers sur les côtes ; quand ils veulent changer de place, ils se laissent emporter par les flots, sans nager, comme nagent les acalèphes hydrostatiques.

Cécile. — Les actinies sont-elles belles, mon père ?

M. Derville. — Les actinies méritent, par leurs vives couleurs, de porter le nom qui appartient à l'une de nos fleurs les plus brillantes, celui d'*anémone*. Il y en a de pourpres, de blanches, de brunes ; chez quelques-unes, les tentacules sont d'une couleur différente de celle de l'animal ; chez d'autres, en outre de cette différence, ils présentent à leur extrémité une sorte de bouton rose, monté sur une tige verte ; le corps de l'animal étant brun, ce n'est plus une *anémone*, une *seule* fleur que l'on voit : c'est une corbeille de fleurs. Très-sensibles à la lumière, les actinies, de même que certaines fleurs, s'épanouissent ou se ferment, suivant que le temps est beau, ou se dispose à la tempête ; c'est-à-dire qu'elles rejettent au dehors tous leurs tentacules si le soleil brille, ou qu'elles les retirent dans l'ouverture appelée bouche, si le soleil se couvre ; aussitôt cette ouverture, se contractant, se referme comme une bourse, et la *belle fleur* ne présente plus qu'une espèce de boule formée d'une enveloppe rugueuse, de couleur plus ou moins foncée et fortement attachée aux rochers.

CÉCILE. — Ainsi elles ne se servent pas de leurs tentacules, comme le poulpe, pour s'y attacher?

M. DERVILLE. — Je viens de dire qu'à leur base est une espèce de pied charnu, contractile, qui se fixe à leur volonté par l'effet d'une sorte de succion ou d'aspiration tellement puissante, qu'on ne peut facilement enlever les actinies de la place qu'elles se sont choisie.

AMÉDÉE. — Mais, mon père, quand elles veulent s'en aller?

M. DERVILLE. — Il leur suffit de faire cesser la contraction musculaire de ce pied charnu, puis, se retournant, elles se servent de leurs tentacules pour marcher sur le sable, sur les rochers, jusqu'à ce qu'elles aient gagné l'endroit où se fait sentir le mouvement des flots auxquels elles s'abandonnent et qui les transportent en d'autres climats.

CÉCILE. — Mon père, est-ce que nous avons des actinies en France?

M. DERVILLE. — Les côtes de la Méditerranée en offrent de fort belles espèces. Sur les côtes de la Manche on en trouve une, entre autres, toujours très-abondante ; c'est l'actinie rousse. Si on l'irrite, elle se contracte et lance toute l'eau contenue dans son corps. Par un beau temps, les rochers en sont couverts, et c'est alors qu'on dirait des anémones nouvellement épanouies.

CÉCILE. — Elles piquent comme les méduses, n'est-ce pas, mon père, puisqu'on les nomme aussi orties de mer?

M. DERVILLE. — Quelques espèces seulement produisent sur la peau, par l'application momentanée de leurs tentacules, une irritation brûlante, mais passagère.

Amédée. — Alors c'est un animal venimeux.

M. Derville. — Les actinies le sont si peu, que, dans le Levant et dans l'Italie, les habitants des côtes en font leur principale nourriture.

Amédée. — Mon père, je pense une chose. Puisqu'elles sont si sensibles au changement de temps, ne pourrait-on pas s'en servir en place de baromètre ?

M. Derville. — C'est ce que font les marins côtiers et les pêcheurs, au moins pendant l'été, car, l'hiver, les actinies vont chercher une température plus douce, soit dans d'autres climats, soit dans des eaux plus profondes.

Cécile. — Mon père, puisqu'on n'en sait pas davantage sur les méduses et sur les actinies, tu vas nous parler, n'est-ce pas, des autres animaux qui font des rescifs et des iles ?

M. Derville. — Nous n'y sommes pas encore. Il est impossible de passer sous silence le second ordre des polypes : l'ordre des polypes gélatineux. Vous en seriez bien fâchés d'ailleurs si vous appreniez plus tard combien ils sont *curieux* à observer. Ce n'est pourtant que « un petit cornet gélatineux « dont les bords sont garnis de filaments qui leur « servent de tentacules, voilà tout ce qui parait de « leur organisation.

« Néanmoins ils nagent, ils rampent, ils marchent « même en fixant alternativement leurs deux extré- « mités, comme les sangsues ou les chenilles arpen- « teuses ; ils agitent leurs tentacules et s'en servent « pour saisir leur proie qui se digère à vue d'œil

« dans la cavité de leurs corps ; ils sont sensibles à
« la lumière et la cherchent : mais leur propriété la
« plus merveilleuse est celle de reproduire constam-
« ment et indéfiniment les parties qu'on leur enlève,
« en sorte qu'on multiplie à volonté les individus au
« moyen de la section [1]. »

CÉCILE. — Oh ! les drôles de petites bêtes ! Où les
trouve-t-on, mon père, je te prie ?

M. DERVILLE. — Ces polypes, mon enfant, habitent les eaux dormantes et méritent parfaitement la
dénomination de zoophytes, ou animaux-plantes.
On en distingue six espèces. La plus célèbre, c'est
le polype vert, appelé encore hydre verte.

« Ce nom d'*hydre* lui a été donné par Trembley
qui, l'un des premiers, a reconnu que ces prétendues plantes, qui semblent sortir de la partie inférieure des lentilles d'eau, étaient en effet de petits
animaux doués de la faculté singulière de reproduire,
presqu'à vue d'œil, la partie qu'on leur enlevait,
de même que l'hydre de la fable reproduisait chacune de ses sept têtes à mesure qu'on les coupait.
Mais les têtes de l'hydre de la fable ne produisaient
pas d'autres hydres, tandis que chaque partie du
polype donne naissance à un polype parfait. Quant
à la couleur d'un très-beau vert qui distingue particulièrement l'hydre verte, les naturalistes ne sont pas
d'accord sur la cause à laquelle on doit la rapporter. Je ne vous parlerai pas des discussions assez
vives entamées à ce sujet ; mais je vous dirai que
ces animaux étant très-transparents, il est facile de
suivre, dans leur intérieur, le travail de la digestion

[1] Cuvier.

et la répartition des sucs nourriciers qui les colorent en rouge ou en vert, suivant les animalcules qu'ils ont avalés. Cependant, le polype vert et le polype gris, ou à longs bras, affectent assez constamment ces deux couleurs, pour qu'on puisse croire qu'elles font, en quelque sorte, partie de leur constitution.

CÉCILE. — Que j'en voudrais donc voir !

M. DERVILLE. — Nous en verrons, nous en éleverons dans un verre d'eau quand nous aurons les premiers de tous les instruments nécessaires à des naturalistes, de bonnes loupes et un microscope. Alors nous recueillerons des hydres vertes, des polypes à longs bras, qui vivent isolément, pour la plupart, quoique très-proches les uns des autres ; nous recueillerons aussi des vorticelles formant d'assez gros bouquets de clochettes tout hérissées de tentacules ; des corinnes, dont la bouche, courbée en demi-lune, est garnie d'une double rangée de nombreux tentacules qui présentent de magnifiques panaches à ceux dont les yeux sont aidés par un microscope ; car, à l'œil nu, les vorticelles et les corinnes ne produisent d'autre effet que celui de petites taches de moisissure.

MADAME DERVILLE. — Que de merveilles renferment la terre et l'eau ! Mais elles échappent à nos regards !

M. DERVILLE. — Pourtant l'homme ose penser et dire que tout, dans ce magnifique univers, a été fait pour son usage, ou pour réjouir ses yeux ! Et il passe trop souvent une assez longue vie sans se douter que sous ses pieds, que près de lui, existent des merveilles aussi admirables au moins que celles qui frappent journellement ses yeux, et auxquelles on le voit, trop souvent, demeurer insensible!...

« Les polypes à bouquets nous présenteront leurs paquets de fleurs, leurs buissons tout couverts de petits cornets couronnés de tentacules, comme certaines fleurs le sont d'étamines, et, un jour peut-être, aurons-nous l'occasion de recueillir, sur quelque oursin, le *pédicellaire*, polype parasite qui prend asile entre les épines de cet autre radiaire, et vit avec lui, probablement à ses dépens, comme tous les parasites du monde connu, à quelque classe, ordre ou famille qu'ils puissent appartenir.

AMÉDÉE. — Mon père, je voudrais bien savoir comment il a pu venir à la pensée de quelqu'un que les polypes à bouquets, par exemple, n'étaient pas des plantes?

M. DERVILLE. — Au siècle dernier, un naturaliste, nommé Trembley, ayant mis dans un verre, avec de l'eau, la lentille d'eau, plante verte, arrondie et sans feuillage, qui couvre peu à peu les eaux dormantes, aperçut de petits corps verts qui vinrent s'attacher successivement aux parois transparentes du vase. Il les examina, et il crut les voir prendre différentes formes, puis agiter, quoique fort lentement, ce qu'il prenait, lui, pour des espèces de branches plus ou moins déliées et longues. Plusieurs jours de suite Trembley continua ses observations; il remarqua que, lorsqu'il changeait le vase de place, ces petits corps verts parvenaient, par un mouvement fort lent, à gagner la partie la plus exposée à la lumière. Trembley s'imagina que ces petits corps verts étaient des plantes du genre de la sensitive, mais douées d'un sentiment encore plus exquis et de la faculté de se mouvoir.

« Comme rien encore n'avait mis personne sur la voie, et comme les gens vraiment instruits se défient toujours beaucoup d'eux-mêmes, de leurs lumières et des illusions produites par les sens, Trembley s'arma de patience, et continua d'observer ses prétendues sensitives. Il les vit bientôt changer de lieu, et, pour exécuter ce mouvement progressif, se courber en tous sens, ou bien, avec ce qu'il prenait pour de menues branches, faire la roue à la manière des petits villageois, et avancer, avec beaucoup de lenteur, le long des parois du verre.

CÉCILE. — Mon père, il dut alors aussi les voir manger !

M. DERVILLE. — Pour se douter que le mouvement imprimé à leurs branches servait à attirer les animalcules dans leur bouche, il aurait fallu avoir quelque idée que ce pouvait bien être des animaux ; et cette idée était si loin de toutes les idées reçues, que Trembley ne la conçut pas.

« Afin de s'assurer de la nature *végétative* de ces petits corps verts qu'il trouvait si extraordinaires, Trembley en coupa plusieurs en deux, et remit dans l'eau toutes ces moitiés, bien persuadé que, comme toutes les plantes aquatiques, celles-ci repousseraient promptement; ce qui eut lieu en effet, mais avec une rapidité telle, que le jour même chaque moitié de chaque petit corps vert formait un tout bien complet, et les menues branches nouvelles exécutaient, aussi bien que les anciennes, un mouvement de moulinet très-visible, surtout pour des yeux qui, depuis quelques jours, s'étaient accoutumés *à voir* plus clairement que de coutume.

CÉCILE. — Cette fois-là....

M. DERVILLE. — Cette fois-là, mon enfant, par l'effet du doute de soi-même, qui conduit seul tôt ou tard à la découverte de la vérité, Trembley s'adressa à Réaumur dont la scrupuleuse attention à observer et à se garder des rêves de l'imagination était bien connue. Réaumur et Bernard de Jussieu avaient examiné déjà *des plantes* de la même espèce, mais d'une autre couleur, le polype gris à longs bras. Ces trois savants, s'aidant mutuellement de leurs lumières, parvinrent bientôt à reconnaître que les prétendues plantes étaient en réalité des animaux composés d'un sac gélatineux entouré de tentacules ; que les tentacules amenaient, dans ce sac, des animalcules, et qu'on pouvait voir s'opérer la digestion des aliments, poussés et repoussés du haut en bas, par l'effet du mouvement péristaltique, jusqu'à ce qu'ils fussent complètement triturés et dissous.

« Trembley, mis ainsi sur la voie, reprit avec plus de zèle le cours de ses observations, et il donna le nom d'*hydre* à ces animaux singuliers qu'on multipliait à l'infini en les divisant. Ce fut alors que Trembley comprit des mouvements qu'il n'avait pu encore s'expliquer, et que, poursuivant avec activité ses recherches, il découvrit plusieurs espèces de polypes. Chez tous se montrait la même gloutonnerie : ils avalaient jusqu'à leurs bras, et un jour il vit deux polypes gris se disputer un ver appelé naïs, avec un acharnement inexprimable. Le plus robuste des deux avala le ver et l'autre polype ; celui-ci, quelques instants après, fut rejeté sain et sauf, ce qui étonna

beaucoup Trembley, et l'excita à faire des expériences. Il affama l'une de ses hydres vertes, et lui en
présenta une autre qui fut aussitôt avalée, mais pour
être rejetée, au bout de quatre ou cinq jours, pleine
de vie et en bon état.

CÉCILE. — Que c'est singulier !

MADAME DERVILLE. — C'est singulier, sans doute,
mais ce devait être ainsi ; autrement ces animaux se
seraient détruits les uns les autres.

M. DERVILLE. — La réflexion de votre mère est
juste, mes enfants. La gloutonnerie des polypes étant
si grande, qu'ils avalent jusqu'à leurs propres bras,
la destruction de toutes les espèces eut été certaine
si le polype avait pu être, pour un autre polype, une
matière *digérable*.

AMÉDÉE. — Alors, mon père, ils ont beau avaler
leurs bras, ils ne les digèrent donc pas ?

M. DERVILLE. — Non, mon fils, ils les rejettent.

« Peu à peu, Trembley, Réaumur, et plus tard Bonnet, découvrirent les polypes à panaches et les polypes
à bouquets que, depuis, on a nommés corinnes et vorticelles. Les expériences tentées sur ces animaux singuliers se renouvelèrent ; on parvint, en divisant un
seul individu, à multiplier non-seulement les hydres,
mais les corinnes, les vorticelles ; on découvrit que
celles-ci, qui ont la forme très-prononcée d'un cornet
et qui vivent réunies en fort grand nombre attachées
à une même tige, se divisent d'elles-mêmes pour se
reproduire, c'est-à-dire que le cornet se sépare en
deux parties qui donnent chacune, à la fin de la journée, un animal parfait. D'essais en essais, on en vint
à retourner une hydre verte, comme nous retourne-
rions un gant, et l'animal continua de faire le mou-

linet avec ses bras pour attirer à lui les animalcules, et de les avaler, de les digérer aussi facilement, aussi promptement que s'il ne lui était rien arrivé d'extra-ordinaire.

CÉCILE.—On dirait un conte de Fées !

M. DERVILLE. — Les phénomènes offerts par l'histoire naturelle, mes enfants, ont tout l'attrait de la fiction et toute l'importance de la vérité.

MADAME DERVILLE.—Les polypes à panaches et à bouquets s'attachent, sans doute, à quelque plante aquatique, et ne changent point de place ; n'est-il pas vrai, mon ami ?

M. DERVILLE. — Je te demande pardon ; ils changent de place, mais il faut que la colonie entière le veuille. Alors tous les tentacules s'agitent comme de concert, et forment autant de rames qui travaillent à la fois à effectuer un mouvement unique, et toujours lent, vers le point où brille la lumière ; car les polypes sont sensibles, à la façon des plantes, sans doute, aux effets de cette lumière qui seule colore les animaux et les végétaux. Mais, ce qu'il y a de plus remarquable, c'est que la nourriture prise par chacun profite à tous.

CÉCILE.—Et comment cela, mon père ?

M. DERVILLE.—De même que la séve circule dans toute la plante, de même circulent les sucs nourriciers dans une agrégation de polypes. Le lien qui les unit entre eux, le petit pédoncule par lequel chaque cornet, chaque clochette tient à tous les autres, servent de communication entre tous..... J'entrerai dans plus de détails à ce sujet, quand nous nous occuperons des polypes à polypiers. En voilà assez pour ce soir, mes enfants.

Cécile.—Demain, mon père, tu nous parleras, n'est-ce pas, des polypes à polypiers?

— « Nous verrons, » répondit M. Derville.

Le frère et la sœur se retirèrent, après avoir embrassé tendrement leurs bons parents.

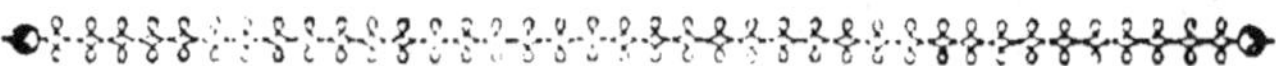

CHAPITRE III.

Les polypiers. — Les polypiers à tuyaux. — Les polypiers à cellules. — Les coralines. — La mousse de Corse. — Le corail.

—

— « Voici des fragments de polypiers, dit M. Derville en posant sur la table, le lendemain soir, des espèces de branches d'un blanc mat, un morceau d'un rouge vif composé de plusieurs petits tuyaux unis entre eux par des espèces de liens de même couleur, et une pierre jaunâtre toute percée d'ouvertures ou cellules en forme de fleurs. Ce sont, ajouta-t-il, de très-petites parties détachées des *arbres* et des *rochers* calcaires que renferme la profondeur des mers.

— « Ce morceau rouge, c'est du corail, n'est-ce pas, mon père ? demanda Cécile.

— « Non, mon enfant, répondit M. Derville. Le corail ressemble plus à un arbre que ce *tubipore musica*. Mais, avant d'entrer dans quelques détails sur les variétés fort singulières que présentent les polypiers, je dois vous dire qu'il faut chercher les plus belles espèces sur les côtes d'Afrique, des îles Philippines, des Moluques, dans les mers de la Chine, du Japon, où le fond en est absolument couvert. Les *pierres*, dont voici un échantillon, et auxquelles on donne le nom vulgaire de *ruches* et le nom scientifique de *cellépores*, forment des masses énormes qui sont comme les rochers particuliers à ces sortes de forêts sous-marines et d'une immense étendue. Les rameaux de ces *arbres*, les pierres de ces *rochers*, depuis leur base jusqu'à leur cime, ne sont que fleurs aux riches couleurs. Le jaune vif, le rose, le lilas, le vert tendre, brillent de toute part. A l'extrémité de chacun des tuyaux du tubipore musica que voici, était une fleurette à cinq pétales d'un lilas ou d'un vert tendre; ce madrépore, d'un blanc mat, portait au bout de chacune des pointes mousses dont il est tout hérissé, une autre fleurette d'un beau jaune, et ce fragment de cellépore présentait une moisson de fleurs roses ou jaunes.

Cécile.—Ah! qui pourrait se douter qu'il y a, au fond de la mer, d'aussi beaux jardins que sur la terre!

Amédée.—Et des fleurs *vivantes*; car je devine que ces *prétendues* fleurs, ce sont des polypes, et leurs *prétendus* pétales des tentacules, n'est-ce pas, mon père?

M. Derville,—Oui, mon fils.

Cécile.—Alors tout cela est toujours s'agitant, remuant… Ah! que ce doit être joli!… Mais personne ne peut le voir; quel dommage!

Madame Derville.—Je te ferai une question, mon ami. Les polypes ne *s'évanouissent* pas apparemment comme les méduses, lorsqu'on les retire de l'eau, puisqu'il a été possible de les bien observer; car je m'imagine que peu de personnes, parmi les naturalistes, ont pu aller visiter ces richesses sous marines au fond des mers?

M. Derville.—L'étude en serait trop difficile, en

effet. Oui, ma chère amie, les polypes ont la vie *dure*; ceux d'eau douce nous le prouvent, et les polypes à polypiers, si l'on a eu le soin de les tenir dans l'eau de mer après qu'on les a pêchés, demeurent assez longtemps épanouis pour qu'il soit possible de les bien observer et même de les dessiner. Ce genre de pêche offre de grandes difficultés; il ne peut être exécuté que par des plongeurs habiles, car ce qu'on obtient par le moyen de la drague est toujours mutilé et sans valeur pour les véritables connaisseurs. Les plongeurs descendent à de grandes profondeurs, choisissent les plus beaux tubipores, les plus beaux coraux, les plus beaux madrépores, y attachent les cordes qu'on laisse descendre du bateau et attaquent *l'arbre* à sa base au moyen des coins, des leviers, de la massue qu'ils portent à leur ceinture; puis ils remontent, et aident les gens du bateau à tirer de l'eau la prise qu'ils viennent de faire.

Cécile.—Comment, il faut des coins et des leviers pour détacher les polypiers du fond de la mer?

Amédée.—La belle question! Est-ce que les arbres ne tiennent pas si fort à la terre par leurs racines, qu'il faut des outils et plusieurs hommes pour les déraciner?

M. Derville.—Tu oublies, mon fils, que les polypiers sont des *arbres sans racines*; mais ils ne s'en trouvent pas moins solidement attachés aux rochers, et si solidement, qu'ils semblent en faire partie. La pêche terminée, on vient à terre et l'on s'occupe de faire périr promptement les fleurs vivantes qui se sont fermées pendant le trajet; elles se rouvrent si on les met dans l'eau de mer, et si on les place dans un lieu isolé, paisible, et exposé au grand jour; car

vous saurez que les polypes, quoique privés des sens
de la vue et de l'ouïe, aiment la lumière et redoutent
le bruit.

AMÉDÉE. — Mon père, il fait donc clair au fond
de la mer?

M. DERVILLE. — Des expériences nombreuses,
autant que curieuses, ont prouvé que la lumière pénètre à travers les eaux à une grande profondeur,
et que là, comme sur la terre, elle contribue à la
coloration des plantes aquatiques et des animaux;
je crois vous l'avoir déjà dit.

CÉCILE. — Et alors aussi, on entend le bruit à
travers l'eau?

M. DERVILLE. — Il est prouvé, ma fille, que le
son imprime à l'air qui nous entoure des vibrations,
ou, si tu l'aimes mieux, un mouvement plus ou
moins vif, plus ou moins marqué, suivant que le
son est plus ou moins aigu ou grave; le même effet
est subi par l'eau et avec plus de force parce que
l'eau est plus *dense*, c'est-à-dire plus compacte; il
l'est également par la terre encore plus dense que
l'eau; vous ne pouvez tous les deux avoir oublié ce
que rapportent quelques voyageurs, qu'en appli-
quant l'oreille contre terre on entend le bruit le plus
léger, le plus éloigné, et qui, autrement, serait tout
à fait insensible.

CÉCILE. — Ah! c'est vrai! Et c'est toujours ainsi
que les sauvages écoutent quand ils craignent un
danger; tu t'en souviens, Amédée?

M. DERVILLE. — Le son produisant dans l'eau
comme dans l'air et dans la terre des vibrations,
c'est-à-dire du mouvement, vous devez comprendre
que les polypes, par exemple, qui vivent dans l'eau,

n'ont pas absolument besoin d'*oreilles* pour *entendre* ou pour savoir qu'autour d'eux se passe quelque chose d'extraordinaire. Aussitôt ils rentrent leurs tentacules, et paraissent se fermer, comme se ferment les feuilles de la sensitive.

AMÉDÉE. — Mon père, est-ce qu'on ne peut donc pas absolument conserver des polypiers avec leurs polypes?

M. DERVILLE. — Si, mon fils; mais les amateurs recherchent davantage les belles branches de coraux, de madrépores, bien entières, que les fragments de corail fleuri qu'on trouve chez quelques-uns d'entre eux seulement, conservés dans de l'esprit-de-vin.

CÉCILE. — Mon père, il faut que je te dise une idée que j'ai; c'est que les polypes de mer doivent construire leurs polypiers absolument comme les mollusques testacés construisent leurs coquilles?

M. DERVILLE. — D'où te vient cette idée, ma fille? »

Cécile regarda un moment son père. Elle hésitait à répondre, dans le doute où elle était d'avoir ou non *deviné*. Par amour-propre, elle souhaitait de ne s'être pas trompée, et par amour-propre, elle se taisait après s'être hâtée de parler pour s'entendre dire : « Très-bien, ma fille! »

— « Eh bien! demanda madame Derville, tu ne peux nous dire d'où t'est venue cette idée?

— « Maman, c'est que je ne le sais pas positivement; mais il me semble que ce doit être.

M. DERVILLE. — Pourquoi cela te semble-t-il devoir être ainsi?

CÉCILE. — Parce que... les polypes... puisqu'ils n'ont absolument que des tentacules ... et puisqu'ils sont gélatineux.... Mon père, je ne sais pas, mais je crois que c'est comme cela ; voilà tout.

M. DERVILLE. — Et toi, mon fils ?

AMÉDÉE. — Moi, mon père, je pense qu'il n'y a qu'une loi pour les mollusques testacés, pour les crustacés et pour les polypes qui font des polypiers. Les polypes doivent alors *suer* leur polypier, comme les mollusques testacés et les crustacés suent leurs coquilles.

CÉCILE. — Que je suis donc sotte de n'avoir pas songé à cela ! J'avais bien quelque idée semblable, en regardant les morceaux de polypier que voici ; mais cela n'était pas clair du tout dans ma tête.....

M. DERVILLE. — Est-ce clair, maintenant ?

CÉCILE. — Oh ! oui, mon père. Ainsi Amédée a deviné ! Mais moi aussi pourtant !

M. DERVILLE. — Tu as *deviné*, ma fille ; mais Amédée, par la réflexion, a *compris* ce qui pouvait et devait être. Lequel vaut le mieux ?... Ce tubipore musica, mes enfants, peut nous servir à suivre, pour ainsi dire, le travail de tous les polypes à polypiers, soit qu'ils se construisent des demeures pierreuses comme celles que nous avons sous les yeux, soit qu'ils s'en construisent de flexibles, à la manière des coralines et des alcyons. Les polypes qui habitaient les tuyaux que voici, étaient d'un beau vert et de la forme de l'hydre. Supposons la fondation d'une colonie sur un rocher non encore habité par des polypes : bien des causes ont pu y jeter, soit des œufs, car les polypes se reproduisent également par des œufs, par section, par bouture, soit des fragments de polypes. Aussitôt que les œufs ont été éclos, aussitôt que les fragments de ce singulier

animal ont pu se fixer, le *travail* a commencé ; c'est-
à-dire que la matière, à la fois visqueuse et pierreuse
qui transsude de tout le corps, s'est attachée au rocher en se durcissant à l'instant, et le *pied* du tubipore musica a pris ainsi *racine*. A côté de ce premier
tuyau, s'en est élevé très-promptement un autre ; car
les polypes multiplient avec une rapidité au-dessus
de tout ce que l'imagination peut se figurer. En même
temps que la colonie naissante gagnait du terrain en
largeur, elle en gagnait en hauteur ; chaque animal
poussait comme pousse la plante, et chaque tuyau
s'allongeait d'autant ; et, en s'allongeant, il durcis-
sait, il devenait *pierre* plus ou moins solide ; et ces
attaches que vous voyez, qui unissent entre eux tous
ces petits tuyaux et qui leur donnent en effet quelque ressemblance avec ceux de l'orgue, se formaient
à des distances assez égales.

CÉCILE. — Mais, mon père, pourquoi y a-t-il des
attaches au tubipore musica, et pourquoi n'y en a-
t-il pas à ce madrépore ?

M. DERVILLE. — Autant vaudrait, mon enfant,
me demander pourquoi l'un est rouge et l'autre
blanc ; pourquoi l'un n'a point de branches, et pourquoi l'autre en a ; pourquoi, parmi les mollusques
testacés, il en est dont la coquille présente des formes en spirale, et d'autres dont la coquille est composée de deux valves ; pourquoi le pin n'a pas le
même feuillage ni la même verdure que le tilleul, et
pourquoi l'un se développe en pyramide, tandis que
l'autre étend ses branches presque horizontalement.
La Puissance créatrice qui a fondé les espèces, a
donné à chacune l'impulsion à laquelle elles doivent
de se reproduire avec les formes, la couleur, qui ap-

partiennent à leur espèce ; et c'est ainsi qu'elles se reproduisent. Si cette impulsion est, au fond, la même pour toutes, elle se manifeste, au dehors, sous des aspects différents ; mais toujours l'aspect est le même pour chaque espèce, à quelques exceptions près, qui sont ce que nous appelons des monstruosités. Ainsi, jamais l'animal qui donne le madrépore ne produira un tubipore musica, pas plus que l'animal qui donne la porcelaine ne produira un cône drap d'or, pas plus que la graine du tilleul ne produira un pin, et la pomme du pin un tilleul.

Amédée. — C'est bien facile à comprendre.

Cécile. — Sans doute ; mais j'aimerais tant à savoir le *pourquoi* des choses !

M. Derville. — Je viens de te le dire, mon enfant ; tâche d'y réfléchir jusqu'à demain, et tu reconnaîtras, je l'espère, que tout nous ramène à la cause première, à la pensée d'un Dieu tout-puissant dont la volonté a suffi pour imprimer à la matière les formes les plus diverses, et, à cette matière ainsi réunie, ainsi organisée, l'impulsion qui doit la faire se reproduire sous ces mêmes formes qui lui ont été d'abord imprimées. L'homme, par des mutilations, peut altérer plus ou moins ces formes primitives ; ainsi il obtient des fruits, des fleurs variées, en employant la taille, la greffe ; il obtient de même, par le mélange des races des animaux, des animaux *nouveaux*, et s'il pouvait pénétrer dans les profondeurs des mers, et diriger les travaux des polypes à polypiers, il obtiendrait certainement des produits tout particuliers ; mais ces produits n'en sortiraient pas moins d'une source unique, et dès que l'obstacle apporté à leur développement naturel serait détruit, ils redeviendraient ce qu'ils ont toujours été depuis la création du monde, ce qu'ils seront toujours tant que le monde existera. C'est, mon enfant, le seul *parce que* par lequel je puisse répondre à tes *pourquoi*.

AMÉDÉE. — Mon père, le corail est-il aussi un composé de tuyaux comme le *tubipore musica?*

M. DERVILLE. — Nous le saurons tout à l'heure. La famille des polypes à tuyaux est très-nombreuse, et elle offre des productions aussi variées que jolies; nous les passerons en revue quelque jour. Après les polypes à tuyaux, Cuvier place les polypes à cellules dont nous possédons un échantillon. Vous voyez que ce sont encore des tuyaux, mais ils ne sont point séparés comme dans les tubipores, et ils présentent assez de ressemblance avec les gâteaux de cire faits par les abeilles, pour qu'on ait donné à cet assemblage le surnom de *ruche.* Viennent ensuite les *coralines* dont une espèce, celle dont on fait usage en médecine, est fort connue sous le nom de *mousse de Corse.*

MADAME DERVILLE. — Eh quoi! la mousse de Corse n'est point de la mousse?

M. DERVILLE. — Non, ma chère amie, la prétendue mousse de Corse n'est pas le produit de la végétation; elle est celui des *travaux* d'une espèce de polypes. Ceux-ci ne bâtissent pas à *chaux* comme les tubipores, les cellulaires, les madrépores, ni en *marbre* comme les fabricants de corail; ils se contentent de tuyaux de substance cornée, formant de longues tiges d'autant plus flexibles qu'elles ne sont point d'une seule pièce; elles présentent, au contraire, un grand nombre d'articulations. Sur les roches ou bien sur les bancs d'huîtres négligés depuis quelque temps, *poussent* en petits buissons les coralines d'espèces variées. On les avait prises pour de jolies plantes délicates, élégantes, aux branches dentelées comme le sont les feuilles des mousses, aussi longtemps que les découvertes de Trembley sur les polypes d'eau douce et celles de Peyssonel sur les polypes de mer n'eurent pas excité les observateurs à examiner de près les productions, en apparence végétatives, de la mer. Le polype des coralines ressemble beaucoup à celui d'eau douce; ressemblance qui tient surtout à des tentacules rangés en rayons autour d'un centre, comme les pétales des fleurs. Peu à peu, on est arrivé à reconnaître distinctement les différentes espèces de coralines. Il y en a une fort remarquable qu'on a surnommée *vésiculeuse.* On a cru d'abord que les vésicules dont les plus menues branches sont munies n'avaient d'autre objet que de soutenir à fleur d'eau les longs rameaux de la coraline vésiculeuse; mais plus tard, on a reconnu qu'elles servent de demeure aux polypes nouveau-nés. Lorsque le jeune polype est parvenu à un certain degré d'accroissement, la vésicule s'ouvre, et il se montre étendant ses tentacules, et faisant le moulinet pour attirer à sa bouche les animalcules dont il se nourrit; à la moindre alarme, il rentre dans son gîte qui se referme à l'instant.

Amédée. — Mon père, je voudrais bien savoir par quel moyen on est parvenu à s'assurer de tout cela?

M. Derville. — Par le secours d'une forte loupe et du microscope, mon fils. Des pêcheurs, ayant apporté des huîtres couvertes de coralines, on a mis le tout dans un grand vase de bois qu'on a rempli à peu près d'eau de mer. Au bout d'une heure de repos et de silence, les polypes qui s'étaient contractés à l'instant où on les avait tirés de l'eau, se sont épanouis: on a vu paraître, puis disparaître pour reparaître encore, les jeunes polypes renfermés dans les vésicules, et après plus d'un essai malheureux, on est parvenu à trouver le moyen de conserver des coralines, et plus tard des coraux, avec leurs polypes épanouis.

Cécile. — Oh! comment cela, mon père, je te prie?

M. Derville. — Aussitôt qu'ils ont repris leur sécurité et qu'ils ont deployé leurs tentacules, on verse doucement dans le vase qui les contient, autant d'eau douce chaude qu'il s'y trouve d'eau de mer froide, et, avec des pinces, on enlève promptement les coralines de dessus les huîtres pour les plonger aussitôt dans des vases de cristal remplis d'esprit-de-vin bien clair. A l'instant, les polypes perdent la vie sans avoir eu le temps de se contracter; et ainsi l'on a des buissons de coralines et des branches de corail *fleuris*.

Cécile. — Si nous allons jamais habiter les bords de la mer, j'aurai bien soin d'examiner les huîtres quand les pêcheurs en apporteront, pour recueillir des coralines.

Madame Derville. — Je fais une remarque que vous feriez aussi, mes enfants, je pense, si vous étiez un peu moins étourdis; c'est que les polypes de mer, exposés à mille et mille dangers par l'effet seul de l'agitation continuelle des vagues, ont reçu la faculté, non-seulement de s'attacher fortement à quelque corps solide, mais aussi de se vêtir d'une enveloppe pierreuse ou cornée, qui les met à l'abri du choc de tous les corps durs que les flots entraînent violemment avec eux, tandis que les polypes d'eau douce, destinés à vivre dans des eaux tranquilles, sont nus.

M. Derville. — Cette remarque, ma chère amie, est juste et peut trouver son application partout. Oui, partout, nous en avons déjà fait l'observation, rien de superflu n'a été donné aux animaux, aux plantes, mais aussi ils ont reçu *tout* ce qui pouvait être utile à leur conservation et à celle de leur espèce.

Cécile. — Mon père, et le corail?

M. Derville. — Patience, nous y arrivons!

Cécile. — Je voudrais tant savoir où on le pêche!

M. Derville. — Sur les côtes de Sardaigne, sur celles de Tunis, sur celles de la Corse, de la Catalogne. Le corail a toute l'apparence d'un arbuste, ou plutôt d'un arbrisseau, car il s'élève rarement à plus d'un pied de hauteur. Une foule de branches partent du tronc principal, et, de ces branches, partent encore des ramifications plus ou moins nombreuses. A l'instant où le corail est tiré de l'eau, il se trouve couvert d'une substance rouge pâle et membraneuse qui forme comme une écorce toute parsemée de cavités, en forme d'étoiles; elles sont destinées à servir en quelque sorte d'étuis aux tentacules des polypes; quant au polype lui-même, il sort d'un tube étroitement uni à une multitude d'autres petits tubes à peine visibles à l'œil nu. Le corps de l'animal transsudant sans cesse la matière pierreuse et rouge qui donne ce que nous appelons le corail, le petit tube finit par s'épaissir, par se combler, et le polype en sort ; aussitôt une autre enveloppe solide se forme autour de lui, et le pied ou le tronc de l'arbre s'allonge, ou bien une branche nouvelle se développe à droite, à gauche ; sur cette branche éclosent d'autres petits polypes, et à l'instant voilà des ramifications s'élançant à l'infini des nouvelles branches et dans toutes les directions.

MADAME DERVILLE. — Ils étaient, en vérité, bien excusables ceux qui ont pris ces singulières productions pour des arbustes pétrifiés ! On se tromperait à moins !

AMÉDÉE. — Mon père, c'est aussi aux rochers que les coraux s'attachent ?

M. DERVILLE. — Oui, mon fils ; cependant ils s'attachent encore sur les os de baleine, sur les bouteilles jetées hors des navires, sur les crânes de ceux que la mer a engloutis et a fait rouler entre les anfractuosités des rochers. La multiplication de ces petits animaux est si grande et si prompte, qu'une ou deux années suffisent pour qu'il se forme des récifs dans les bas-fonds, et pour que le passage se trouve fermé aux vaisseaux dans les lieux mêmes ou précédemment la sonde annonçait un bon mouillage.

CÉCILE. — Voilà que je me souviens d'avoir vu à ma tante un collier de corail que je n'ai jamais trouvé joli, parce qu'il n'est pas taillé. Ce sont de petites branches sur lesquelles il y en a d'autres qui vont dans tous les sens. Te le rappelles-tu, maman ?

MADAME DERVILLE. — Parfaitement ; et ce que je me rappelle aussi, c'est que ce collier passait pour être d'une grande valeur dans le temps où le corail avait la vogue.

Cécile. — C'est bien dommage que le corail ne soit plus de mode, car rien n'est joli comme cela !

M. Derville. — On ferait un long poëme sur toutes les vicissitudes que le caprice des hommes a fait subir au corail. Orphée l'a chanté ; Ovide l'a immortalisé dans ses métamorphoses ; du temps des anciens Romains, les grains de corail, considérés comme des amulettes, étaient portés par les aruspices et les devins ; on en plaçait dans le berceau des nouveau-nés afin de les préserver des maladies ; les médecins faisaient entrer le corail en poudre dans la plupart des remèdes qu'ils ordonnaient ; les Gaulois s'en servaient comme de l'ornement le plus riche pour rehausser l'éclat de leurs casques, pour enrichir leurs boucliers et la poignée de leurs glaives... Après tant d'honneurs rendus par les Anciens, le corail tomba quelque temps en oubli dans l'Europe ; puis la mode lui rendit sa valeur, mais pour un moment, car aujourd'hui pas une femme, pas une jeune fille qui *se respecte* ne voudrait porter du corail.

Amédée. — Alors, mon père, les pêcheurs de corail, qui devaient avoir bien à faire dans le temps où il était de mode, ont perdu leur industrie ?

M. Derville. — Elle n'est pas dans un état aussi florissant que jadis, sans aucun doute ; mais l'Inde, mais l'Asie, plus constantes que l'Europe, emploient encore le corail comme autrefois. Le corail qu'on pêche sur les côtes de France étant toujours le plus beau, celui qui offre la couleur la plus vive, la plus éclatante, nos pêcheurs corailleurs n'ont pas discontinué leurs travaux.

MADAME DERVILLE. — J'ai porté du corail dans ma jeunesse, et je me souviens d'avoir remarqué qu'il pâlissait lorsque j'étais malade. C'est peut-être, au reste, un rêve de mon imagination.

M. DERVILLE. — Non, ma chère amie. Non-seulement la couleur du corail s'altère par l'effet de la transpiration d'une personne malade, mais s'il est porté sur la peau, dans un lieu échauffé et où l'air circule difficilement, il devient poreux ; c'est-à-dire que la multitude de petits tuyaux dont il est composé, devient *visible*, pour ainsi dire. Il est probable que cette propriété du corail a été reconnue dès la plus haute antiquité, et que les prétendus devins ont su en tirer parti pour leurs prédictions et leurs présages : de là, la vénération dont le corail fut longtemps honoré ; de là aussi la réputation d'amulettes *parlantes* dont il a joui avec quelque justice, car il reprend en effet sa couleur et sa densité dès que les causes qui avaient contribué à altérer l'une et l'autre s'affaiblissent ou cessent.

MADAME DERVILLE. — C'est encore ce que j'ai observé.

M. DERVILLE. — J'ajouterai cependant que la transpiration de certaines personnes altère à un tel point le corail, que toujours il demeure terne, pâle et poreux, quoiqu'elles cessent de le porter.

AMÉDÉE. — Mon père, faut-il bien des années pour qu'un... plant de corail arrive à toute sa grandeur ?

M. DERVILLE. — Ceci dépend, mon fils, de la profondeur à laquelle il se trouve placé. Dans une eau profonde de dix brasses, huit années suffisent; vingt-cinq à trente ans sont nécessaires s'il se trouve à cent brasses au-dessous de la surface de l'eau, et quarante années au moins s'il s'en trouve à cent cinquante brasses de distance.

Cécile. — Mais comment a-t-il été possible de calculer cela, mon père?

M. Derville. — Les pêcheurs corailleurs ont intérêt à faire des observations, tu dois le deviner, mon enfant, pour s'éviter des recherches inutiles, ou pour se guider dans celles qui peuvent leur procurer de beaux produits; et, par eux, il a été possible d'obtenir des données à peu près certaines. Maintenant nous allons passer aux madrépores, non moins curieux, et bien plus utiles peut-être, que le corail, aux habitants des côtes, car ils leur donnent ce que le pays refuse souvent; de la chaux excellente pour bâtir ou recrépir les maisons. Mais, d'abord, souvenez-vous que les polypes à polypiers forment le troisième ordre de la classe des polypes; que ce troisième ordre se divise en familles distinctes; qu'ainsi, il ne faut point confondre la première famille, celle des polypes à tuyaux ou tubipores, avec la seconde, qui est celle des polypes à cellules ou cellulaires, ni celle-ci avec celle des coraux ou polypes corticaux; enfin, souvenez-vous encore que cette troisième famille comprend quatre tribus entre lesquelles sont distribués le corail noir, le corail rouge, les madrépores, les polypiers nageurs, les alcyons et les éponges.

— « Mon père, dit Amédée, si tu veux avoir la bonté de répéter tout cela, je vais l'écrire tout de suite. Grâce à mes notes, j'ai pu me retrouver l'autre jour dans un ouvrage d'histoire naturelle que le père d'Eugénie lui a donné ; et sans recourir à la table, j'ai feuilleté le volume en mettant tout de suite le doigt sur ce que les autres demandaient, ce qui les a beaucoup surpris.

— « Et ce qui t'a enchanté ! s'écria Cécile avec un petit sourire moqueur.

— « Ma fille, dit M. Derville, d'un air grave, le plaisir qu'a pu goûter Amédée étant dû à son travail, n'avait rien de répréhensible assurément. Je te souhaite d'en goûter un pareil. »

Cécile, un peu embarrassée, baissa la tête sur son ouvrage, puis elle se mit à regarder les échantillons étalés sur la table.

Madrepores _ Alcyon _ Pennatule _ Eponges.

Madrepores _ Tubipores _ Coraux _ Coralline.

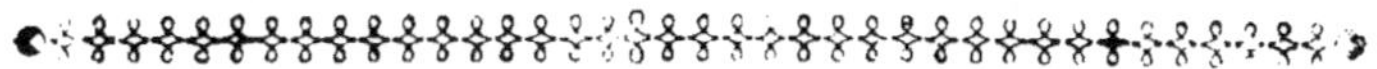

CHAPITRE IV.

Les madrépores. — Les méandrines. — Les pennatules. —
Les alcyons. — Les éponges.

—

— « Mon père, dit Cécile qui examinait avec attention le fragment de madrépore apporté par M. Derville, est-ce que tous les madrépores se ressemblent pour la couleur et pour la forme?

M. DERVILLE. — Non, mon enfant: rien de plus variable, au contraire, pour la forme au moins. Les uns présentent de longues branches dans le genre de celle-ci, toutes garnies de branches plus menues dont chacune est l'étui au-dessus duquel s'épanouissait jadis le polype; d'autres s'étendent en larges plaques peu épaisses; d'autres, au contraire, s'allongent en rameaux cylindriques, d'autres ont l'apparence de cornes d'élan; mais la nature des madrépores est constamment *calcaire*. Dans les régions placées entre les tropiques, ces animaux et leurs productions multiplient d'une manière surprenante. C'est là qu'ils s'accumulent les uns sur les autres par masses considérables, et qu'à la longue ces masses finissent par former des couches épaisses de pierre calcaire; mais, auparavant, elles ont présenté des recifs dangereux pour les navigateurs. Le travail des siècles amène dans les anfractuosités de ces rochers *factices,* si l'on peut s'exprimer ainsi, du sable, des débris de coquillages, de poissons, de baleines qui contribuent à consolider ces masses plus ou moins divisées, puis à les réunir en une seule, et alors quelques petites îles commencent à *pointer* à la surface des flots.

Madame Derville. — J'avais cru, jusqu'à ce jour, que les irruptions seules des volcans donnaient naissance à des terres nouvelles, tout en engloutissant les anciennes?

M. Derville. — Une foule de causes, ma chère amie, concourent sans cesse à changer la surface du globe, à couvrir d'eau des continents entiers et à découvrir, au contraire, des îles plus ou moins distantes les unes des autres, et que de nouveaux travaux de la nature transformeront tôt ou tard en continents.

Cécile. — Quand on pense que ce sont des animaux tout petits qui travaillent de manière à former les fondations de la terre ferme!..... Mon père, les polypes des madrépores sont tous jaunes, n'est-ce pas?

M. Derville.— Le madrépore que voici, et qu'on surnomme *abrotanoïde,* est produit par des polypes à tentacules d'un beau jaune; mais ceux du plus magnifique de tous, auquel on a donné le nom de *char de Neptune* à cause de l'énormité de sa taille et de sa forme remarquable, ont passé bien longtemps pour n'avoir pas de couleur. Ils *s'évanouissaient,* disait-on, dès que le madrépore était tiré de l'eau, et l'on ne trouvait plus qu'une matière visqueuse de la consistance et de la transparence du blanc d'œuf, qui exhalait une odeur insupportable.

« Mais, quelque difficiles à observer que soient ces animaux, on est cependant parvenu à s'assurer que le char de Neptune, de même que tous les polypiers, est le résultat des *travaux* d'une colonie composée d'un grand nombre d'individus tenant l'un à l'autre par le prolongement de la matière gélatineuse qui forme leur substance, de telle sorte que, chez eux, comme chez les polypes d'eau douce à bouquets, tels que les corinnes et les vorticelles réunies sur une seule tige, ce que l'un mange profite à tous les autres. Les polypes du char de Neptune n'étendent leurs tentacules que lorsque le temps est calme; la mer est-elle agitée, tout disparaît, et le madrépore se trouve couvert d'une pellicule mince et sans couleur, qui s'*évapore*, pour ainsi dire, en effet dès que le madrépore est sorti de l'eau.

MADAME DERVILLE. — Ainsi, ils ont une égide !

M. DERVILLE. — C'est cette égide que les premiers observateurs ont prise pour un seul animal, pour l'animal lui-même; d'autres observateurs plus adroits ou plus patients sont parvenus à *voir* le char de Neptune couvert de ses habitants, et alors se sont offerts à leurs yeux, en nombre considérable, des espèces de flocons vivement et diversement colorés, ce qui les avait fait prendre d'abord pour de véritables plantes fleurissant plusieurs fois dans l'année.

« On compte neuf espèces principales de madrépores; parmi les plus remarquables sont les méandrines : elles présentent à la vue une surface creusée de lignes allongées comme le seraient des vallons séparés par des collines sillonnées en travers. C'est du fond des vallons que sort le polype; il vit seul.

mais côte à côte avec un nombre plus ou moins grand de voisins; et si la méandrine est bien peuplée d'habitants, de telle sorte que leurs tentacules assez longs pourraient s'enchevêtrer les uns dans les autres, au lieu d'entourer en cercle la bouche de l'animal, ces tentacules se divisent en deux parties égales; alors le polype paraît n'en avoir que *par devant* et *par derrière*, et les voisins vivent ainsi très-près les uns des autres sans s'incommoder mutuellement et en bonne intelligence. Les méandrines *fleuries* sont de toute beauté par la richesse des couleurs qu'elles étalent.

CÉCILE. — Quel dommage que des choses si belles soient cachées au fond des mers!

M. DERVILLE. — On a donné des noms divers aux madrépores suivant la forme particulière sous laquelle ils se présentent; le chou de mer est encore l'un des plus remarquables ainsi que les pavonies. Mais je n'entrerai pas dans le détail des caractères au moyen desquels les naturalistes distinguent entre elles les diverses espèces; vous ne me comprendriez, mes enfants, que si je pouvais vous faire *voir* les différences qui ont servi à distinguer les genres, et je ne possède que ce seul *échantillon* de madrépore. Je préfère vous parler des polypiers nageurs. Les corinnes et les vorticelles dont je vous ai dit quelques mots, pourront m'aider à vous en faire prendre quelque idée.

« Figurez-vous une colonie de polypes, telle que celle qui nous est offerte par la réunion plus ou moins nombreuse de polypes à panaches ou à bouquets, mais ceux-ci sont enveloppés dans des fourneaux pierreux ou cornés, et vous aurez un aperçu de ce que sont la plupart des polypiers nageurs appelés *pennatules*. Les polypes se rangent de telle façon que leur agrégation présente la forme d'une plume ; le tuyau, les barbes de la plume, rien n'y manque, et chaque barbe est garnie, des deux côtés, de cellules en grand nombre renfermant chacune un polype ; on n'en trouve pas sur la tige ou le tuyau qui est pierreux et d'un jaune orangé, tandis que les barbes de la pennatule offrent une couleur bleu ardoise plus ou moins foncée.

AMÉDÉE. — Et ce sont les polypes qui construisent les pennatules, mon père ?

M. DERVILLE. — Tout donne lieu de le présumer.

CÉCILE. — C'est qu'alors, comme les mollusques testacés, la liqueur qu'ils transsudent, et qui se durcit à l'air, est de diverses couleurs.

M. DERVILLE. — On ignore entièrement de quelle manière *travaillent* les polypes de la pennatule. Peut-être la tige pierreuse, si différente des barbes pour la contexture et la couleur, est-elle le produit d'une autre espèce de polypes, et sert-elle de fondement aux travaux des *fabricants* de ces barbes : ce qu'il y a de certain, c'est que les pennatules, qui offrent un assez grand nombre de variétés, et qu'on trouve nageant dans les eaux de l'Océan et de la Méditerranée, sont la demeure des colonies de polypes qui voyagent de concert, et qui se meuvent d'une commune volonté, sans aucun doute, pour suivre telle ou telle direction.

MADAME DERVILLE. — Cet accord ferait supposer qu'il existe, pour eux, des moyens de se parler, ou du moins de s'entendre et de changer en volonté unique la volonté particulière de chacun des habitants de la colonie.

M. Derville. — Il me paraît plus simple de supposer que cette volonté éclôt simultanément chez tous les polypes d'un polypier, qui ne forment, à les bien considérer, qu'un seul corps muni d'une multitude de bouches toujours dévorant.

« Parmi les pennatules, la vérétille est celle chez laquelle on peut suivre le plus aisément le prolongement des intestins de chaque polype dans la tige commune, et l'union intime qui existe entre tous les polypes d'un polypier; union dont les polypes d'eau douce ont fourni aux observateurs des preuves irrécusables.

Cécile. — Comment cela, mon père?

M. Derville.—Je crois avoir déjà parlé, ma fille, des expériences faites pour s'assurer que les animaux-plantes digèrent; on y est parvenu en leur donnant des animalcules colorés. On a vu, alors, s'opérer la digestion dans ce petit sac gélatineux, puis les sucs nourriciers se répandre par des vaisseaux jusqu'alors inaperçus, et qui serpentent, pour ainsi dire, dans tout l'animal. Ce qu'on avait tenté pour une hydre verte, ou pour un polype gris à longs bras, on l'a tenté ensuite pour les polypes à bouquets; les sucs nourriciers extraits, par la digestion, des animalcules colorés offerts à l'avidité d'un ou de deux polypes, se sont répandus jusque dans les vaisseaux de ceux auxquels on n'avait rien donné, et l'on a pu s'assurer ainsi qu'une réunion de polypes attachés à la même tige est, en quelque sorte, ce que je vous disais tout à l'heure, un seul animal muni de milliers de bouches avides.

Madame Derville. — Je conçois alors l'*unité* de volonté qui pousse les pennatules dans telle direction plutôt que dans telle autre qui pourrait convenir mieux à quelques individus de la colonie si tous n'étaient pas soumis tout naturellement à une seule et même impulsion.

M. Derville.—Et cette circulation des sucs nourriciers ne te paraît-elle pas, ma chère amie, rappeler celle qui a lieu dans la plante?

Madame Derville. — Il est vrai.

M. Derville. — Les premiers observateurs ont donc été *excusables* de prendre pour des plantes ces animaux singuliers, et le nom de *zoophytes*, ou d'animaux-plantes qu'on leur a donné plus tard, leur est donc parfaitement approprié.

« Les pennatules sont au nombre des corps phosphorescents qui contribuent le plus à faire paraître la mer en feu pendant la nuit.

Cécile. — Que ce doit être joli ces plumes toutes de feu !

M. Derville. — On distingue difficilement, mon enfant, la forme des divers corps phosphorescents que les vagues soulèvent par milliers, et que sépare, dans sa marche, la proue du navire, ou qui tourbillonnent dans le long sillage qu'il laisse derrière lui. Mais, de leur nombre et de leur réunion, résultent des effets magiques. Les plus petits d'entre eux, les individus microscopiques portés par les flots sur les rochers, sur les plantes des rivages, y demeurent attachés ou suspendus, et les font briller d'une lueur pâle, et par moment plus vive ; un seau de cette eau lumineuse répandue sur le tillac paraît enflammer tous les endroits qu'elle couvre. les mains qui la touchent, les vêtements qu'elle imbibe, et quand on l'analyse, ce n'est pas sans peine qu'on parvient à découvrir quelques-uns des corps organisés auxquels étaient dus en partie les brillants effets produits la veille.

AMÉDÉE. — Mon père, il me semble que la mer est encore plus riche en productions que la terre?

M. DERVILLE. — Mon fils, nous sommes bien ignorants des productions de la terre pour déclarer que la mer est plus riche.

CÉCILE. — D'ailleurs, à quoi servirait-il qu'elle le fût, puisqu'on ne peut pas descendre dans ses immenses profondeurs!

M. DERVILLE. — Encore de l'égoïsme! Nous ne pénétrons pas bien avant dans le sein de la terre, et pourtant il n'est guère possible de douter qu'elle ne renferme bien des richesses en métaux, en cristallisations. Sur la surface, les animaux, les végétaux se montrent en assez grande abondance pour satisfaire l'imagination la plus avide. Qui peut se vanter de connaître seulement la millième partie de tant de richesses, et oser dire que les entrailles du globe ne doivent rien présenter de plus beau que ce qui nous est offert à sa surface, uniquement parce que ces spectacles, plus ou moins magiques, n'ont pas été faits pour l'œil de l'homme? Mes enfants, c'est manquer au respect dû à la Divinité, que de nier l'existence des richesses et des merveilles qui ne semblent pas avoir été créées pour notre plaisir ou pour notre utilité... Mais revenons à nos polypiers nageurs. Une seule famille vient après les pennatules, c'est celle des alcyons, ou alcyonées, ou alcyonelles.

Cécile. — Amédée, te souviens-tu que nous avons lu, l'autre jour, quelque chose sur Alcyon, dans notre mythologie ?

Amédée. — Oui, ma sœur. Il y a trois Alcyons ; le premier, qui fut tué par Hercule à coups de flèches ; le second… ah ! mais non, c'était une femme, Alcyone, femme de Ceyx fils de Lucifer ; elle fut transformée en oiseau, en un oiseau appelé alcyon, et son mari aussi, à cause de leur fidélité, et quand les alcyons font leur nid sur l'eau, les tempêtes s'apaisent. Le troisième Alcyon, c'était encore un géant que Minerve jeta hors de la lune, où il s'était posté pour attaquer Jupiter.

M. Derville. — L'histoire naturelle, je vous l'ai déjà dit, mes enfants, vient, avec ses vérités prouvées, renverser l'édifice brillant de la fable. Il n'y a aucun oiseau qui niche *sur* les flots, et lors même qu'il s'en trouverait qui oseraient confier à l'instabilité de la mer l'existence de leur postérité, la mer ne s'apaiserait pas, vous le comprenez, pour leur donner le temps de faire leur nid, de couver et d'élever leurs petits. L'ignorance seule croit aux prodiges ; l'homme instruit sait que l'univers entier, ainsi que tout ce qui le couvre, jusqu'au plus petit brin de mousse, jusqu'aux animalcules ou monades qui nagent, en plein Océan, dans une goutte d'eau, que tout enfin est soumis à des lois générales et immuables dont rien ne peut un seul moment suspendre l'action ; et ce ne sera pas un atome, tel que l'est un oiseau, même le plus gros, qui, en apportant quelques brins de jonc sur les vagues, fera rentrer l'Océan dans son lit. Laissons donc, croyez-moi, les fables aux Anciens ; nous y reviendrons quand nous aurons besoin de nous distraire, par un peu de poésie, des réalités de la vie ; et tâchons de nous borner, lorsqu'il s'agit d'instruction, à voir bien clairement, d'abord, ce qui est ou peut être.

« Les alcyons ne sont autre chose, en histoire naturelle, qu'un polypier nageur, dans lequel on ne trouve pas une seule partie pierreuse. C'est une masse toujours gélatineuse, et qui se montre sous les formes, sous les couleurs les plus variées. Tantôt les alcyons sont arborescents, c'est-à-dire qu'ils présentent des branches, des ramifications à la manière des arbres ; tantôt ils s'allongent en une main à six doigts, bien connue sous le nom de main de Neptune ; tantôt ils présentent la figure d'un champignon, ou bien celle d'une grosse bourse presque ronde, et toujours on les trouve hérissés de rosettes dont la couleur tranche avec celle du polypier. Ces rosettes, vous le devinez aisément, ne sont autre chose que les tentacules des polypes habitants et fondateurs du polypier. Quelquefois on voit des alcyons former, à la surface des corps que la mer roule sans relâche, une sorte de croûte peu épaisse, d'où s'élancent, comme des fleurs sans feuilles, des milliers de polypes. C'est particulièrement sous les tropiques que les alcyons pullulent ; ils ne viennent pas à la surface des eaux ainsi que les méduses ; ils se tiennent, au contraire, à une grande profondeur, et dès qu'ils sont exposés à la lumière que ne tempère pas une masse d'eau, ils perdent leurs belles couleurs.

« Voilà, mes enfants, où s'arrête l'histoire des singuliers animaux appelés polypes, qu'on trouve dans les eaux douces et dans les eaux salées. Vous voyez que leur existence tient autant de celle de l'animal que de celle de celle de la plante; cependant, lorsque, plus avancés dans l'étude des phénomènes que nous offre la nature, nous reviendrons, l'année prochaine, sur tout ce que nous ne faisons qu'effleurer, vous reconnaîtrez que, par leur organisation, les polypes se rapprochent bien davantage du règne végétal que du règne animal. Alors, aussi, vous voudrez examiner, à votre tour, ce qui a été tant de fois l'objet d'observations faites avec soin par des hommes instruits; vous aurez des polypes d'eau douce, vous répéterez des expériences mille et mille fois recommencées, et vous comprendrez bien mieux ce que vainement, aujourd'hui, je chercherais à vous expliquer.

Cécile.—Ainsi, voilà le règne animal fini?

M. Derville.—Non, ma fille. Nous avons à nous occuper encore d'une production qui appartient évidemment à ce règne, quoique jamais on n'ait encore pu voir le *fabricant* auquel cette production est due; je veux parler des éponges.

Cécile.—C'est l'ouvrage des polypes, il n'y a pas de doute.

M. Derville.—J'admire avec quelle assurance tu décides ce qui est en question depuis des siècles! Si encore tu avais dit: *Il me semble!.... je crois!....* Ainsi aurait parlé quelqu'un qui aurait eu ce qui te manque totalement, ma fille, de l'instruction. »

Cécile devint fort rouge.

— « D'après les observations les plus récentes, reprit M. Derville, on a lieu de supposer que l'éponge n'est point un polypier servant de demeure à une multitude de petits animaux qui l'ont, en quelque sorte, construit pour leur usage, mais qu'elle est l'animal lui-même ; animal fort singulier, plus singulier encore que les polypes. Des naturalistes ont *cueilli,* on peut se servir de cette expression, des *éponges vivantes,* et s'ils ne les ont pas vues fuir à l'approche de la main qui cherche à s'en saisir, ainsi que l'ont dit les anciens, ils se sont assurés du moins que les ouvertures nombreuses dont l'éponge est toute percée, servent à introduire l'eau de la mer ou des rivières dans l'intérieur, et que cette eau, chargée d'animalcules quand elle entre dans l'animal, en sort, par les ouvertures opposées, chargée de ses défections; ainsi, il existe en lui des courants continuels, et ces courants ne cessent que lorsqu'il meurt.

Madame Derville.—Mon ami, j'ai trouvé souvent dans les éponges neuves, et particulièrement dans les plus communes, une foule de petits coquillages; comment y sont-ils venus? Penses-tu qu'ils aient choisi volontairement l'intérieur de l'éponge pour y établir leur demeure?

M. Derville.—C'est possible. Il est possible aussi que le courant les y ait apportés alors qu'ils venaient d'éclore, et que, retenus au passage par quelque obstacle, ils aient grandi, grossi, sans pouvoir recouvrer leur liberté. On en est réduit à des conjectures. Ce qu'il y a seulement d'avéré, c'est que chaque ouverture, grande ou petite, se prolonge dans l'intérieur, et est tapissée, dans toute sa longueur, d'une membrane molle, douce et brillante; ce qui est non moins certain, c'est qu'aux mois d'octobre et de novembre, des taches d'un jaune opaque se répandent sur tous les points, et ces taches, composées de petits grains gélatineux, ne sont autre chose que des amas d'œufs d'éponge. Deux mois après que ces œufs sont devenus visibles à la loupe, ils se détachent et

montent à la surface de l'eau. Là, ils errent lentement, paisiblement, et l'on peut distinguer la partie
antérieure de la partie *postérieure*, parce que la première est munie d'une multitude de petits cils.
Bientôt, cessant de s'agiter, ils se laissent couler a
fond, et vont s'attacher dans un endroit abrité de la
lumière. Alors ils éclosent, et, en s'unissant les uns
aux autres, ils perdent leur forme allongée ; peu à
peu il n'est plus possible de les distinguer les uns des
autres, et l'éponge croît en grosseur et en largeur.
Eh bien ! ma fille, nous diras-tu maintenant que.
sans aucun doute, les éponges sont des polypiers ?

— « Oh ! non, mon père ! répondit Cécile toute
confuse. Désormais, je réfléchirai avant que de
parler.

M. Derville.—Je t'y engage, mon enfant.

« Il manque aux éponges, pour être rangées dans la
famille des polypes à polypiers, ce qui distingue
particulièrement les radiaires ou rayonnes, tu le sais,
des tentacules entourant un orifice désigné par le
nom de bouche. Ce caractère principal ne se mon-
trant pas, les éponges n'ont point encore de rang as-
signé dans les classifications de l'histoire naturelle.

Vous ne pouvez, l'un et l'autre, vous figurer, par
les éponges que nous apporte le commerce, combien
de formes bizarres prend ce singulier animal, composé, à ce qu'il paraît, d'une foule d'autres ; car
chaque œuf, avant de se réunir a un autre, est, en
effet, un individu bien distinct. Vous n'estimons que
les éponges qui ont été surnommées *champignons* :
mais il y en a qui présentent la charge d'un éventail,
d'une crosse, d'une calotte, d'un manchon, d'une
mitre d'évêque, d'un chapeau à trois cornes, d'un

bonnet phrygien, d'un turban, d'un jeu d'orgue, d'une flûte de Pan. Le *gobelet de Neptune,* le *gant de Neptune,* le *cierge,* la *trompette de mer,* sont autant de variétés, non-seulement par leur forme extérieure, mais encore par leur contexture et par la manière dont les ouvertures sont disposées ; il en est de même de l'*agaric de mer,* et de l'*éponge oursin,* toute hérissée de pointes qui la traversent de part en part, et que lient entre elles des fils très-déliés.

AMÉDÉE. — Mon père, il y a, dans les éponges neuves, une foule d'épines aussi fines que des cheveux ; je l'ai appris à mes dépens, car je m'en suis enfoncé dans les doigts plus d'une fois.

M. DERVILLE. — Ces prétendues épines sont des fibres aussi roides que fragiles, et qui servent probablement à maintenir les parties molles à la place qu'elles doivent occuper.

AMÉDÉE. — Mon père, où pêche-t-on les éponges, je te prie ?

M. DERVILLE. — Dans les eaux de l'Archipel, près de l'île de Samos surtout. Les plongeurs vont quelquefois jusqu'à huit brasses de profondeur pour s'en procurer de belles. On en trouve cependant entre les rochers, dans les endroits que la mer quitte pour quelques heures à la marée descendante ; ce qui prouve encore que l'animal ou les animaux qui produisent l'éponge, ou qui sont l'éponge elle-même, n'appartiennent point aux polypes ; vous savez que ceux-ci ne peuvent, sans mourir, être privés d'eau seulement quelques minutes.

« Il ne faut point croire que l'éponge vivante ne soit jamais que d'une couleur fauve ou brune. On en

trouve sur les côtes du Calvados qui, au sortir de
l'eau, brillent d'un beau rouge ou d'un jaune vif;
mais ces riches couleurs tardent peu à disparaître,
et l'éponge morte n'offre plus que les nuances qui
passent, d'un blanc sale et du fauve, au noir le plus
foncé.

MADAME DERVILLE. — Et l'on n'a rien pu découvrir sur l'organisation de ces singuliers animaux?

M. DERVILLE. — Non, ma chère amie, rien encore. Mais en voilà bien assez pour ce soir. Je suis
fatigué; sans aucune pitié, vous me feriez volontiers
parler jusqu'à demain.

AMÉDÉE. — Mon père, j'ai encore une question à te
faire, une seule, et à laquelle tu auras bientôt ré-
pondu. Les éponges sont-elles le dernier des animaux
du règne animal?

CÉCILE. — Mais, non, Amédée! Regarde tes notes,
et tu verras qu'il y a une cinquième classe, celle des
animaux microscopiques.

M. DERVILLE. — A merveille, ma fille! je suis
bien aise qu'enfin tu te souviennes de quelque
chose.

AMÉDÉE. — Je ne comprends pas que j'aie pu
l'oublier. Mon père, il n'a pas été possible de
les diviser en ordres, en familles, en tribus, en
genres?

M. DERVILLE. — Rien n'est impossible à qui sait
vouloir. Mais c'est bien ici le cas de répéter avec
M. Lamouroux : *La fécondité de la nature fatigue le
naturaliste qui voudrait trouver des caractères tranchés pour distinguer ces êtres qui se lient entre eux
par des nuances insensibles;* et j'ajouterai que si les
classifications sont nécessaires pour aider l'homme

dans ses recherches, elles ne doivent jamais être prises a la lettre. L'œuvre de la Création, mes enfants, est un grand tout qui ne présente rien de heurté, rien de tranché, et toujours et partout se fait sentir la chaîne indestructible qui unit entre eux les êtres organisés, et qui fait de l'univers une unité pleine de grandeur et d'harmonie!... A demain les infusoires »

CHAPITRE V.

Les infusoires. — Généralités. — Les microscopiques. — Les monocles.

Cécile éprouvait une vive impatience de savoir ce que c'était que des infusoires. Elle recourut à son dictionnaire, et du peu de mots qu'elle y trouva, elle conclut qu'on pouvait *faire* à volonté des infusoires en laissant à de l'eau le temps de se corrompre.

Enchantée de sa découverte, Cécile se hâta de la communiquer à son père dès qu'on fut réuni pour la veillée.

« Mon enfant, répondit M. Derville, il n'est plus le temps où l'on croyait que de la corruption pouvaient naître des animaux ou des plantes. Une de ces lois générales et immuables qui régissent l'univers, a soumis tous les êtres, soit animaux, soit végétaux, à venir tout vivants au monde ou bien à sortir d'un germe, produit de leurs espèces respectives ; ainsi l'oiseau, le papillon sortent de l'œuf d'un oiseau, d'un papillon de leur espèce ; l'arbre, la plante sortent d'une graine produite par l'arbre et par la plante de leur espèce. Pour que l'œuf éclose, il faut qu'il soit placé dans des conditions convenables, c'est-à-dire qu'il soit couvé par le soleil, ou par la femelle, ou bien qu'il nage dans l'eau ; pour que la graine donne un arbre, une plante, il faut qu'elle tombe dans de la terre végétale, dans un terrain marécageux, dans de l'eau stagnante, suivant la nature du végétal. Pourquoi donc les infusoires seraient-ils seuls exceptés de cette loi générale et immuable? Si nous cherchons une explication à ce qui d'abord paraît incompréhensible, nous concevons aisément que l'air, toujours chargé de poussière, peut bien l'être des œufs des infusoires aussi ténus que le plus petit grain de poussière ; les plantes que nous mettons à infuser, peuvent bien en recéler, à notre insu, quelques-uns. Un seul fait, mes enfants, va servir à vous montrer comment un petit nombre de jours, parfois un petit nombre d'heures suffit à peupler une goutte d'eau qui aura paru ne renfermer le germe d'aucun corps organisé. Vous savez déjà avec quelle promptitude les hydres se reproduisent par division, c'est-à-dire en coupant, en hachant un seul individu. Qu'un infusoire, doué de cette même faculté de reproduction, et se reproduisant encore par des œufs, soit mis en expérience ; dès le septième ou le dixième jour, suivant l'espèce, vous aurez obtenu un *million* d'individus ; le onzième jour, vous en posséderez quatre millions ; le seizième jour, le nombre de la population se sera élevé à celui de seize millions d'individus.

Cécile. — Ah ! mon Dieu !

M. Derville. — Mettez dans cette eau des substances végétales ou animales qui fournissent une alimentation substantielle, et vous *ferez* un plus grand nombre encore d'infusoires ; non pas comme l'entend Cécile, mais comme on doit l'entendre ;

c'est-à-dire que les infusoires, nageant dans l'abondance, se reproduiront, soit par division, soit par des œufs, jusqu'à des nombres incalculables. Voulez-vous à l'instant les détruire? il est un poison mortel pour les infusoires qui naissent ou vivent dans l'eau douce; une goutte d'eau de mer suffit pour tuer la population entière, à laquelle vous aurez donné impunément les poisons les plus forts, l'arsenic entre autres; et pourtant, dans cette eau de mer vivent les infusoires auxquels la mer doit, en grande partie, le phénomène de la phosphorescence; phénomène que ces animaux, invisibles à l'œil nu, produisent ou font cesser à volonté, comme la classe des acalèphes simples et hydrostatiques.

Amédée. — Mon père, de quelle grandeur, à peu près, sont donc les plus grands infusoires?

M. Derville. — Aucun des infusoires ne dépasse la grandeur d'une ligne.

Amédée. — Une ligne! et ces animaux veulent, se meuvent, respirent, soit d'une façon, soit d'une autre, et digèrent!

M. Derville. — Il en est de plus petits encore, et pourtant les détails de leur organisation n'ont pu échapper aux recherches de l'homme; avec le secours du microscope, un savant Allemand, Ehrenberg, a compté chez quelques-uns jusqu'à cent vingt estomacs.

Cécile. — Est-il possible!

M. Derville. — A l'exemple de Cuvier, c'est d'après l'organisation intérieure de ces animalcules que ce savant les a divisés en deux classes, dont la première renferme vingt-deux familles, subdivisées en genres, et la seconde classe, huit familles également subdivisées.

« Vous vous souvenez qu'à l'aide de substances colorées on est parvenu à *voir*, chez les polypes, les sucs nourriciers se répandre dans l'animal *unique*, comme l'hydre, le polype gris, et dans toute la communauté chez les corinnes, les vorticelles? Eh bien, c'est en recourant au même moyen que M. Ehrenberg est parvenu à découvrir que, dans presque tous les infusoires, l'organe nutritif est composé; et c'est au moyen de ce caractère qu'il les a divisés en classes. D'autres caractères appartenant aux formes extérieures lui ont servi à les subdiviser en familles aussi parfaitement tranchées que peuvent l'être celles des mollusques, par exemple. Ainsi, les uns sont *testacés*, c'est-à-dire qu'ils ont une carapace à la manière des tortues; cette carapace est tantôt dentelée, tantôt cornue, tantôt hérissée de piquants, etc.; d'autres n'ont qu'un écusson, espèce de bouclier qui ne revêt que le dos de l'animal; d'autres n'ont qu'une coque ou enveloppe membraneuse en forme de cloche ou de cylindre, dans l'intérieur de laquelle l'animal peut se retirer complétement; d'autres n'ont que le manteau : vous savez ce que ce mot signifie; d'autres enfin ont une cuirasse bivalve, ou à deux battants, tantôt unie, tantôt striée.

Madame Derville. — Quelle variété, quelle richesse, et aussi quelle puissance de création dans ce monde d'êtres invisibles pour nos yeux!

M. Derville. — Si nous cherchons la manière dont le corps est divisé, nous trouvons trois parties distinctes, la tête, le tronc, la queue. La tête est munie ordinairement de deux yeux; quelquefois elle n'en présente qu'un seul. Le cou manque assez souvent à cette tête, qui se trouve alors immédiatement unie au tronc, mais la bouche n'y manque jamais.

Cécile. — Je le crois bien ! quand il faut fournir de quoi digérer à cent vingt estomacs !

M. Derville. — Chez la plupart, cette bouche est pourvue de dents.

Madame Derville. — Vous figurez-vous, mes enfants, ce que doivent être des dents chez des animaux de la grandeur d'une ligne ! Oh ! qu'elle est infinie la puissance de Dieu !

M. Derville. — Quant à la queue, elle ne forme pas toujours la partie postérieure du corps, quelques infusoires en manquent ; mais chez ceux qui en ont une, cette queue est munie à son extrémité d'une ventouse, au moyen de laquelle l'animal peut s'attacher. Ainsi fixés, les infusoires rotifères communiquent à l'eau, au moyen de leurs organes rotateurs, des mouvements qui amènent à la bouche les autres animalcules dont ils se nourrissent.

Cécile. — Absolument comme les polypes.

Amédée. — Mon père, ces organes rotateurs sont assurément attachés à la tête, autour de la bouche ?

M. Derville. — Oui, mon fils ; et leur forme varie suivant les espèces.

Amédée. — Je ne te demanderai pas, mon père, si les infusoires ont des instincts, parce que je suis sûr à l'avance de la réponse : mais tout cela fait un effet..... un effet.... que je ne peux dire ! Non, jamais peut-être je n'ai si bien senti la grandeur et la puissance de Dieu !

M. Derville. — Vous êtes convaincus maintenant, mes enfants, du moins je l'espère, qu'il ne nous est pas donné de *faire* des infusoires, pas plus que nous ne pouvons *faire* le plus invisible brin d'herbe. Mettre des herbages à tremper dans de l'eau, c'est donc seulement préparer un *milieu* propre à faire éclore l'œuf attaché à ces herbes, ou apporté par l'air, ou mêlé à cette eau que nous jugeons parfaitement pure, parce que, malgré la perfection de nos instruments d'optique, il est des objets tellement atomiques, que notre œil ne peut les apercevoir. Non, mes enfants, la matière ne s'organise point par la réunion ou par la décomposition de plusieurs sortes de matières. Pour être, pour exister, il lui faut un principe de vie; ce principe est renfermé dans un germe, production d'un corps vivant. C'est Dieu qui donne ce principe de vie à l'atome matériel; c'est Dieu qui le rend transmissible; ainsi ce monde invisible, ou plutôt ignoré jusqu'à l'époque de la découverte du microscope, est soumis aux mêmes lois qui régissent tout le règne animal; là aussi, comme chez les espèces vivipares ou ovipares, il faut un père, une mère, un petit vivant ou un œuf. Ainsi, lorsque le froid a glacé l'eau dans laquelle vivaient deux millions d'infusoires, et lorsque, peu de temps après qu'elle a été dégelée, se montre une population nouvelle, cette population ne naît point de la *corruption* produite par les millions d'infusoires que le froid a tués; c'est tout simplement qu'un œuf a échappé aux rigueurs de la glace. Il éclôt dès que l'eau a repris une température convenable, et quelques jours après, vous le savez, une immense population s'agite de nouveau dans l'eau dégelée. Une observation curieuse a été faite; c'est que dans le premier moment où l'eau se congèle, chaque animalcule est entouré d'une petite portion d'eau non glacée qui lui forme comme une cellule. La chaleur propre de l'animalcule produit cet effet, qui cesse promptement, vous devez le comprendre.

Cécile. — Que tout cela est curieux !

Amédée. — Mais, mon père, les rotifères qui se trouvent dans les gouttières et qui ressuscitent par un temps d'orage.....

M. Derville. — Je t'arrête dès les premiers mots, parce qu'il est inutile de répéter une vieille fable. Un rotifère *positivement* mort ne ressuscite pas plus que tout autre animal. Si, sous le sable des gouttières, se conserve un peu d'humidité, le rotifère peut vivre; alors il reparaît, par un temps de pluie, nageant en pleine eau et s'ébattant avec délice; si le sable des gouttières est tout à fait desséché, le rotifère meurt parce qu'il lui faut au moins de l'humidité pour végéter, si ce n'est pour vivre, et il ne ressuscite pas; mais les œufs, de même que la graine des plantes, conservent longtemps, fort longtemps, le principe vital. On a vu des graines recueillies après des siècles, dans quelque tombeau de pierre, se gonfler et germer dès qu'elles étaient mises dans de la terre végétale, puis donner une tige, des feuilles, des fleurs, enfin fructifier; on a vu des œufs d'oiseaux couvés après avoir traversé les mers, éclore et produire des petits; pourquoi ne pas supposer, jusqu'à ce qu'on ait eu des preuves du contraire, que le rotifère qui se montre soudainement dans le sable des gouttières, depuis quelques mois desséché, alors qu'un orage vient d'éclater, est un nouvel individu échappé à l'instant de l'œuf qui le contenait, plutôt qu'un rotifère ressuscité?

Madame Derville. — Parce que, mon ami, on préfère trop souvent tout ce qui n'a pas le sens commun, et tout ce qui flatte l'imagination par son étrangeté, à ce qui ne satisfait que le bon sens et la raison.

Amédée. — Maman dit bien la vérité! Je connais des personnes qui aiment mieux les choses incroyables que les choses vraies.

Cécile. — C'est bon, monsieur! tout le monde n'est pas *raisonnable* comme vous. Mon père, je voudrais bien savoir comment est fait un microscope, au moins à peu près, et l'effet qu'il produit.

Amédée. — Il grossit les objets bien plus que la plus grosse loupe, n'est-ce pas, mon père?

M. Derville. — Oui, mon fils. Tu peux, ma fille, te rendre compte de l'effet du microscope, en regardant la nappe, par exemple, à travers une carafe remplie d'eau.

Cécile. — Ah! je l'ai remarqué l'autre jour; on aurait dit de gros canevas. Mon père, d'où cela vient-il?

M. Derville. — De ce que la carafe pleine d'eau n'est autre chose, pour l'œil qui regarde au travers à l'endroit où elle est le plus bombée, qu'un verre convexe, c'est-à-dire épais dans le milieu, aminci sur ses bords. Tels sont les verres, appelés lentilles, qu'on place au nombre de trois dans un tube assez semblable à la longue-vue que j'ai dans mon cabinet... Mais je n'essaierai pas, mes enfants, de vous décrire un microscope; il y en a de plusieurs formes. La première fois que nous irons à la ville, je vous en ferai voir chez l'opticien, à moins que, d'ici là, celui que j'ai demandé à Paris, à votre intention, ne soit arrivé.

— Oh! que tu es bon, mon petit père! s'écrièrent ensemble le frère et la sœur, qui sautèrent au cou de M. Derville.

— Ainsi nous pourrons voir des infusoires! ajouta Amédée avec une figure rayonnante.

M. Derville.—Nous pourrons voir une foule de choses bien curieuses quand nous aurons appris à nous servir de cet instrument. J'ai demandé celui de Raspail; c'est le plus simple : il suffit à des amateurs.

Amédée. — Mon père, où chercherons-nous des infusoires pour les regarder au microscope?

M. Derville.—La colle de pâte nous fournira des anguilles blanches bordées d'une ligne bleue; le vinaigre nous montrera des vibrions; l'eau verte du jardin nous donnera des milliards de monas, de crytomonas glauca, etc.

Amédée.—Oh! que je voudrais retrouver, quand nous aurons un microscope, ces petites bêtes qui m'ont un jour empêché de boire un grand verre d'eau au moment où j'avais tant de soif! Leurs pattes étaient très-visibles, et ces petites bêtes portaient sur la tête, en outre de deux antennes ou filets, un point noir brillant comme du jais.

Cécile.—Pourquoi ne me les as-tu pas montrées, mon frère?

Amédée.—Parce que, dans ce temps-là, nous ne songions ni toi ni moi à nous occuper d'histoire naturelle. Il fallait voir comme elles couraient dans l'eau, car elles ne nageaient pas. Il s'en trouvait d'assez grosses, de petites et d'autres à peine visibles.

Ah! quels citoyens actifs ! J'avais pris ce verre d'eau à la fontaine, du coté où l'eau n'est pas filtrée.

CÉCILE. —On pourra peut-être en avoir encore.

M. DERVILLE. —Le bassin de pierre du jardin nous en fournira, ma fille ; car je présume que les animalcules dont parle ton frère devaient être des monocles. Cette espèce étant une de celles qui ont été le mieux observées, nous pouvons prendre par elle une idée de ce qui se passe chez les infusoires, soumis, comme tous les insectes, aux lois d'une métamorphose partielle ou complète , ou bien à des mues successives qui altèrent, qui changent même totalement la forme que présentait l'animal à sa sortie de l'œuf.

AMÉDÉE. —Mais, mon père, cette métamorphose n'a pas lieu du moins pour les organes intérieurs! c'est impossible !

M. DERVILLE. —Rien n'est impossible à celui qui transforme en mouches destinées à vivre dans l'air une heure ou deux, les nymphes des éphémères qui ont jusque-là vécu dans l'eau ! Ces mouches à peine visibles, et si belles quand on les observe au microscope, semblent éclore par milliers au bord des rivières vers la mi-août. Il est vraisemblable que le changement n'est pas aussi complet chez les infusoires qui continuent de vivre dans le milieu où ils sont nés ; jusqu'à ce qu'on ait pu s'en assurer, revenons aux monocles, qui muent bien certainement et qui acquièrent quelque chose à chaque mue.

« La première a lieu dix-neuf à vingt jours après leur sortie de l'œuf. Elle s'annonce par l'immobilité de ces petits animaux, d'ordinaire si bougeants. On les voit s'attacher aux parois du verre où on les retient captifs, comme ils s'attachent probablement, lorsqu'ils sont en liberté, aux plantes aquatiques et aux cailloux. Le travail de la mue paraît les fatiguer ; mais ils y gagnent une queue. La seconde mue change sensiblement leur forme ; à la troisième, ils sont armés de pied en cape ; ils ont un test, ou coquille, deux antennes qui présentent autant de panaches composés de fils déliés, et, sur la tête, un œil noir brillant comme une escarboucle.

AMÉDÉE.—Rien qu'un œil, mon père ?

M. DERVILLE.—Oui, mon fils.

CÉCILE.—Ah ! voilà les cyclopes dont mon père nous a déjà parlé !

AMÉDÉE.—Alors, mon père, quelle est donc la forme du monocle à la sortie de l'œuf ?

M. DERVILLE. —Il est presque sphérique et sans pattes ; ce qui ne l'empêche pas d'être aussi actif, aussi bougeant que père et mère.

CÉCILE.—Voilà une chose que je ne puis comprendre. Comment fait-il pour nager ou pour courir dans l'eau ?

M. DERVILLE.—Tu le comprendras, ma fille, lorsque tu auras vu, au microscope, *gros comme la tête d'une épingle* de cette matière verte qui couvre les eaux dormantes. Examinée à l'œil nu , elle paraît immobile ; observée au microscope, elle fourmille d'animalcules oblongs ou ronds, dont le corps transparent laisse voir des grains ou globules verts plus ou moins nombreux ; ces animalcules nagent ou courent de tous les côtés sans nageoires, sans pieds ni pattes.

AMÉDÉE.—Mais ceux-là, mon père, ne sont point soumis à la métamorphose ?

M. Derville.—Il est probable que la loi est générale pour les infusoires comme elle l'est pour tous les insectes.

« J'ajouterai, au reste, que la forme des monocles femelles subit une altération notable lorsque les œufs commencent à paraître en deux grosses grappes retenues à la partie inférieure du corps. C'est alors un animal *monstrueux* et dont quelque novice pourrait bien avoir la prétention de faire *un genre* à part. Peu à peu les œufs se détachent à la maniere d'un épi de millet qui s'égrène ; ils tombent au fond de l'eau, et c'est là qu'ils éclosent.

Amédée.—Il y a une chose que je voudrais bien savoir, c'est si les infusoires respirent par des branchies, ou bien s'ils ont, comme les insectes avec lesquels ils présentent tant de points de ressemblance, des trachées et de tout petits vaisseaux à air. Oh! ces vaisseaux doivent être si petits, qu'il n'est pas possible de se les figurer! mais pas du tout!

— Je vous donne jusqu'à demain, mes enfants, dit M. Derville, pour décider vous-mêmes la question. Vous le pouvez sans que je m'en mêle ; à moins que vous ne m'ayez pas écouté, et que vous n'ayez jamais réfléchi sur les notes que vous avez prises. »

Le frere et la sœur se regardèrent.

« Ils ont des branchies, murmura Cécile à l'oreille d'Amédée, puisqu'ils vivent dans l'eau.

—Sans aucun doute, répondit M. Derville qui l'avait entendue. Mais en voilà assez pour ce soir. »

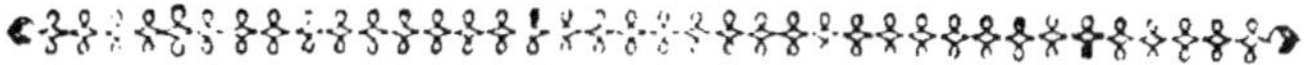

CHAPITRE VI.

**Dernier anneau de la chaîne du règne animal. —
Récapitulation.**

—

« Mon père, dit Amédée le lendemain, j'ai réfléchi à une chose, en relisant mes cahiers qui m'ont rappelé tout ce que tu nous as dit sur l'organisation des différentes espèces : c'est que tous les animaux, sous certains rapports, se ressemblent.

CÉCILE. — Ah! par exemple!

AMÉDÉE. — Mais sûrement, ma sœur! Il leur faut à tous un appareil pour la respiration, pour la circulation.

CÉCILE. — Mais ceux qui n'ont pas de circulation?

AMÉDÉE. — De circulation du sang, achève donc; eh bien, chez ceux-là on trouve la circulation de l'air : ainsi tu vois bien qu'il faut que quelque chose circule, le sang ou l'air; et il leur faut aussi un appareil pour la nourriture.

M. DERVILLE. — Pour la nutrition. Continue, mon fils.

AMÉDÉE. — La seule différence, c'est donc que ceux qui vivent dans l'air respirent par des poumons ou par des trachées, et que ceux qui vivent dans l'eau respirent par des branchies. Voilà tout, et ce n'est pas bien difficile à retenir.

CÉCILE. — Pourtant, tu n'as pas pu t'en souvenir hier soir.

AMÉDÉE. — C'est vrai, ma sœur. C'est que, vois-tu, je n'ai pas l'esprit aussi prompt que toi.

CÉCILE. — Oh! mais, moi, je n'aurais pas tiré de tout ce que mon père nous a dit une idée aussi claire.

M. DERVILLE. — Je conclus donc qu'Amédée et Cécile se rangent de l'opinion de Leibnitz, qui voit partout LA VARIÉTÉ DANS L'UNITÉ.

— Oui, mon père, dit Amédée, après un moment de réflexion. C'est bien cela.

CÉCILE. — Je ne comprends pas très-bien.

M. DERVILLE. — Le célèbre botaniste Turpin va nous aider à comprendre. Voici ce qu'il a dit dans un mémoire sur les animalcules qui forment comme le dernier échelon, ou plutôt comme le dernier anneau de la chaîne du règne animal, ou comme la transition de ce règne au règne végétal :

« A mesure que nous avançons dans la connais-
« sance des êtres organisés ; à mesure que nous les
« comparons mieux les uns aux autres, soit dans
« leur tout, soit simplement dans leurs parties,
« nous acquérons de plus en plus cette conviction,
« que tous sont en plein rapport, en pleine analo-
« gie ; que tous n'offrent entre eux que des grada-
« tions insensibles ; que tous s'expliquent les uns
« par les autres ; et qu'enfin, le seul merveilleux
« qu'ils présentent, se trouve dans le plan unique
« d'organisation auquel tous sont assujettis de ma-
« nière à ne présenter, dans leur étude, que distinc-
« tions d'une part, et ressemblances de l'autre. »

Cécile. — Oui, oui, je comprends, et c'est bien vrai.

M. Derville. — Ainsi donc, pour qui observe et réfléchit, il est facile de passer du connu à l'inconnu; et nous qui sommes pourtant bien ignorants encore, nous pouvons cependant *deviner* au moins l'organisation des êtres du règne animal que nos yeux ne peuvent voir sans le secours du microscope, et *reconnaître*, avant même que la science nous l'apprenne, quels doivent être les caractères principaux des microscopiques; de ces principaux caractères, nous déduisons leurs mœurs, leur industrie. N'avons-nous pas déjà *reconnu* que tout le règne animal *visible* nous présente des carnassiers, des herbivores, des rongeurs, des suceurs? Les mœurs, l'industrie des uns et des autres ne nous mettent-elles pas sur la voie pour *deviner* l'industrie, les mœurs de ce monde d'invisibles qui peuple l'air, la terre et l'eau?

Cécile. — Comment, mon père, il y a des infusoires ailleurs que dans l'eau?

Amédée. — Tu veux dire, ma sœur, des microscopiques?

M. Derville. — Ou microzoaires. Oui, ma fille. Un grand nombre d'insectes, sur la terre, une foule de moucherons, habitants de l'air, sont aussi bien des êtres invisibles, (autrement qu'au microscope) que les infusoires ainsi nommés primitivement par suite de la vieille erreur qui les fit regarder longtemps comme le produit de *l'infusion* des plantes dans n'importe quel liquide; la classe des testacés, entre autres, en présente par milliers. On compte, je crois, vingt mille espèces de coquillages microscopiques, et le règne

11.

végétal n'est pas moins riche en végétaux microscopiques de la plus grande beauté. Mais revenons à
ce que je vous disais tout à l'heure de ce plan d'organisation unique qui n'offre. d'une part, que distinctions, et, de l'autre, que ressemblances.

«Si un appareil respiratoire différent est nécessaire
à l'animal qui vit dans l'air et à l'animal qui vit dans
l'eau, bien certainement l'estomac, les viscères. les
intestins, en un mot l'appareil de la nutrition
ne peut être le même pour le carnassier et pour
l'herbivore; mais on retrouve les mêmes rudiments
dans les animaux microscopiques qui se nourrissent
de proie vivante ou morte, et dans ceux qui se nourrissent de végétaux , de même qu'on retrouve chez
eux les rudiments au moins de l'appareil circulatoire, quand il y a circulation du sang et non pas
seulement de l'air, et les rudiments des trachées
quand il n'y a que circulation de l'air.

AMÉDÉE. — Vois-tu, Cécile, comme tout cela s'é-
claircit?

MADAME DERVILLE. — Et comme tout cela s'en-
chaîne!

M. DERVILLE. — L'actinie monstrueuse et le polype microscopique n'ont également qu'une bouche
entourée de tentacules, et un sac dans lequel s'opère
la digestion Après avoir observé l'actinie, après l'a-
voir vue agiter l'eau autour d'elle pour établir les
courants qui lui amènent sa proie , les savants de
l'époque où les polypes furent reconnus pour être des
animaux et non point des plantes, auraient pu se
trouver sur la voie si, dès lors, ces *ressemblances*
d'organisation avaient été clairement établies comme
elles le sont aujourd'hui.

AMÉDÉE. — Oh! certainement!

M. DERVILLE. — Mais on se perdait dans les différences de formes; quelques savants s'y perdent encore de nos jours. Nous qui suivons, autant que nos petites jambes peuvent nous le permettre, les pas de géant de Cuvier, nous *devinons*, nous comprenons que le mouvement rapide des cils vibratiles qui entourent les lobes dont se compose la tête des rotifères, ont le même but; nous allons plus loin, car nous savons que l'appareil respiratoire des animaux aquatiques, qui affecte les formes les plus bizarres, sert à quelques-uns de rames, comme chez les nymphes des éphémères; et, par suite de rapports scientifiquement et raisonnablement établis, nous pouvons supposer que ces espèces de roues auxquelles le rotifère doit son nom, pourraient bien être, non-seulement des tentacules, mais encore des branchies.

AMÉDÉE. — Oh! que tout cela est curieux et intéressant, ma sœur!

CÉCILE. — Mon père, les infusoires aussi ont une volonté, n'est-ce pas?

M. DERVILLE. — Tout ce qui se meut a une volonté, mon enfant, des désirs, des passions; tout ce qui se meut aime à vivre, et joint au sentiment du danger la volonté de l'éviter. La goutte d'eau, chargée d'animalcules, qu'on place entre deux petites lames de verre pour l'examiner au microscope, est un *océan* dans lequel ces animalcules se meuvent à l'aise; mais la lumière, étant toujours accompagnée de chaleur, fait évaporer cet océan dans les endroits où la goutte d'eau comprimée, qui le compose, est très-réduite: ce sont autant d'*îlots* que les infusoires fuient avec épouvante; car pour eux, la mort est sur ce *terrain* desséché. Voilà donc deux sentiments bien distincts chez eux : l'amour de la vie et la peur de la mort, en même temps la *volonté* de l'éviter ; volonté qui n'est pas toujours purement instinctive. Veut-on voir leurs *passions* s'allumer? Il suffit de mêler à cette première goutte d'eau une autre goutte d'eau prise dans un lieu différent. Aussitôt se déclare une guerre à mort entre les habitants des deux *océans.* Ce sont des *peuples,* jusqu'alors *inconnus* l'un à l'autre, qui sont mis en présence ; la haine *nationale* se fait sentir, ou seulement, peut-être, la crainte de manquer d'eau, de manquer de gibier ; peu importe la *passion,* peu importe si l'instinct carnassier agit seul ; mais la paix a disparu. On se bat, on se déchire ; le *sang* coule ; oui, le sang coule, car l'eau se colore, et l'observateur conclut... que quelques-uns au moins des combattants possèdent, de même que les grands animaux, un système double de circulation, puisque le sang veineux ne se colore que parce qu'il est chassé par le cœur dans les branchies d'où les artères le ramènent, en passant par le cœur, dans tous les autres organes.

Amédée. — J'espère que voilà une preuve sans réplique de ce que mon père vient de nous dire tout à l'heure !

Cécile. — Alors, mon père, on a pu classer les animaux microscopiques comme on avait classé déjà les grands animaux?

M. Derville. — Je crois, ma fille, te l'avoir déjà dit.

Cécile. — Ainsi, l'on sait quelle est la dernière famille, mais absolument la dernière du règne animal?

M. Derville. — L'homme ne sait rien d'une manière *absolue*; chaque jour lui apporte une connaissance nouvelle ou bien un aperçu nouveau qui vient renverser de fond en comble un système soigneusement établi. Mais il *paraît*, d'après les recherches microscopiques du savant Turpin, que les infusoires désignés par le nom de *naviculaires*, à cause de la forme en *navette de tisserand* que présentent ces singuliers animaux, sont le dernier degré de l'échelle animale. On trouve, en effet, dans la navicule, quoiqu'à un degré peu éminent, ce qui distingue particulièrement l'animal du végétal, c'est-à-dire le mouvement ou la faculté de se mouvoir à volonté. Ce mouvement volontaire se réduit à bien peu de chose chez la navicule, mais enfin il existe, et il a lieu, sans aucun doute, pour satisfaire les besoins que l'animal éprouve Ainsi, l'on voit les navicules s'avancer en glissant, reculer ensuite, ou se retourner pour continuer leur marche dans le même sens, enfin se fixer sur quelque corps par l'une de leurs extrémités, s'y mouvoir en se balançant de côté, ou bien en basculant de bas en haut, et c'est tout.

Cécile, *en riant*. — Bien certainement, les navicules n'ont pas de sang dans les veines !

M. Derville. — Les navicules, de même que beaucoup d'autres infusoires, ne présentent qu'une sorte de poche ou sac diaphane tantôt de forme ronde, tantôt de forme plus ou moins allongée, qui laisse apercevoir un plus ou moins grand nombre de globulins auxquels ces animalcules singuliers doivent leur coloration. Les eaux vertes du bassin de pierre du jardin nous donneront d'autres animalcules au corps transparent, colorés en vert par les globulins qu'on distingue à l'intérieur, et nous verrons ici une rapidité de mouvement surprenante ; mais si nous recueillons sur la surface de la vase, à mer basse, la plus petite partie possible d'une matière presque huileuse, de couleur brun marron, et que nous la placions sous le microscope, nous verrons des navicules au corps diaphane, coloré par les globulins jaunes que renferme cette enveloppe transparente, et nous assisterons au *fantôme* de mouvements volontaires, si je puis m'exprimer ainsi, qui est le dernier terme de l'échelle ou le dernier anneau de la chaîne qui unit le règne végétal au règne animal.

Amédée. — Comment, mon père, la *crasse* laissée par les eaux douces ou salées se compose d'animalcules ?

M. Derville. — Je vous l'ai déjà dit, mes enfants, la vie est partout ; partout le principe vital se manifeste, soit à l'état animal, soit à l'état végétal ; partout, ce que nous appelons vaguement la nature travaille, produit, reproduit ; et à mesure qu'un corps se désorganise, des milliers d'autres corps se développent, parce que cette prétendue désorganisation de la matière n'est qu'un changement qui place des germes jusqu'alors ignorés, jusqu'alors invisibles, dans un milieu qui leur convient ; ils y éclosent, ils grandissent, ils fructifient et se reproduisent à leur tour.

Cécile. — Il me semble, mon père, qu'on pourrait faire des contes de fées avec de l'histoire naturelle ?

Amédée. — Sans doute on le pourrait ; mais moi

je préfère l'histoire naturelle telle qu'elle est. Songe donc, ma sœur, quel travail ce serait que de débrouiller la vérité d'avec le mensonge! Vois un peu l'hydre de Lerne et la véritable hydre verte! les cyclopes géants et le monocle microscopique! Sais-tu que pour lire ces contes-là, et y comprendre quelque chose, il faudrait être soi-même très-instruit!

CÉCILE. — Tu as raison, au moins, et je n'y pensais pas!

AMÉDÉE.—Si, par exemple, quelqu'un racontait qu'*il y avait une fois* une armée innombrable de guerriers terribles à laquelle un enchanteur donna un beau matin des ailes, et qu'alors les combattants, s'élevant dans les airs, se montrèrent encore plus ardents, plus belliqueux que lorsqu'ils combattaient sur la terre; qu'un autre enchanteur arrivant, fit tomber toutes les ailes, et que les combattants, devenus aussi poltrons que la veille ils étaient courageux, s'éparpillèrent et finirent par se faire tous maçons, qui pourrait deviner quels sont les animaux dont il s'agit?

CÉCILE. — Oh! ce n'est pas moi.

MADAME DERVILLE. — Tu plaisantes, ma fille!

CÉCILE. — Non, maman, je t'assure.

AMÉDÉE. — Comment! tu as si promptement oublié les termes belliqueux? Ah! ma sœur!

CÉCILE.—Ah! que je suis étourdie! j'aurais dû deviner cela!... décidément, je me range de ton avis, mon frère, et je préfère l'histoire naturelle au... naturel.

M. DERVILLE. — Mais *rehaussée* d'un peu de science, n'est-il pas vrai, mes enfants?

Amédée. — Oui, mon père.

M. Derville. — Cécile ne paraît pas être très-convaincue des *agréments* de la science.

Cécile. — C'est que.. ... tout cela est difficile à retenir.

M. Derville. — Je parie que pourtant tu te souviens d'une foule de choses à la fois scientifiques, amusantes et curieuses?

Cécile. — Je ne crois pas, mon père.

M. Derville. — Essayons de faire une petite récapitulation en partant du premier embranchement du règne animal; mais d'abord la grande division, celle des...

Amédée. — Des vertébrés et des invertébrés. Va donc, Cécile! La première contient quatre classes...

Cécile. — Oui, oui, les mammifères, les oiseaux, les reptiles et les poissons.

M. Derville. — Leur organisation, je te prie?... Tu hésites? Leurs caractères, si tu l'aimes mieux?

Cécile. — Amédée sait tout cela sur le bout du doigt, mais non pas moi.

Amédée. — Les mammifères? des petits vivants, un cœur... un cœur...

M. Derville. — Un cœur à deux ventricules, ou cavités, des poumons, le sang chaud, un cerveau volumineux. A toi, Cécile, les oiseaux?

Cécile. — Les oiseaux.... Non, c'est trop difficile.

Madame Derville. — Courage donc!

Cécile. — Ils ont un cœur aussi, des plumes; ils pondent des œufs...

Amédée. — Ils sont ovipares, ils ont des os creux, leurs poumons sont grands, et comme l'air pénètre dans tout leur corps, leur sang est encore plus chaud que celui des mammifères.

M. Derville. — Comment les divise-t-on en ordres? d'après quels caractères?

Amédée. — D'après leurs pattes.

M. Derville. — Et en familles d'après leur bec et la forme de leur sternum ou bréchet. Maintenant, les reptiles. Allons, Cécile! Tu sais que l'appareil de la respiration et celui de la circulation jouent le premier rôle dans la classification.

Cécile. — Pour ceux-ci, je me souviens que leur circulation est incomplète; ce mot m'a frappée. Pourtant, ils ont le sang rouge.

M. Derville. — Cette circulation est incomplète, parce que le cœur n'a qu'un seul ventricule; de sorte que le sang, qui revient des poumons par les artères, après avoir respiré, s'y mêle au sang veineux avant de se répandre dans tout le corps de l'animal, ce qui n'a point lieu chez les deux premières classes des vertébrés.

Cécile. — Je me souviens aussi qu'ils ont le sang froid, et c'est pour cela que leurs mouvements sont lents.

Amédée. — Vois-tu, ma sœur, que tu retrouves pourtant quelque chose dans ta mémoire lorsque tu le veux!

M. Derville. — Et la respiration, comment se fait-elle chez les reptiles?

Cécile. — Amédée, vivent-ils tous sur la terre?...

Mon père, ils ont des poumons ; ceux qui sont aquatiques viennent respirer à la surface de l'eau.

M. Derville. — En es-tu bien sûre ? Je t'engage à revoir tes notes à ce sujet. La quatrième classe, Amédée ?

Cécile. — Celle des poissons ? Oh ! pour ceux-là, ils respirent par des branchies...

Amédée. — Ce n'est pas toi que mon père interroge. Ils ont aussi un cœur imparfait ; ils sont ovipares ; leur sang est rouge, mais froid. On les divise en deux classes, celle des osseux et celle des cartilagineux, et ensuite on les subdivise en ordres et en familles par leurs nageoires.

Cécile. — Maintenant, les invertébrés : en premier, les mollusques ; ils ont des branchies, leur sang est blanc....

Amédée. — Tous les mollusques n'ont pas de branchies, ma sœur ! L'escargot, la limace ont des poumons.

Cécile. — Et un pied placé sous le ventre ou maître gaster ; car ce sont des gastéropodes.

Amédée. — Il y a six ordres dans la classe des mollusques. C'est la manière dont leurs pieds sont placés qui a servi à les distinguer entre eux. Et les articulés, Cécile ?

Cécile. — Oh ! pour les articulés, je ne peux me les mettre bien dans la tête.

Amédée. — D'abord, les annélides ou vers à sang rouge, ensuite les crustacés, puis les arachnides ; enfin les insectes, les admirables insectes, si beaux et si étonnants avec leurs métamorphoses !

Cécile. — Et pour terminer, les rayonnés, non moins merveilleux, mon frère !

Amédée. — Ils ne le sont pas autant que les insectes. Mais il y a encore une classe après celle des rayonnés.

Cécile. — Laquelle donc?

Madame Derville. — Ah! ma fille, que ta mémoire est courte!

Amédée. — De quels animaux mon père nous a-t-il parlé hier et ce soir encore?... Des infusoires, ma sœur!

— Que je suis étourdie! s'écria Cécile.

— Personne ne te démentira, dit M. Derville.

Les notions que vous possédez maintenant, mes enfants, sont bien incomplètes, et pourtant vous êtes des *puits de science* en comparaison de ce que vous étiez lorsque nous avons commencé à nous occuper d'histoire naturelle. Vous savez, du moins, comment vous y prendre pour tirer quelque parti d'un livre d'histoire naturelle qui pourrait tomber en vos mains, et vous avez acquis une idée générale de la méthode établie par Cuvier après des siècles d'erreur; c'est quelque chose.

Amédée. — Oh! c'est beaucoup, mon père, je l'ai bien éprouvé déjà!

Cécile. — Et moi aussi; mais cela n'empêche pas que l'étude ne soit difficile! J'ai beau faire, je me perds toujours dans ces classes, ces ordres, ces familles...

M. Derville. — Ce qui te paraît difficile, mon enfant, te deviendra doux et facile un jour, et alors tu remercieras tes parents de t'avoir appris à aimer le travail et à demander à l'étude ce que toujours elle donne, des plaisirs inépuisables et purs.

« Mettez en ordre vos cahiers, mes enfants ; ensuite apportez-les-moi. Nous les reverrons ensemble, et la semaine prochaine, nous commencerons nos excursions dans le règne végétal.

Cécile. — Je suis sûre qu'il m'intéressera davantage que le règne animal, car j'aime tant les fleurs !

M. Derville. — Tu les aimeras davantage lorsque tu auras suivi les travaux de la germination, du développement des racines, des premières feuilles, de la tige , des boutons, des fleurs, des fruits, et là aussi tu trouveras de nouvelles occasions d'admirer la toute-puissance du Créateur ; elle se fait connaître jusque dans la *vile* poussière que tu foules aux pieds.

« Dans quelques siècles, cette poussière, pressée, comprimée, travaillée par le temps, deviendra, peut-être, l'une des pierres qu'on emploiera à bâtir un palais. Car, mon enfant, tout est beau au-dessus de nos têtes, autour de nous , sous nos pieds ; tout est travail continuel ; rien n'est négligé, rien n'est inutile. Au centre du globe, comme sur sa surface, la force productive appelée *nature* ne demeure jamais dans l'inaction. Nous venons d'en trouver des preuves dans la matière organisée, vivante et *bougeante ;* la nature végétale nous en fournira d'autres, et ce qu'on appelle la nature morte, le règne minéral nous en apportera de non moins concluantes. Les eaux souterraines, les feux souterrains, les sources brûlantes de naphte et de bitume, produisent les merveilles auxquelles l'homme a donné les noms d'or, d'argent , de pier-

res précieuses, de marbres, de diamants ; au sein
de la terre se forment aussi le fer, le cuivre, la
houille ; et ainsi, partout, la bonté de Dieu, sa grandeur se manifestent d'une manière visible. A demain, mes enfants. Je vous le répéterai sans cesse :
travaillez, étudiez, réfléchissez, éclairez votre intelligence, développez votre raison ; ce sera vous mettre en état d'offrir un hommage plus respectueux
et plus digne au Créateur de l'univers ! »

LES
VÉGÉTAUX

CHAPITRE PREMIER.

Les fondateurs de la botanique. — Démocrite. — Empédocle
— Anaxagore. — Hippocrate. — Endème. — Hippon. —
Théophraste. — Tournefort. — Linné. -- Laurent de
Jussieu. — Géographie botanique.

« Comment voulez-vous , mes enfants, que je ré-
ponde à tant de questions à la fois? demanda M. Derville en riant. Amédée souhaite de savoir quels sont
les fondateurs de la science appelée *botanique;* et
Cécile prétend apprendre en une heure, et, tout ensemble, les noms et les caractères principaux qui distinguent chacune des soixante mille espèces de végétaux connus jusqu'à ce jour ! »

Le frère et la sœur se regardèrent d'un air interdit,
et tous deux répétèrent : « Soixante mille végétaux
connus !

Figuier du Bengal.

Arbre à Pain.

—Tout autant qu'il y a d'espèces d'insectes, ajouta Amédée.

— Mon père, reprit Cécile, comme je savais que tu devais nous parler des végétaux, je me suis mise à examiner quelques-unes des plantes du jardin ; et il m'est venu à l'esprit, entre autres pensées, que s'il a été possible de classer les animaux d'après leur organisation, ce n'est pas possible pour les végétaux.

M. Derville. — Comment cela, ma fille ?

Cécile. — Mais, mon père, il n'y a ici ni cœur, ni poumons, ni branchies d'abord, et ensuite il n'est pas question de petits vivants ni d'ovipares, ni de carnassiers, ni d'herbivores. Les végétaux, que ce soient des fleurs ou des arbres, portent tous de la graine ; ils ont tous des racines enfoncées dans la terre ; ils vivent tous de la même manière : il est donc difficile et presque impossible de les distinguer entre eux par leur organisation.

M. Derville. — Tu trouves peut-être aussi que les arbres et l'herbe c'est tout un ; que les fleurs du rosier sauvage et celles de l'ortie se ressemblent ; que le feuillage du chêne et celui du chou sont également du feuillage, et voilà tout ?

Cécile. — Non, mon père ; pour croire une chose comme celle-là, il faudrait être aveugle.

Amédée. — Et puis, ma sœur, n'y a-t-il pas des plantes qui vivent dans l'eau, qui fleurissent dans l'eau, qui fructifient dans l'eau ? Certainement l'organisation de celles-là ne ressemble pas à l'organisation des autres plantes.

Cécile. — Ah ! c'est vrai.... Mais celles-là encore se reproduisent... par des graines...

Madame Derville. — Les plantes se reproduisent aussi par des boutures et des caïeux.

M. Derville. — Afin de t'empêcher, mon enfant, de nous prêter à rire par la prétention que tu montres de trancher sur un sujet absolument nouveau pour toi, je vais te dire en peu de mots comment les anciens Grecs, selon toute apparence, furent les premiers à reconnaître l'organisation générale des végétaux ; tu pourras alors parler avec une certaine connaissance de cause de ce dont, pour le moment, tu me parais ne pas te douter du tout. »

Cécile rougit et détourna la tête.

« Ainsi, mon père, s'écria Amédée, les Grecs furent les premiers observateurs, et, par conséquent, les fondateurs de la science appelée *botanique?*

M. Derville. — On peut dire, mon fils, que les *premiers* observateurs des phénomènes et des productions de la nature, en quelque genre que ce puisse être, ont été les peuples pasteurs : ceci se comprend, je pense, sans qu'il soit besoin d'explication.

Amédée. — Oui, certainement. Ils ont dû observer leurs troupeaux, les animaux qui leur étaient nuisibles, les plantes qui les nourrissaient le mieux, de même que les bergers, pour se guider, observaient les astres.

M. Derville. — A mesure que les nations se civilisent, les besoins deviennent moins matériels; des hommes doués d'une intelligence plus développée que les autres, et possédant des loisirs, sentent le désir de regarder ce que, jusqu'à eux, on s'était contenté de voir à peu près ou en passant, et ils jettent, par leurs observations, les fondements sur lesquels s'élèveront dans la suite les sciences naturelles. Ainsi ont fait Démocrite, Empédocle, Anaxagore; et, après eux, Hippocrate, Endeme et Hippon.

MADAME DERVILLE. — J'ai cru longtemps que c'était aux sages de l'antique Égypte, qu'on regarde comme le berceau de toutes les sciences, qu'il fallait attribuer les premières observations en fait de botanique?

M. DERVILLE. — Tout concourt à prouver, ma chère amie, que, sur presque toute la terre, quoiqu'à différentes époques, les plantes ont été l'objet de bien des recherches; mais l'histoire n'a transmis jusqu'à nous, parmi les noms des hommes qui se sont illustrés en ce genre chez des nations jadis civilisées et aujourd'hui retombées dans la barbarie, que les noms de Démocrite et d'Empédocle. Les *premiers*, ils ont enseigné à leurs disciples que la graine est l'*œuf végétal* d'où la plante sort, d'après ces mêmes lois générales auxquelles est soumise la reproduction de l'animal contenu dans un œuf. Anaxagore a reconnu *le premier* que les feuilles absorbent et exhalent tour à tour l'air; Hippocrate a *le premier* découvert, dans les différentes parties d'une même plante, des propriétés médicales tout à fait opposées : découverte confirmée par les expériences d'Endeme; et enfin Hippon a *le premier* observé l'influence exercée sur la forme et les productions des végétaux par la culture.

CÉCILE. — Alors, mon père, les feuilles sont donc comme les *poumons* des plantes?

AMÉDÉE. — Ou bien comme leurs stigmates, et aussi comme leurs branchies pour celles qui vivent dans l'eau, n'est-ce pas, mon père?

M. DERVILLE. — Vous voilà lancés sur la même

route que Théophraste, le disciple chéri d'Aristote.
Il arriva de même que vous, un beau jour, à la
pensée que les organes généraux et essentiels des
plantes peuvent bien offrir un rapport remarquable avec ceux des animaux, rapport qui n'est pas
une ressemblance complete ou identique, entendez-
vous bien? De là le nom d'*œuf végétal* qu'il imposa
à la graine, nom qui parait parfaitement appliqué,
puisqu'une partie de ce qui compose la graine, la
partie farineuse, sert à la nourriture de l'embryon
végétal, de même que le jaune de l'œuf sert à la
nourriture du petit poulet jusqu'au moment où celui-ci cassera sa coquille. Mais le jaune de l'œuf est
entièrement absorbé lorsque le petit poulet sort de
sa prison : tandis que la partie farineuse de l'œuf
végétal ne l'est pas, lorsque l'embryon sort de son
enveloppe pour élever au-dessus du sol, soit une
tigellule toute nue, soit une tigellule avec une, deux
ou plusieurs feuilles primitives appelées cotylédons,
et lorsqu'enfin il enfonce dans le sol sa radicule.
Théophraste reconnut encore, avec Anaxagore, que
si les racines pompent dans la terre les sucs nourriciers, les feuilles ne sont pas moins nécessaires pour
pomper les sucs également nourriciers que contiennent les vapeurs qui circulent dans l'atmosphère ;
pour extraire de l'air atmosphérique l'oxygène ou air
vital qui ravive la séve, de même qu'il ravive le
sang, et enfin pour débarrasser la plante, par le
moyen d'une transpiration plus ou moins prononcée, des parties inutiles à sa nutrition.

CÉCILE. — Alors, mon père, si l'on ôtait toutes
ses feuilles à un arbre, on le ferait donc périr?

M. DERVILLE. — Oui, ma fille.

Amédée. — Et les racines?

M. Derville. — N'allons pas si vite! Vous êtes l'un et l'autre d'une impatience qui ne vaut rien du tout en fait d'étude et de science. Théophraste, j'en suis certain, ne dut qu'à des expériences répétées ces découvertes sur lesquelles vous êtes disposés à passer légèrement pour courir à d'autres. Il reconnut aussi, des premiers, que les fleurs s'épanouissent à des époques déterminées pour chaque espèce; que celles qui sont doubles ne portent point de fruits; que toutes les autres en donnent, soit fruit pulpeux ou amande dépouillée de pulpe; que chez le figuier, le fruit se montre sans avoir été précédé par aucun appareil de floraison, et que les mousses et les fougères ne portent point de fleurs, c'est-à-dire de corolles.

Madame Derville. — J'ai eu plus d'une occasion de faire cette remarque, en ce qui regarde la fougère; mais j'avais cru, jusqu'à présent, m'être trompée, ou bien n'avoir pas vu la plante à l'époque de la floraison.

M. Derville. — Théophraste, continuant ses observations, se mit à examiner les écorces.

Cécile. — Ah! moi, je n'y aurais peut-être pas pensé; et pourtant l'écorce, c'est comme la peau de la plante... Dans les arbres, elle est dure de même que chez les crustacés; c'est encore là un rapport entre les animaux et les plantes, n'est-ce pas, mon père?

M. Derville. — Il me le semble ainsi; mais je ne me sens pas assez instruit pour décider affirmativement que ce rapport soit complet. Quoi qu'il en puisse être, Théophraste vit ce que nous voyons encore aujourd'hui, que, chez les espèces herbacées, l'*écorce* est un simple épiderme qui recouvre un tissu cellulaire plus ou moins épais et presque toujours succulent, et que, chez les espèces ligneuses, l'écorce plus épaisse est lisse ou raboteuse; mais, quoique souvent fendillée et presque déchirée par lambeaux, elle n'en est pas moins importante pour l'existence du végétal, car un grand nombre de porosités, appelées pores corticaux, servent à l'absorption des fluides répandus dans l'atmosphère, et qui doivent concourir à la nutrition de l'arbre ou de la plante.

AMÉDÉE. — Il fallait que Théophraste fût un fier homme pour avoir trouvé tout cela à lui seul !

M. DERVILLE. — Théophraste était un de ces hommes dont le génie devance l'expérience apportée par les siècles, et dont les découvertes se trouvent journellement confirmées par les découvertes des siècles suivants.

AMÉDÉE. — Mon père, les vaisseaux qui font circuler la séve dans les plantes ne ressemblent pas absolument à ceux qui font circuler le sang chez les animaux, n'est-ce pas?

M. DERVILLE. — Chez quels animaux? est-ce chez les mammifères, chez les oiseaux, chez les reptiles, ou bien chez les poissons, chez les mollusques, chez les zoophytes?

— Je veux dire, répliqua Amédée en hésitant un peu, chez les animaux en général.

—Tu ne peux plus généraliser maintenant, reprit M. Derville, puisque tu as vu l'appareil circulatoire se modifier, se simplifier de plus en plus à mesure que nous descendions vers les derniers degrés de l'échelle des êtres établie par l'homme pour le guider dans ses travaux. Il y a circulation plus ou moins complète, tu le sais, du moment qu'il s'agit d'un mammifère, d'un oiseau, d'un reptile, d'un mollusque, d'un zoophyte; eh bien, mon enfant, chez les végétaux, rien ne rappelle l'appareil circulatoire de l'animal le plus simple, parce que cet appareil était inutile, et ce qui est inutile n'existe dans aucune des œuvres du Créateur; et pourtant la séve circule, car il n'y a point de vie sans la circulation des fluides ou de celle de l'air, soit que ces fluides aillent respirer l'air dans des poumons, dans des branchies, soit que l'air vienne baigner ces mêmes fluides dans tout l'animal ou dans le végétal. Mais c'est un sujet sur lequel nous ne pouvons nous arrêter pour le moment; je me bornerai à t'assurer que la séve circule; seulement, cette circulation n'a pas lieu chez le végétal de la même *manière* que la circulation a lieu chez l'animal.

AMÉDÉE. — Mon père, et le bois, comment se forme-t-il?

M. DERVILLE. — Nous le saurons une autre fois.

MADAME DERVILLE. — Il me semble que les arbres ont aussi de la moelle?

M. DERVILLE. — Pas tous, ma chère amie. Il paraît que cette substance ne leur est point absolument nécessaire; du moins on ne connaît pas l'importance dont elle peut être pour leur existence.

« Mais, *pour en finir*, comme disent les bonnes gens, avec Théophraste, j'ajouterai que, non content de décrire chaque plante avec une précision, avec une vérité d'autant plus surprenantes qu'il manquait de tous les instruments que nous possédons aujourd'hui, il a voulu aussi avoir, *le premier*, l'honneur de tracer, en quelque sorte, les limites au delà desquelles on chercherait vainement, dans les pays abandonnés aux seules mains de la nature, les végétaux propres, non-seulement à certaines contrées, à certains climats, mais qui ne se montrent, soit dans les lieux élevés et arides, soit dans les plaines sablonneuses ou marécageuses, qu'à des élévations déterminées au-dessus du niveau de la mer. Ce que Théophraste observa jadis au sujet de ces différentes zones, on l'observe de même aujourd'hui; mais les travaux des savants qui sont venus après lui ont donné la possibilité d'étendre, jusqu'aux profondeurs de la mer, des recherches dont le résultat est au moins d'agrandir l'idée toujours trop mesquine que l'homme peut prendre de la puissance créatrice de Dieu, et de ces lois immuables auxquelles il a soumis, depuis l'atome animal ou végétal invisibles pour nous, jusqu'à l'animal et au végétal gigantesques, dont les proportions nous inspirent une admiration mêlée d'une sorte de crainte.

CÉCILE. — Mon père, il me semble qu'alors on pourrait étudier la géographie avec le seul secours de l'histoire naturelle et de la botanique?

M. DERVILLE. — On pourrait s'en aider du moins, ainsi que de la minéralogie.

AMÉDÉE. — Mon père, est-ce que les Romains, si grands, si célèbres, ne firent rien pour la botanique?

M. DERVILLE. — Les peuples conquérants, mon fils, sont tellement absorbés par l'ambition, qu'il n'y a point de place chez eux pour les sciences qui ramènent l'homme à la contemplation des merveilles de la nature. Du temps de Rome conquérante, les esclaves seuls y cherchaient un allégement aux misères de l'esclavage.

« Virgile, né aux champs, peignit en poëte ce qu'il n'avait pas regardé en observateur ; Pline sacrifia souvent, au plaisir de raconter des faits non prouvés, la vérité et l'exactitude si nécessaires dans les sciences ; et, jusqu'à l'époque des croisades, l'Europe entière montra la plus complète indifférence pour des études et des plaisirs qui ne peuvent être appréciés à leur juste valeur que pendant les loisirs de la paix.

Cécile. — Eh bien, je n'aurais pas cru que les croisés étaient botanistes !

M. Derville. — Ils ne l'étaient pas, mon enfant, dans le sens généralement attaché à ce mot ; mais, parmi la foule de ces hommes de toutes les nations que l'exaltation religieuse avait arrachés à leurs foyers, il s'en trouva quelques-uns qui songèrent à enrichir l'Europe des fleurs, des fruits de l'Orient ; et la garance, qui donne une si belle teinture ; le safran, non moins recherché ; le mûrier blanc, si utile pour l'élève des vers à soie, nous furent apportés ; des fruits, jusqu'alors inconnus dans nos climats, confiés à la terre et cultivés avec soin, avec intelligence, donnèrent des arbres vigoureux qui bientôt récompensèrent, par d'abondantes récoltes, les peines des horticulteurs.

» Quant à *la science* proprement dite, elle ne brilla d'un vif éclat qu'à l'apparition de Tournefort. Il chercha à déterminer, par l'absence ou par la présence de la corolle dans les fleurs, par les formes différentes qu'elle affecte, les familles, les genres. Ces caractères *visibles*, et qui rendaient aussi faciles qu'agréables la classification et l'étude de la botanique, imprimèrent à celle-ci une impulsion telle, que partout on prit du goût pour une science trop longtemps négligée. On se mit à observer de nouveau; on reconnut que les fleurs ont des heures de sommeil, de repos, qui n'arrivent pas, pour toutes les espèces, aux mêmes époques du jour ou de la nuit; on fit de nouvelles découvertes sur la marche de la séve, sur les lois de la nutrition, sur les causes de l'absorption et de la transpiration; et, dans l'Amérique, au Pérou, au nord de l'Asie, sur les bords de la mer Noire, en Arménie, de même qu'en Europe, se montrèrent soudainement des observateurs habiles, des élèves studieux qu'aucune difficulté ne pouvait rebuter ni lasser.

AMÉDÉE. — Vois-tu, ma sœur, que c'est pourtant intéressant de suivre l'histoire de la botanique?

CÉCILE. — Je n'ai pas dit que ce ne fût point intéressant; seulement je voudrais bien apprendre à distinguer les fleurs entre elles.

M. DERVILLE. — Je viens de t'indiquer un moyen bien simple, la méthode de Tournefort.

CÉCILE. — Mais, mon père, c'est que je ne sais pas ce que c'est que la corolle.

M. DERVILLE. — Nous l'apprendrons; nous apprendrons aussi, d'après la méthode du génie de la botanique, Linné, à les distinguer entre elles comme tu dis, avec le secours du pistil et des étamines dont le nombre augmente par degrés, et dont la position, la grandeur donnent le moyen de former des divisions toujours certaines, toujours constantes et bien tranchées; mais ceci, mes enfants, doit être étudié sur les fleurs mêmes. La vue des plantes vous instruira davantage, en un instant, que les plus gros volumes. La route la plus courte pour devenir botaniste, amateur au moins, c'est de voir et de revoir sans cesse la nature.

CÉCILE. — Et quand commencerons-nous, mon père?

M. DERVILLE. — Mais dès demain, à toute heure; partout les objets d'étude ne manquent point; partout on trouve à herboriser, et la simple fleur des champs nous offre à elle seule des richesses dont une foule de gens ne se doutent pas.

MADAME DERVILLE. — Il me semble, mon ami, avoir entendu parler de méthodes plus modernes que celles de Tournefort et de Linné; les noms de Laurent de Jussieu et de Turpin ont souvent frappé mon oreille.

M. DERVILLE. — Bernard de Jussieu et son neveu Antoine-Laurent ont rendu les plus grands services à la science proprement dite, en distribuant toutes les plantes en trois grands embranchements dans lesquels viennent se placer, comme d'elles-mêmes, toutes les autres subdivisions. Nous en parlerons avec quelques détails lorsque vos oreilles, mes enfants, seront un peu familiarisées avec les termes d'une science absolument nouvelle pour vous. Turpin, non moins célèbre et qui n'avait jamais étudié la science botanique que dans le grand livre de la Création, a établi deux premières grandes divisions; les végétaux simples ou *inappendiculés*, c'est-à-dire ne présentant point de feuilles, et les végétaux *appendiculés*, c'est-à-dire munis de feuilles. Dans ces deux grandes divisions se classent aisément les trois grands embranchements établis par Laurent de Jussieu. Ici finit l'histoire des fondateurs de la science botanique ; disons maintenant un mot de la géographie botanique, ou de l'habitation des végétaux.

« Je ne vous parlerai pas des systèmes plus ou moins vraisemblables, plus ou moins misérables, inventés par les hommes qui veulent toujours que la terre ait été couverte d'animaux et de plantes par les moyens mesquins que pourraient trouver leurs faibles cerveaux. Arrêtons-nous à ce qui est, à ce qui a été observé depuis que l'homme a commencé à regarder autour de lui avec quelque attention ; à la manière dont les plantes sont placées sur le sol suivant la quantité de chaleur ou de froidure, de lumière ou d'ombre, d'humidité ou de sécheresse, de sable ou de terre végétale dont elles ont besoin pour se développer et grandir ; car tels sont les fondements de la géographie botanique.

CÉCILE. — Mon père, est ce qu'il y a des plantes qui poussent jusque dans les glaces, dans les neiges ?

M. DERVILLE. — Partout où le froid rend l'air compacte ou dense, et, par conséquent, non respirable, il n'y a point de végétation possible.

CÉCILE. — Ah ! c'est juste, puisque les plantes respirent ; et quand il fait grand froid, grand froid, on ne peut pas respirer.

M. DERVILLE. — Les hommes respirent cependant au milieu des glaces polaires ; mais la plante, tu le sais, ma fille, se nourrit d'autre chose que d'air ; et ses racines ne trouvent aucun suc nourricier dans une terre durcie, desséchée par la glace.

Dès que la végétation devient *possible*, on aperçoit, sur les immenses tapis de neige qui couvrent le sommet des plus hautes montagnes, la poussière rouge d'une espèce de champignon.

Madame Derville. — Je me rappelle que la *neige rouge* a jadis beaucoup occupé les savants.

M. Derville. — De même que les pluies de soufre, de sang, de feu, de sable, très-bien expliquées de nos jours par des phénomènes tout à fait naturels. Dès que la neige abandonne la terre, celle-ci est aussitôt couverte par la mousse et les fougères ; puis viennent les gentianes, les saxifrages bleues, roses, blanches ou verdâtres, et les epilobes aux longues grappes flexibles et pourprées. Un peu plus bas, les bouleaux, les saules en miniature ; et, plus bas encore, le sapin dont le voisinage seul suffit pour détruire, sur tout le terrain qu'il ombrage, jusqu'à la mousse, jusqu'aux lichens auxquels il faut cependant si peu pour végéter. A mesure qu'on descend des régions élevées, on voit la végétation devenir plus riche, plus variée ; ce que nous appelons arbres *fruitiers*, comme si tous ne portaient pas des fruits, se mêlent à l'érable, au chêne ; suivant les contrées, se montrent les orangers, les citronniers. Mais c'est surtout au nouveau continent que cette végétation se déploie avec une magnificence au-dessus de toute expression. Tandis que les acacias, les mimosas, l'arbre à pain, l'énorme baobab s'élancent majestueusement vers les cieux, les lianes chargées de fleurs et de fruits s'enroulent autour de leurs troncs, grimpent aux branches, redescendent vers la terre en festons, en arceaux au-dessous desquels disparaît le sol tout couvert de plantes vigoureuses qui recèlent, sous leurs larges feuilles, des milliers d'animaux.

CÉCILE. — Oh! que je voudrais voir une de ces belles forêts où jamais un seul homme n'est entré!

M. DERVILLE. — Tu n'es pas assez brave, ma fille, pour que je puisse prendre ce souhait bien au sérieux. Quand on a peur au plus léger bruit qui se fait entendre dans le feuillage du bois voisin, si fréquenté, je doute qu'on ait l'esprit assez libre, dans les forêts du Nouveau-Monde, pour jouir des beautés qu'elles présentent, et pour ne pas se laisser alarmer des cris de tant d'animaux sauvages et inconnus aux Européens.

« C'est, pour ainsi dire, à l'entrée du désert et des sables sans fin, que paraissent les cocotiers et surtout les palmiers. Ici, par une raison tout opposée à celle qui empêche la végétation au milieu des glaces éternelles, l'effet d'une chaleur trop vive, cette végétation se trouve suspendue, et les palmiers seuls s'élèvent au loin comme de gigantesques colonnes, auprès de quelque source peu abondante et entourée d'une herbe fine et rare. Ce que je viens de vous dire, mes enfants, est suffisant, ce me semble, pour vous donner une idée de la science appelée géographie botanique. Elle ne s'est pas arrêtée aux plantes terrestres; les plantes aquatiques et marines ont été également observées, et l'on a également reconnu que chaque espèce, pour ainsi dire, occupe une zone qui lui est propre et se trouve constamment renfermée dans des limites d'où la main de l'homme peut seule la faire sortir. Ainsi, le règne végétal, comme le règne animal, est soumis aux lois générales et immuables qui régissent le monde matériel.

vous le répéterai sans cesse : les travaux qui conduisent à le reconnaître honorent l'homme, et prouvent victorieusement qu'il *peut* tout ce qu'il *veut*. »

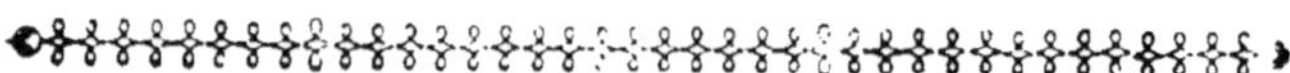

CHAPITRE II.

L'œuf végétal. — Son enveloppe. — Les graines ailées.
L'embryon. — Les cotylédons. — La radicule. — La racine.
— Les boutures. — La circulation de la sève. — La rosée.

—

« Mon père, dit Cécile qui craignait que la veillée ne finît plus tôt que de coutume et qui désirait
beaucoup de la prolonger, puisque, pour apprendre
la botanique, il faut étudier avec des plantes sous
les yeux, on ne peut donc pas en causer?

M. DERVILLE. — En causant, on ne fait pas de la
botanique proprement dite, ou bien alors on est dans
la nécessité de se borner à une nomenclature assez
sèche des différentes parties qui composent telle ou
telle plante; mais on peut faire de la physiologie végétale; c'est-à-dire, enseigner, à ceux qui l'ignorent,
l'usage, le jeu des organes auxquels les plantes doivent leur mode d'existence.

CÉCILE. — Eh bien, alors, mon père, nous allons
faire de la physiologie végétale, n'est-ce pas?

M. DERVILLE. — Volontiers, ma fille; mais par où
commencerons-nous?

AMÉDÉE. — Il me semble que si nous commen-
cions par l'œuf végétal...

CÉCILE *vivement*. — Oui, oui, tu as raison, mon

frère! Cela fera que nous verrons la plante se développer peu à peu. Oh! quel plaisir!

M. Derville. — Va pour *l'œuf végétal!* Mais si nous en avions un sous les yeux, les premières explications seraient plus faciles.

Cécile. — Où en trouver, mon père? Je n'en ai jamais vu.

Amédée. — Comment! tu n'as jamais vu de graine? Mais à quoi penses-tu donc, ma sœur? Ton serin en a dans sa cage...

Cécile. — Étourdie que je suis!

Madame Derville. — Et Marguerite ne nous en a-t-elle pas servi un plat à dîner?

Cécile. — Mais, maman, c'étaient des haricots!

Madame Derville. — Eh bien, les haricots ne sont-ils pas la graine ou l'œuf végétal de la plante qui porte ce nom? »

Cécile devint toute rouge de confusion et d'impatience de donner de telles preuves de son étourderie.

« Allez voir, mes enfants, reprit M. Derville, si vous pouvez trouver encore quelques gousses de haricots pleines; nous les examinerons attentivement, et nous répéterons les observations faites sur la manière dont l'œuf végétal se développe et croît, avant d'arriver au degré de maturité qui le rend propre à produire une autre plante de son espèce. »

Le frère et la sœur coururent à la cuisine; Cécile fut de retour la première; elle apportait non-seulement des haricots, mais aussi des pois dans leurs cosses ou gousses.

« Pas si vite, lui dit son père, au moment où elle se disposait à les retirer, sans précaution, de leurs cosses. Ouvrons d'un côté d'abord, et remarquez comme l'intérieur, creusé de manière à s'arrondir sur chaque graine, est revêtu d'une espèce de satin.

CÉCILE. — Ah! c'est vrai!

MADAME DERVILLE. — Dans les fèves se trouve un duvet bien épais et bien moelleux, qui forme comme un *nid* pour chaque fève.

CÉCILE. — Qui est-ce qui se douterait que pour une graine aussi commune que le haricot, Dieu a préparé un lit de satin, et pour la fève, tout aussi commune, un nid de duvet!

M. DERVILLE. — Si tu entends par cette épithète de *commune* l'abondance seulement, toutes les graines, mon enfant sont des plus communes; car c'est par milliers que les plantes les produisent. Nous multiplions, au moyen de la culture, celles qui servent à nos besoins, et elles deviennent plus *communes* encore; mais aux yeux du Créateur de toute chose, la graine du haricot a mérité, sans doute, tout autant que celle de l'acajou, par exemple, d'être enveloppée de manière à n'avoir point à craindre, pendant sa formation, la pluie, le froid, le contact des corps étrangers; tout ce qui était nécessaire pour atteindre ce but, lui a été également donné.

AMÉDÉE. — Mon père, je viens d'ouvrir cette cosse de pois; l'*étoffe* est aussi brillante, mais moins satinée que dans celle du haricot; pourquoi donc cette différence?

M. DERVILLE. — Il est des *pourquoi*, vous le savez, mes enfants, auxquels l'homme le plus instruit ne pourrait répondre. Si parfois il arrive à reconnaître, avec quelque certitude, les résultats, la rai-

son des choses lui demeure constamment cachée. Je ne saurais donc vous dire *pourquoi* l'intérieur de la cosse des fèves est *fourré, pourquoi* l'intérieur de la cosse du haricot est satiné, et *pourquoi* l'intérieur de la cosse celui du pois l'est moins. Ceci me serait aussi impossible que de vous dire *pourquoi* la châtaigne est enveloppée, à l'extérieur, d'une peau verte et dure, hérissée de pointes, tandis qu'une pulpe molle et savoureuse entoure le noyau si dur de la pêche. Ce qui est bien certain, c'est que rien en plus, rien en moins n'a été donné, je le répète, à chaque espèce de végétal, pas plus qu'à chaque espèce d'animal, et ceci doit vous mettre à toujours l'esprit en repos; situation avantageuse pour examiner ce qui est et ce dont il est possible ou non de se rendre raison. Ainsi, pour peu que vous regardiez la manière dont ces graines sont placées dans les différentes cosses, vous ferez une observation importante, c'est que toutes tiennent à l'un des côtés de la cosse par un lien.

CÉCILE. — Oui, oui, Amédée!

M. DERVILLE. — Ce lien, cette attache a reçu le nom de *placenta*. Le placenta établit une communication entre la graine, la gousse, et la plante, par conséquent. C'est un conduit par lequel la première reçoit les sucs nourriciers jusqu'à l'époque où elle arrive à sa maturité; le placenta se dessèche alors, tombe, et la graine ne présente plus, à l'endroit où il était placé, qu'une petite cicatrice désignée sous le nom de *hile*.

AMÉDÉE. — Voici des haricots dont le placenta est détaché...... oui, en effet, ils ont la cicatrice dont parle mon père.

M. DERVILLE. — Le placenta ne manque à aucune espèce de graine ou de fruit, vous devez le concevoir, mes enfants, puisque, sans ce conduit qui renferme les vaisseaux nourriciers communiquant avec la plante, la graine, le fruit, à peine formés, périraient faute d'aliment; mais il se présente sous des aspects très-variés, et il est plus ou moins adhérent suivant que la graine doit simplement tomber, lorsque s'ouvre la cosse qui la contient, ou bien être lancée par cette cosse ou *péricarde* qui fait, en s'ouvrant, l'effet d'un ressort, ou bien s'envoler au plus léger souffle du vent ; car il y a des graines qui sont munies d'ailes.

Cécile. — Oh! que j'en voudrais voir !

M. Derville. — Tu en as vu déja, mais sans les remarquer ; les graines de l'orme ont une petite membrane qui leur sert d'aile ; il en de même de la graine de l'érable, du bouleau, du tulipier, du pin et d'une foule de plantes. Le saule, le peuplier, le cotonnier produisent des graines à crochet fort légères ; le pissenlit en porte qui sont munies d'un duvet dont la finesse et la légèreté sont extrêmes.

Cécile. — Ah! oui, j'en ai vu voler en l'air. Que c'est donc singulier et varié cette nature ! Mais, mon père, et les graines qui n'ont point d'ailes pour voler? Elles ne se ressèment jamais que dans l'endroit où la plante qui les porte a poussé ?

M. Derville. — Les péricardes des plantes qui font l'effet d'un ressort, telles que celles de la balsamine, par exemple, lancent assez loin les graines qu'elles contiennent ; suivant le terrain où celles-ci vont tomber, les ruisseaux, les eaux de la pluie, les rivières les entraînent ; ou bien les oiseaux les mangent, les bestiaux en dévorent des quantités avec l'herbe dont ils se nourrissent, et comme leur estomac ne les digère pas toutes, une partie retombe sur le sol avec leur fiente. Ainsi se renouvelle, par exemple, le gui dont les grives recherchent avidement les baies; les écureuils, les chouettes ressèment tout aussi *innocemment* une foule de plantes; les oiseaux de rivage apportent leur quote-part de ce genre de semailles, de même qu'ils apportent de la *graine de poisson* dans les étangs, les viviers, vous vous en souvenez; les flots de la mer paient à la terre le tribut des semences détachées d'une autre terre; les vents, les tempêtes emportent au loin les graines ailées, munies d'aigrettes, d'arêtes chevelues, soyeuses, en forme de plumes; et ainsi, tout contribue à varier les espèces, à les renouveler dans les contrées où les intempéries des saisons paraissent les avoir détruites. Quelquefois ces graines, ainsi transportées, ne germent pas dans la première, dans la seconde année; puis, ont lieu des germinations *spontanées* de plantes jusqu'alors étrangères à la contrée. A d'immenses forêts de chênes, de hêtres, coupées ou brûlées, succèdent des mousses, des bruyères, des houx, des framboisiers, des ronces, des fraisiers; et après deux ou trois années, de grands arbres s'emparent du terrain que ces plantes avaient envahi l'une après l'autre; mais ce ne sont ni des hêtres, ni des chênes, ce sont des bouleaux, des châtaigniers, quoiqu'il ne s'en trouve point dans le pays.

MADAME DERVILLE. — Voilà un fait bien extraordinaire!

M. DERVILLE. — Un autre fait qui ne l'est pas

moins, c'est qu'après un certain nombre d'années, le terrain ne veut ou ne peut plus produire la même espèce des arbres qui le couvraient jadis. Vainement on prétendra avoir encore des chênes et des hêtres; semis et plantations ne réussiront pas; il faut donner au sol d'autres espèces; c'est seulement après un demi-siècle écoulé, que le chêne et le hêtre peuvent reprendre possession du terrain qui leur avait appartenu jadis exclusivement.

AMÉDÉE. — Alors, le jardinier a raison quand il dit qu'il ne faut pas faire produire au même terrain les mêmes plantes plusieurs années de suite, parce qu'elles dégénéreront.

M. DERVILLE. — D'autres faits viennent journellement à l'appui de ceux que je vous ai cités de préférence, parce qu'ils sont plus marquants, et surtout parce qu'ils se rapportent à ce que je venais de dire de la dissémination des graines.

CÉCILE. — Oh! je vois maintenant pourquoi Dieu a donné aux plantes tant de graines! Mon père, il y a une chose que je voudrais bien savoir; c'est comment les graines poussent?

M. DERVILLE. — Examinons d'abord un de ces haricots après que nous l'aurons séparé en deux parties.... Voici l'*embryon* appelé vulgairement le *germe*.

AMÉDÉE. — Mais laisse-moi donc voir, Cécile!

M. DERVILLE. — Ouvrez chacun un haricot, et cherchez à reconnaître les parties à mesure que je vous les désignerai.

« Cette graine, vous le voyez, se divise en deux parties entre lesquelles l'embryon est implanté comme un petit clou.... Retirez-le délicatement avec une épingle en tâchant de l'avoir bien entier.... Va donc doucement, Cécile! Tu en casseras plus d'un et tu ne verras rien! Voici mon embryon dans son entier. Il se compose simplement, vous le voyez, d'un axe ou corps de tige. L'extrémité supérieure est formée d'un bourgeon qui, en se développant, donnera les deux cotylédons ou feuilles cotylées qui sont le commencement du système aérien du végétal. Dès que ces deux feuilles se seront épanouies, pour ainsi dire, l'extrémité inférieure de l'embryon s'allongera en une radicule qui est le commencement du système terrestre ou souterrain.

« Voyons maintenant les autres parties de la graine. Celle qui entoure l'embryon est un corps farineux, vous le savez, dans les haricots, les fèves, les pois, le blé, etc. Cette partie a reçu le nom de *périsperme*. Elle est destinée à fournir la nourriture à l'embryon, pendant qu'il se développe dans son sein, qu'il grandit, qu'il pousse et que sa tige, ses feuilles cotylées prennent de l'accroissement et acquièrent la force nécessaire pour percer le sol et s'élever au-dessus; c'est encore le périsperme qui nourrit la radicule jusqu'au moment où celle-ci est assez longue pour s'enfoncer dans le sol. Quant à l'enveloppe extérieure qui n'est pour vous que *la peau* du haricot, de la fève, du pois, du blé, etc., plus ou moins coriace, suivant que la graine est plus ou moins jeune ou vieille, elle porte le nom scientifique de *épisperme*. Cette enveloppe extérieure préserve l'embryon du contact immédiat et dangereux pour lui de tout ce dont il a cependant besoin pour sa germination, je veux dire de la terre, de l'air, de l'eau, de la chaleur. C'est une espèce de crible à travers lequel les molécules terreuses, l'air et l'eau ne passent que dans les proportions nécessaires au développement progressif de l'embryon.

« Par l'effet de l'humidité et de la chaleur de la terre, la graine se gonfle, le périsperme subit une action chimique qui l'approprie à la nourriture de l'embryon, la tigelle s'allonge, le bourgeon qui la surmonte grossit, l'épisperme s'ouvre, la tigelle s'allonge encore, et enfin la plantule soulève le sol. Quelquefois les cotylédons amènent avec eux l'épisperme qui enveloppait la graine entière, d'autres fois cet épisperme reste dans la terre et protége la radicule jusqu'au moment où, elle aussi, elle est devenue assez forte pour vivre par elle-même.

Madame Derville. — Tout a été prévu!

M. Derville — Cécile et Amédée, qui ont si souvent déterré les graines semées deux ou trois jours auparavant pour s'assurer si elles poussaient, auraient pu suivre ces différentes phases de la germination s'ils avaient été moins étourdis. Mais je pense que, du moins, ils auront remarqué plus d'une fois les deux premières feuilles épaisses appelées *cotylédons*, supportées par une tigelle ou tigellule.

Cécile. — Oh! oui, certainement! Elles ne ressemblent pas du tout à celles que la plante doit avoir plus tard.

Amédée. — Moi, je trouve que les cotylédons se ressemblent si bien les uns aux autres, qu'il est impossible de deviner à quelle plante ils appartiennent ni de quelle graine ils sortent.

M. Derville. — Tu changeras d'avis, mon fils, quand tu les auras examinés d'un peu plus près que tu ne l'as fait jusqu'à présent. Alors, aussi, tu remarqueras que certaines plantes n'ont jamais de cotylédons ; que d'autres n'en ont qu'un ; que d'autres en ont deux, etc.; de là les divisions en trois grands embranchements établis par Laurent de Jussieu : les *acotylédones*, ou plantes sans cotylédons ; les *monocotylédones*, ou plantes à un seul cotylédon ; les *dicotylédones*, ou plantes à deux cotylédons.

« Ces premières feuilles, épaisses et grasses, sont destinées, comme le périsperme, à fournir des sucs nourriciers à la tigelle, aux feuilles primordiales qui succèdent, et à la radicule, jusqu'à ce que celle-ci soit en état de puiser dans le sol la nourriture que les cotylédons puisent dans l'air; et parfois ces derniers la puisent dans la terre même; car, chez tous les végétaux, les cotylédons ne se montrent pas. Les cotylédons *visibles*, qui se montrent au-dessus du sol, et qui croissent et verdissent à la lumière, sont désignés par l'épithète d'*épigés*; les cotylédons dits *hypogés* sont ceux qui demeurent *invisibles*; ils pourrissent dans la terre, et les feuilles primordiales paraissent seules.

CÉCILE. — Mon père, est-ce que les racines ont aussi un commencement qui ne ressemble pas à ce qu'elles seront plus tard ?

M. DERVILLE. — Oui, ma fille, chez quelques végétaux du moins, tels que les monocotylédones, par exemple ; le blé, l'asperge, le palmier présentent d'abord ce qu'on appelle une racine pivotante ; puis cette racine est remplacée par un faisceau de racines ; de là le nom de *fasciculées* donné à ces dernières. Plus tard, se développent les radicelles vulgairement appelées *chevelu* ; ce sont là les véritables suçoirs au moyen desquels sont pompés les sucs nourriciers que fournit le sol humide. On s'en est assuré par quelques expériences curieuses. Il en est une qu'on peut aisément repéter.

« Qu'on prenne un navet, et qu'on le fasse tremper quelque temps, par l'extrémité inférieure, dans un liquide coloré, bientôt le navet aura changé de couleur; cet effet n'aurait point lieu, si les racines n'absorbaient pas tout ou partie du liquide qui les baigne; ce dont il est facile, au reste, de s'assurer encore par la diminution plus ou moins notable que ce liquide éprouve.

CÉCILE. --- On le voit bien d'ailleurs, quand on met des plantes le pied dans de l'eau !

AMEDÉE. — Mon père, tu viens de nous dire que c'est l'humidité de la terre qui fournit aux plantes les sucs nourriciers; est-ce que la terre ne contient donc point par elle-même de ces sucs nourriciers?

M. DERVILLE. — La terre, les engrais qu'on y ajoute, en contiennent sans doute. mon enfant; mais sans l'humidité, c'est-à-dire sans le secours de l'eau, ces sucs seraient comme s'ils n'existaient pas; c'est l'eau, ou simplement l'humidité qui rend leur absorption possible. et les racines vont souvent chercher cette humidité nécessaire fort loin et avec des travaux qui annoncent une force prodigieuse. On a vu une racine d'acacia, après avoir traversé une cave à la profondeur de *soixante-six pieds*, pénétrer dans un puits à travers la maçonnerie, et s'y étendre encore; on a vu des racines d'ormes, qui épuisaient un champ voisin et qui en avaient été séparées par une tranchée profonde, pousser de nouveau et se diriger vers la tranchée, en suivre la pente jusqu'au fond, puis remonter sur le côté opposé, et envahir une seconde fois le terrain enlevé aux anciennes racines.

CÉCILE. — On dirait, en vérité, que les plantes aussi ont de l'instinct !

M. DERVILLE. — On ne peut appeler *instinct* l'impulsion qui les porte à chercher, dans la terre, l'humidité nécessaire à leur développement, et, sur la terre, l'air et la lumière non moins nécessaires à leur existence ; mais, ce qui est avéré, c'est que les racines se ploient, se recourbent, s'enfoncent dans diverses directions, suivant le terrain où elles se trouvent ; en s'insinuant dans les fentes des rochers, dans les crevasses des murailles, elles parviennent à passer, à écarter même les obstacles opposés à leur marche ; et enfin, lorsque ces obstacles sont insurmontables, elles reviennent sur elles-mêmes et cherchent quelque autre issue.

AMÉDÉE. — Mon père, une chose qui toujours m'a paru étrange, c'est qu'en plantant en terre une branche, on peut obtenir un arbre tout entier !

M. DERVILLE. — Tu comprendras ce phénomène, mon enfant, autant du moins qu'il est possible à l'esprit humain de comprendre, lorsque tu auras remarqué l'embryon fixe, appelé œil ou *bourgeon*, dont les tiges sont munies. Ces bourgeons, destinés à donner des branches, des feuilles, des fleurs, ne donneront pas autre chose s'ils demeurent dans les conditions ordinaires, c'est-à-dire s'ils continuent de faire partie du végétal sur lequel ils se sont développés ; mets-les dans des circonstances différentes ; place ces embryons fixes dans de la terre, dans de l'eau même, en faisant ce qu'on appelle une bouture, c'est-à-dire en les détachant de la tige mère, ils se développeront, ainsi que se développe la graine ou embryon libre que tu places dans la terre ou dans l'eau, et ils donneront un végétal complet.

AMÉDÉE. — Il faudra que je prie le jardinier de me laisser voir comment il s'y prend pour faire des boutures.

MADAME DERVILLE. — Tu le saurais déjà si tu avais pris garde, l'automne dernier, à la manière dont j'ai préparé des boutures d'œillets ou marcottes.

CÉCILE. — Je me souviens maintenant de la branche de laurier-rose que maman a placée l'autre année dans le goulot d'une fiole remplie d'eau. Cette branche a poussé des racines.

M. DERVILLE. — Mais après avoir poussé par la partie supérieure, si tu t'en souviens?

CÉCILE. — Oui, mon père, c'est vrai.

M. DERVILLE. — Je vous dirai bien plus encore, mes enfants; c'est qu'il n'est pas une seule partie du végétal qui ne puisse donner un végétal complet si l'on place cette partie, si petite qu'elle soit, dans des conditions convenables. Je vais, à ce propos, vous raconter un fait très-curieux; mais je dois le faire précéder d'une explication non moins curieuse sur la contexture des différentes parties qui composent un végétal, et sur celle des feuilles en particulier; ce dont nous pourrons nous assurer par nos propres yeux, dès que nous aurons un microscope.

CÉCILE. — Oh! je voudrais que ce fût dès aujourd'hui!

M. DERVILLE. — Supposons que nous en avons un. Nous prenons une feuille de plante grasse, telle qu'une feuille de lis, par exemple; avec un canif nous enlevons délicatement la peau ou épiderme extrémement mince qui la recouvre à la partie supérieure, et nous plaçons cet épiderme, avec une goutte d'eau, entre deux lames de verre sous le microscope. Nous voyons alors comme des espèces de vaisseaux serpentant dans le sens de la longueur de la feuille.

CÉCILE. — Ah! voilà les vaisseaux pour la circulation de la sève!

AMÉDÉE. — Ou de l'air.

M. DERVILLE. — D'autres s'y sont trompés comme vous, mes enfants. Prenez plusieurs vessies, aplatissez-les, ce qui vous sera bien facile si vous les mouillez, et placez-les les unes auprès des autres en laissant entre elles quelque intervalle; ces intervalles vous présenteront *au naturel* ce que vous présente l'épiderme de la feuille du lis, *des apparences de vaisseaux*, et voilà tout. De distance en distance sont les pores corticaux, espèces de stigmates par lesquels on pense que l'air doit pénétrer.

« Après avoir examiné l'épiderme ainsi composé de vésicules entre lesquelles l'air et la sève circulent comme l'air circule entre nous et cette table, et comme circulerait l'eau si nous y étions plongés, plaçons sous le microscope un peu du parenchyme ou chair verte dépouillée de son épiderme. Nous voyons alors que cette chair se compose aussi de vésicules, mais parfaitement sphériques, et tout aussi transparentes que celles de l'épiderme. Ces vésicules sont sans couleur, mais elles contiennent une multitude de globulins ou petits grains colorés en vert. C'est donc la réunion de ces petits grains verts qui colore le parenchyme et par conséquent la feuille du lis, comme les autres feuilles. Il y a ici, entre les vésicules, des intervalles de forme triangulaire cette fois à cause de la sphéricité des vésicules; dans ces intervalles appelés *méats*, l'air et la séve circulent encore. Nous parlerons quelque jour avec détail de la sorte *d'aspiration* atomique qui attire la séve et la fait monter jusqu'au sommet du végétal; nous ne nous occupons en ce moment que de boutures, que de reproduction de la plante par quelqu'une de ses parties.

« Eh bien, chacun de ces globulins verts qui colorent la chair de la feuille du lis comme toutes les autres feuilles, peut devenir, il faudrait dire, plutôt, est un embryon latent, caché, capable de reproduire la plante entière. Le célèbre botaniste Turpin a, le premier, reconnu cette propriété de la globuline; le premier il a recueilli sur des feuilles de liliacées desséchées quelques globulins d'un vert si éclatant qu'on pouvait les croire pleins de vie. En effet, placés dans de la terre tamisée, ces globulins ont bientôt laissé paraitre un embryon, qui a grandi, qui s'est développé, et qui a donné un végétal liliacé de l'espèce mere et parfaitement complet.

Amédée. — Que tout cela est merveilleux!

Madame Derville. — Alors, mon ami, une seule feuille pourrait suffire pour faire plusieurs boutures?

M. Derville. — Oui, ma chère amie. Des essais de ce genre ont été tentés et ont réussi, surtout pour les plantes chez lesquelles le tissu cellulaire est lâche, c'est-à-dire baigné dans une plus grande quantité de matière aqueuse.

CÉCILE. — Le tissu cellulaire?

M. DERVILLE. — Le tissu cellulaire n'est pas autre chose, mon enfant, que cette masse plus ou moins compacte composée de vésicules transparentes renfermant la globuline colorée dont je viens de parler à l'instant même; et le tissu vasculaire ne se compose que d'autres vésicules allongées, filees qui forment les fibres de la plante. Nous reviendrons plus tard sur l'organographie ou description des organes des végétaux. J'ai voulu seulement aujourd'hui vous faire entrevoir que cette organisation n'est pas celle des animaux, et que l'appareil respiratoire et circulatoire est des plus simples, ou plutôt qu'il n'y a pas d'appareil de ce genre dans le règne végétal. Nous remarquerons seulement la ressemblance prononcée qui se trouve dans les moyens de reproduction entre les polypes et les végétaux; les uns et les autres peuvent également se reproduire par des œufs, par section, par bourgeon, mais les polypes l'emportent encore de beaucoup sur les végétaux, ne fût-ce que pour la promptitude avec laquelle cette reproduction s'opere chez eux.

AMÉDÉE. — Oh! quand donc aurons-nous un microscope! Mon père, est-ce que ce sont encore des globulins qui colorent les fleurs?

CÉCILE. — Et les fruits?

M. DERVILLE. — Oui, mes enfants, sans la globuline, toutes les parties des végétaux auraient la transparence du cristal.

CÉCILE. — Que c'est donc extraordinaire!

M. DERVILLE. — Et sans la globuline encore les vésicules ou globules du sang seraient également incolores.

Cécile. — Amédée a raison, il n'y a pas de contes de fée qui soient plus extraordinaires que tout cela.

Amédée. — Et les contes ne sont jamais que des contes, ma sœur, tandis que tout ceci est vrai!

M. Derville. — Un mot maintenant de la circulation de la séve.

« L'eau colorée dans laquelle on a plongé un navet a fait voir que les racines pompent réellement l'humidité du sol. Voulez-vous suivre cette ascension dans de jeunes plants de haricots, par exemple? Colorez de l'eau avec un peu de carmin; plongez-y la racine de ces jeunes plants; en une demi heure, l'eau colorée aura monté d'un demi-pouce; elle monte quelquefois de trois pouces en une heure, suivant que le temps est plus ou moins à l'orage, c'est-à-dire chargé d'électricité; car, mes enfants, chacune des actions dont nous examinons les causes une à une, faute de pouvoir faire mieux, est le résultat de plusieurs causes agissant et à la fois et avec un ensemble admirable. A la succion exercée par les racines, se joint celle exercée par toutes les parties de la plante, quelque invisibles et ténues que vous puissiez les supposer. Ce que les botanistes appellent la séve ascendante, séve fournie en même temps par les racines, l'écorce du tronc, l'écorce des branches, par les feuilles qui de toute part attirent et absorbent l'humidité de la terre, celle de l'atmosphère et l'air que contient la terre elle-même, n'est autre chose que le suc nourricier circulant dans tout l'individu végétal, et pénétrant, par absorption, jusque dans l'intérieur des vésicules. Ces sucs nourriciers, qui sont partout à la fois élaborés, digérés, deviennent le suc propre de la plante, et ici comme dans le règne animal, mais non pas de la même manière, de cette élaboration générale résultent, d'une part, accroissement de toutes les parties de l'individu végétal, et, d'autre part, des excrétions, telles que des résines, des gommes, des transpirations, et enfin ce qu'on appelle la sève descendante.

« Ce que je dis là, mes enfants, paraît contrarier une foule d'idées reçues; mais les sciences humaines font chaque jour des découvertes nouvelles qui détrônent les découvertes anciennes; car le moment est bien loin où l'homme n'aura plus rien à changer aux principes adoptés par ce qu'il appelle le savoir.

MADAME DERVILLE. — Mon ami, c'est sans doute à la transpiration des végétaux que la rosée est due?

M. DERVILLE. — On l'a cru pendant longtemps, ma chère amie, et l'on était d'autant plus fondé à le croire que les plantes surtout se couvrent de rosée pendant la nuit; car la rosée ne s'attache point aux métaux polis, particulièrement à l'or, ni aux étoffes.

AMÉDÉE. — Pourtant, mon père, au mois de mai et vers la fin du mois d'avril, tout est trempé de rosée le matin, jusqu'aux toits...

M. DERVILLE. — Je viens de parler des métaux *polis*, et non pas des corps durs et rugueux, tels que les pierres, les tuiles, les ardoises. Écoutez-moi, ta sœur et toi, avec attention; et vous comprendrez l'explication, donnée par le docteur Wells, de ce phénomène.

« Vous devez savoir d'abord, mes enfants, que tous les corps placés à la surface de la terre rayonnent, c'est-à-dire renvoient dans l'espace la chaleur qu'ils reçoivent du soleil, et que, dans l'espace, le soleil et les nuages rayonnent comme tous les corps qui couvrent la surface de la terre. Ce phénomène a lieu le jour et la nuit. Pendant le jour, la perte en calorique ou la perte de chaleur éprouvée par les corps est moins sensible que pendant la nuit, et surtout que pendant une nuit sereine; vous devez le comprendre, puisque les nuages rayonnant de leur côté, renvoient aux corps placés sur la terre une partie du moins de cette chaleur rayonnée.

— Oui, c'est juste, dit Amédée après un moment de réflexion.

M. DERVILLE. — Ainsi donc, si le ciel est couvert, il y a peu ou point de rosée; si le ciel est serein, il y a de la rosée; voici le comment et le pourquoi.

« Si le ciel est couvert, il y a, je viens de vous le dire, chaleur rayonnante de *la part* des nuages, et les corps placés à la surface de la terre se refroidissent moins, puisqu'ils reçoivent de la chaleur en retour de celle qu'ils rayonnent; si le ciel est serein, ces corps, ne recevant rien, se refroidissent plus ou moins promptement, suivant leur nature. L'air qui les environne se refroidit à proportion; les vapeurs qu'il contenait se condensent, c'est-à-dire qu'elles se rapprochent, qu'elles redeviennent de l'eau, et cette eau se dépose en gouttelettes sur ceux des corps qui, rayonnant le plus, se refroidissent plus vite; ces corps, ce sont les végétaux, les pierres, les tuiles, les ardoises, les corps solides en un mot, et dont la surface est dépolie. La rosée ne tombe donc pas du ciel comme on l'a prétendu longtemps; elle n'est donc pas un effet de la transpiration des plantes qui n'a lieu que pendant le jour et s'évapore, invisible, à mesure de sa formation; elle n'est autre chose que

le résultat d'un abaissement de température des végétaux ; les végétaux se refroidissant, l'air qui les
enveloppe, qui les touche, je vous le répète, se refroidit aussi, et les vapeurs invisibles que cet air
contenait, condensées par l'abaissement de la température, redeviennent visibles sous la forme de
gouttes d'eau ou de rosée.

AMÉDÉE. — Il est bien certain que les plantes ne
peuvent transpirer la nuit quand l'air se refroidit ;
mais je n'aurais jamais deviné comment se forme la
rosée.

CÉCILE. — Mon père, et la gelée blanche?

M. DERVILLE. — Tu comprends bien, ma fille,
que si cet abaissement de température continue pendant la nuit, et dans une saison où le soleil n'é-
chauffe pas encore très-fortement les corps placés à
la surface de la terre, ou bien à une époque où ses
rayons commencent à avoir moins de force, la rosée se convertit en gelée blanche ; c'est-à-dire, qu'après
s'être déposée sur les corps sous forme liquide, elle
se durcit par l'effet du refroidissement accroissant
des corps et de l'air.

CÉCILE. — Que tout cela est curieux !

M. DERVILLE. — Ces découvertes sont dues à des
expériences non moins curieuses, à des recherches
sans cesse renouvelées ; car, mes enfants, c'est seulement par des travaux consciencieux et assidus que
l'homme arrive à entrevoir quelques-uns des secrets
de la nature. Puissiez-vous éprouver par vous-mêmes, quelque jour, que plus on apprend, plus augmente la passion du savoir, et que cette passion seule
donne des jouissances pures de tout remords!......
Demain nous continuerons de nous occuper des végétaux en général. »

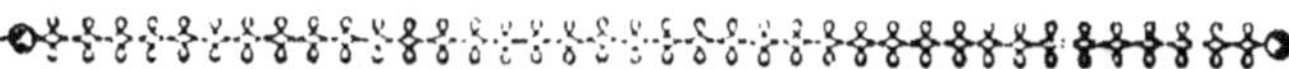

CHAPITRE III.

Respiration et exhalaisons des plantes. — Gommes et résines.
— Le calice. — La corolle. — Le pistil. — Les étamines. —
Le pollen. — Le soufre végétal. — Le valisneria.

—

Cécile se leva le lendemain matin de meilleure
heure que de coutume. Elle avait voulu faire une
expérience sur la rosée, et elle était bien curieuse de
savoir quel phénomène lui présenteraient deux pots
de fleurs qu'elle avait placés côte à côte sur la fenêtre. Ils contenaient, chacun, un petit plant de
pensées. L'un avait été abandonné à lui-même,
l'autre avait été abrité par un verre.

Pas une goutte de rosée ne se trouvait sur le
plant laissé à l'air libre ; sur l'autre, il n'y en avait
pas davantage, mais le verre était tout couvert, à
l'intérieur, d'une couche humide qu'on prenait d'a-
bord pour de la vapeur, et qu'en regardant de plus
près, on reconnaissait pour être composée d'une
multitude innombrable de petites bulles d'eau ; il suffisait de les mettre *en relation* avec le bout du doigt,
pour les voir se réunir en une goutte plus grosse qui
coulait le long du verre comme un petit ruisseau.

« Ah ! ah ! dit M. Derville en riant, lorsque le
soir Cécile raconta son expérience, tu as voulu *pro-*

duire de la rosée, et tu n'as pu, par deux raisons, y réussir, ni pour la plante découverte, ni pour la plante préservée par le verre.

« La première de ces raisons, pour la plante découverte, c'est que, selon ce que j'ai pu voir hier en me couchant, le ciel a dû être chargé de nuages toute la nuit ; les nuages rayonnent toute la nuit, tu le sais ; par conséquent la température de la plante n'a pu baisser au point de refroidir l'air qui l'enveloppait ; et cet air n'étant pas refroidi, l'eau qu'il contenait en dissolution, c'est-à-dire sous forme de vapeur invisible, ne s'est pas condensée ; ne se condensant pas, elle n'a pu se déposer en gouttelettes sur les feuilles ni sur la fleur, et tu n'as point eu de rosée.

CÉCILE. — Mais c'est de la rosée du moins, mon père, que j'ai trouvée en dedans du verre ?

M. DERVILLE. — La seconde de *mes* deux raisons, pour la plante couverte, c'est que le verre retenait à l'intérieur la chaleur rayonnée par la plante, et la lui renvoyait en grande partie ; l'atmosphère qui entourait la plante ne se refroidissant pas, celle-ci ne se couvrait point de rosée : mais le verre se refroidissait, au contraire, par *d'autres raisons* que tu comprendras quelque jour ; et l'air que ce verre renfermait, se refroidissant par le simple contact avec les parois du verre, la vapeur d'eau qu'il contenait se condensait et se déposait en petites bulles sur la paroi intérieure. Si le temps avait été serein, tu aurais trouvé de la rosée à l'extérieur comme dans l'intérieur du verre ; tu en aurais trouvé aussi sur la plante découverte.

AMÉDÉE. — Mais la plante couverte n'en aurait

pas eu davantage, parce que le verre l'aurait empêchée de perdre toute sa chaleur; comprends-tu, Cécile?

— Oui, dit-elle après un peu d'hésitation. Je vois que la rosée ne vient. décidément, ni du ciel, ni de la plante... Tout cela est bien extraordinaire! Ainsi, il y a toujours, toujours de la vapeur d'eau dans l'air?

M. DERVILLE. — Oui. ma fille; et plus la chaleur est grande, plus cette vapeur est abondante, plus l'air en contient par conséquent. Lorsqu'il en est surabondamment chargé, quelques nuages se forment dans les hautes régions de l'atmosphère, plus froides que les régions voisines de la terre, car celles-ci reçoivent en plus grande quantité la chaleur rayonnante que la terre exhale; ces nuages augmentent en grosseur à mesure ou en proportion de la vaporisation; aussi les bonnes gens disent-ils, par ces jours de chaleur suffocante qui énervent, qui épuisent l'homme comme les animaux : *Le soleil nous chauffe un bain.*

AMÉDÉE. — Et c'est ainsi que se forment les orages?

M. DERVILLE. — Une *seule cause* n'agit pas *seule*, tu le sais, mon fils, ou du moins je te l'ai déjà fait pressentir; mais nous n'en sommes pas encore à parler des *lois* qui *régissent* les orages; revenons donc aux végétaux.

MADAME DERVILLE. — Mon ami, je crois *rentrer dans la question* en te demandant si l'on sait par où et comment les plantes qui absorbent l'oxygène, ainsi que tous les êtres vivants, rejettent ou expirent le gaz azote et le gaz acide carbonique qui sont aussi mortels pour elles que pour nous? Cette question pa-

raît étrange à Cécile; je le vois, et elle est toute prête
à me répondre avec son étourderie ordinaire que, sans
doute, c'est par les pores corticaux, puisque c'est par
là que les végétaux respirent; mais ma question est
juste cependant, car j'ai souvent entendu dire que le
feuillage exhale ou expire de l'air vital, qu'il est bienfaisant dans la chambre d'un malade, tandis que les
fleurs exhalent un air mortel.

Cécile.—Mais, maman, c'est leur parfum qui fait
du mal!

M. Derville. — A merveille, ma fille! Tu veux
prouver que ta mère a raison de t'accuser d'étourderie et que tu n'as pas perdu l'habitude de décider,
sans examen de ce que tu ignores. »

Cécile devint fort rouge.

« Ma chère amie, reprit M. Derville, toutes les
parties des végétaux paraissent disposées pour aspirer l'air, mais en effet elles n'exhalent point, par
toutes leurs parties indifféremment, l'air atmosphérique dépouillé de son oxygène, ou l'oxygène surabon-
dant.

« Après bien des expériences plus d'une fois recommencées et fort intéressantes, on est arrivé à reconnaître que le feuillage et toutes les parties vertes du
végétal exhalent, pendant le jour, du gaz oxygène, et,
pendant la nuit, du gaz acide carbonique et de l'a-
zote; tandis que les fleurs, les fruits, exhalent constamment de l'azote et du gaz acide carbonique. Ce
n'est donc pas leur parfum *seul* qui vicie l'air dans
les lieux ou l'on a réuni une grande quantité de
fleurs et de fruits. Ainsi, le feuillage si bienfaisant
dans la chambre d'un malade, pendant le jour, par
l'oxygène qu'il exhale, y est nuisible, pendant la

nuit, par le gaz azote et le gaz acide carbonique qu'il exhale, et les fleurs, les fruits sont partout et toujours malfaisants puisque leurs exhalaisons vicient l'air constamment.

« Quant à la respiration des plantes, elle a lieu, on n'en peut plus douter aujourd'hui, par toutes les parties du végétal; mais on ne peut douter non plus aussi que ses principaux organes ne soient les feuilles. Il paraît que l'absorption de l'air atmosphérique se fait par les stomates; sa décomposition a lieu dans le tissu végétal, soit cellulaire, soit vasculaire.

« Quant aux végétaux aquatiques dont les feuilles sont submergées, celles-ci présentent des différences notables; et il en devait être ainsi, puisque, comme les animaux aquatiques, elles ne peuvent *respirer* que l'eau mêlée d'air. Aussi les deux faces de la feuille se trouvent-elles totalement dépourvues d'épiderme.

MADAME DERVILLE. — Que tout cela est admirable !

M. DERVILLE. — Chez les végétaux aquatiques dont les feuilles flottent seulement sur l'eau, la face supérieure de la feuille, que l'eau supporte, est seule dépouillée d'épiderme; la face inférieure qui ne baigne que dans l'air, présente un épiderme muni de stomates.

AMÉDÉE. — Voilà, j'espère, qui prouve bien clairement que les végétaux respirent par les feuilles surtout.

M. DERVILLE. — On s'en est encore assuré en couvrant d'huile les feuilles d'une plante; la plante a péri axphyxiée, de même que périt axphyxié le navet plongé dans l'eau par la partie munie de feuilles.

Cécile. — Mais pourtant, mon père, les arbres qui sont dépouillés de feuilles pendant l'hiver, ne meurent pas?

M. Derville. — Preuve nouvelle que ce n'est pas *uniquement* par les feuilles que les végétaux respirent, et voila tout. Revenons maintenant aux sécrétions, ou plutôt aux excrétions des végétaux, dont je vous ai dit hier seulement un mot.

« Elles se montrent, chez les plantes, sous les différentes formes d'huiles volatiles, de liqueurs sucrées, de gomme, de résine ; elles sont plus abondantes quand les plantes sont vieilles, plus remarquables sur les arbres que sur les autres végétaux, et l'on peut les provoquer par des incisions ou blessures qui surexcitent cette disposition maladive pour quelques-uns, naturelle pour quelques autres. Le frêne à fleurs de la Calabre fournit une excrétion bien connue sous le nom de manne ; le céroxylon, palmier de l'Amérique méridionale, plus généralement connu sous le nom d'*arbre à cire*, donne de la cire ; le pin, le sapin, le mélèze, produisent des résines : jusqu'à *la fleur* ou poussière glauque qui pare le raisin ou les prunes est une excrétion.

Cécile. — Oh! que je suis fâchée de savoir cela!

Amédée. — Et pourquoi donc, ma sœur? Est-ce qu'il y a rien de répugnant dans les excrétions des végétaux qui ne se nourrissent que d'air et d'eau?

Cécile. — Sans compter le fumier! Ah! fi! Maman, est-ce que cela ne te fait absolument rien?

Madame Derville. — Non, ma fille, rien du tout,

et je n'en rechercherai pas moins des prunes, du raisin bien *fleuris* pour orner mon dessert.

CÉCILE. — Je n'aimais déjà pas beaucoup la manne; mais, à présent, je vais l'aimer encore moins.

M. DERVILLE. — Tout ce que tu dis là, ma chère enfant, n'a pas le sens commun. Comme je te crois assez d'esprit pour le comprendre, je n'insisterai pas, et je continuerai à parler d'un sujet intéressant en lui-même.

« Les racines ont aussi leurs excrétions. Pour celles-ci, elles sont parfois nuisibles aux plantes du voisinage; et à elles seules doit être attribuée, sans nul doute, l'*antipathie* prétendue de certaines plantes pour d'autres. Il n'y a rien de *sentimental* du tout dans ce qui fait que le froment, le lin, la scabieuse, périssent partout où croît l'*érigéron âcre*; on avait pensé longtemps le contraire; mais la science fait disparaître peu à peu les préjugés les mieux accrédités.

« Maintenant que nous avons entrevu comment se compose l'œuf végétal; comment il en sort un embryon; comment une tige se couronne de deux cotylédons qui lui servent ensuite de berceau, et comment cette tige, si petite qu'elle soit, contient non-seulement le germe des branches, des feuilles, des fleurs, des fruits, mais tous les matériaux propres à donner la moelle, l'aubier, le bois, l'écorce, nous allons dire quelques mots des fleurs.

CÉCILE.—Oh! quel bonheur! Rien n'est joli comme les fleurs, non pas même le plus bel arbre et le plus beau feuillage!

AMÉDÉE. — Mon père, veux-tu me permettre une question?

M. DERVILLE. — Oui, mon ami.

AMÉDÉE. — Je voudrais bien savoir comment les plantes qui n'ont pas de cotylédons font pour s'en passer?

M. DERVILLE. — Ce serait entrer, mon enfant, dans des détails que nous évitons pour le moment, et sur lesquels nous nous arrêterons lorsque nous nous occuperons spécialement de botanique et non pas de physiologie et d'organographie végétales. Mais tu peux être certain que les acotylédones, telles que les champignons, par exemple ont reçu, tout aussi bien que les monocotylédones et que les dicotylédones, ce qui était nécessaire au développement de l'embryon, à l'accroissement de la plante et à sa reproduction, soit par les fleurs et la fructification, soit par boutures. Il me semble, après tout ce que nous avons entrevu des merveilles du règne végétal, que tu peux être, à ce sujet, bien tranquille et compter, même pour le champignon des Alpes à pollen rouge, sur la munificence et la justice du Créateur, tout autant que tu y comptes pour le chêne dicotylédoné.

AMÉDÉE. — Oh! je suis bien tranquille, sans doute, mon père! Seulement j'aurais voulu savoir de quelle manière poussent les acotylédones. Puisque nous y reviendrons, j'attendrai patiemment.

M. DERVILLE. — Cécile m'a fait hier une question à laquelle je vais répondre aujourd'hui. Elle m'a demandé ce que c'est que la corolle. La corolle est ce qu'on appelle communément la fleur ; la corolle, ce sont les pétales : vous savez qu'on nomme ainsi les *feuilles* de la *fleur*. Mais dans la corolle seule ne consistent ni la fleur ni les organes nécessaires à la production du fruit. En dessous existe une partie bien importante, le calice, et, au milieu, d'autres parties tout aussi importantes, le pistil et les étamines.

Cécile. — Ah! je sais ce que c'est: ce sont comme des bouts de fil tout couverts de poussière jaune.

M. Derville. — Et le calice? Personne ne répond! aucun de vous n'a donc regardé un bouton prêt à éclore, le dessous d'une fleur?

Amédée. — Oh! si, mon père. Le bouton est enveloppé de quatre ou cinq petites feuilles vertes d'une autre forme que les feuilles de la plante; quand la fleur est éclose, ces feuilles s'épanouissent aussi par-dessous comme pour soutenir les pétales.

M. Derville. — Tous les calices ne sont point *polysépales* ou à plusieurs sépales, tel que celui que tu décris là, mon fils: mais remarquez qu'il n'y a jamais de corolle sans calice, tandis qu'il y a quelquefois des calices sans corolle: alors les sépales se colorent des couleurs les plus brillantes et les plus vives: c'est ce que nous voyons dans les narcisses, les tulipes, etc., qui n'ont point de corolles.

Cécile. — Est-il possible! Comment, mon père, ce ne sont que des calices et non pas des fleurs!

M. Derville. — Ce sont des fleurs, c'est-à-dire des corolles pour le vulgaire; pour le botaniste ce sont des calices.

« La fleur complète se compose du calice, de la corolle, du pistil qui comprend l'ovaire, le style, le stigmate, et des étamines.

« Le calice est l'enveloppe extérieure de la fleur. Il

est vert lorsqu'il y a une corolle ; il est coloré de diverses manières lorsque la corolle manque ; je viens de vous le dire tout à l'heure.

« La corolle est l'enveloppe intérieure du pistil et des étamines. C'est la partie la plus brillante de la fleur, et celle qui attire uniquement les regards de tout le monde. La corolle aux couleurs éclatantes ou délicates et variées, exhale les doux parfums particuliers à chaque fleur.

« Le pistil occupe le centre de l'appareil floral où il est entouré par les étamines en plus ou moins grand nombre.

« Nous reviendrons tout à l'heure sur *la parure* de la fleur, la corolle ; parlons d'abord de l'un des organes les plus importants pour la fécondation des ovules ou rudiments d'embryons renfermés dans l'ovaire.

« Ainsi que l'a remarqué Cécile, les étamines se composent de fils appelés filets surmontés d'espèces de petits sacs ou *anthères* qui contiennent la *poussière* jaune bleue lilas, blanche désignée par le nom de *pollen*.

CÉCILE. — Comment, mon père, il y a du pollen de diverses couleurs? Je n'en ai jamais vu que de jaune.

M. DERVILLE. — Parce que tu as vu sans regarder, ce qui t'arrive assez souvent. Le pollen n'est autre chose qu'une multitude innombrable de vésicules renfermant chacune des milliards de granules destinés à la fécondation des ovules. Vésicules et granules sont d'une nature butyreuse ou grasse. Tu en acquerras aisément la preuve : frotte-toi les mains avec le pollen que le pied-de-loup donne en si grande abondance, tu pourras les tremper ensuite dans de l'eau sans te mouiller du tout.

AMÉDÉE.—Mon père, j'ai lu quelque part que la poussière qui s'attache aux doigts lorsqu'on touche les ailes d'un papillon, est toute composée, quand on la regarde au microscope, de milliers de petites écailles de formes différentes, suivant qu'on a pris cette poussière dans le milieu de l'aile ou sur les bords. On a sans doute regardé aussi du pollen au microscope, puisqu'on a vu qu'il se compose de vésicules renfermant des granules?

CÉCILE. — Ah! c'est vrai! Et de vésicules transparentes, n'est-ce pas, mon père, comme celles du tissu cellulaire?

M. DERVILLE. — Leur transparence est *probable*, mais elle n'est point *prouvée*, attendu la prodigieuse quantité de granules ou fovilles que renferme chaque grain de pollen ; tandis que les vésicules du tissu cellulaire ne renferment qu'en nombre assez faible, parfois très-restreint, les globulins auxquels elles doivent leur coloration. Ce qu'on a *vu* et bien vu en observant du pollen au microscope, c'est que chacun des grains de cette prétendue poussière est encore un miracle de la Création. Le pollen du lis ne ressemble point à celui de la rose trémière ; celui de la rose, au pollen de l'œillet, etc. L'un présente l'enveloppe épineuse de la châtaigne ; l'autre semble réticule ou à réseaux ; l'autre offre des compartiments hexagones et parfaitement réguliers, comme le gâteau de cire fait par les abeilles. On a vu encore que cette première enveloppe, si variée dans les dessins, les aspérités et dans la forme des épines qu'elle présente, en renferme une seconde, qui s'allonge en un tube membraneux destiné à favoriser la sortie des granules, et à les empêcher de se disperser en fusée, ce qui arrive lorsque ces deux enveloppes se déchirent à la fois.

MADAME DERVILLE. — Tu as raison, mon ami, c'est bien encore là un miracle de la Création!

M. DERVILLE. — Lorsque les *anthères* s'ouvrent, cette prétendue poussière est lancée sur le pistil, elle y pénètre par les stigmates, et elle porte aux ovules le principe de vie végétale, sans lequel la plante ne donnerait que des fruits stériles, ou plutôt ne donnerait pas de fruits du tout. On s'est assuré, par des expériences curieuses, que les vésicules du pollen ont besoin d'humidité pour que leur première enveloppe se rompe, aussi les stigmates sont-ils toujours humides.

MADAME DERVILLE. — Ceci m'explique la raison d'une chose que je faisais machinalement, et d'après les avis d'un jardinier que nous avons eu longtemps chez mon père; je veux parler de la recommandation que m'a souvent faite cet homme, d'éviter soigneusement de mouiller les fleurs en arrosant les plantes. Je comprends, d'aujourd'hui seulement, que puisque l'humidité suffit pour rompre les vésicules qui forment le pollen, et ce pollen étant nécessaire à la fécondation de la graine, c'est s'enlever tout espoir de fructification que d'arroser les fleurs mêmes, et par conséquent les étamines.

AMÉDÉE. — Et moi je comprends pourquoi, dans les années pluvieuses, on a si peu de fruits; car le fruit, c'est de la graine, n'est-ce pas, mon père?

M. DERVILLE. — Sans aucun doute. Ce que votre mère et vous, mes enfants, vous comprendrez encore, c'est que le vent dépouille les étamines de leur *poussière* fécondante, et peut contribuer, de même que la pluie, à rendre nos arbres fruitiers stériles ; tandis qu'il aide, au contraire, merveilleusement à la fécondation de certaines plantes, de certains arbres dont les fleurs, qui ne portent que des pistils, se trouvent sur les uns, tandis que les fleurs, qui ne portent que des étamines, se trouvent sur les autres.

CÉCILE. — Comment, mon père, chaque fleur n'a pas tout ce qu'il lui faut pour donner de la graine ?

MADAME DERVILLE. — Je sais, confusément, qu'il y a du chanvre mâle et du chanvre femelle, des dattiers mâles et des dattiers femelles ; mais j'ai cru longtemps que c'était à quelque ancien préjugé qu'étaient dues ces dénominations diverses.

M. DERVILLE. — Ceci, ma chère amie, est une vérité, et non point un préjugé. Parfois la fleur mâle et la fleur femelle se trouvent sur le même arbre, sur la même plante, ainsi qu'il arrive pour le figuier, pour les coloquintes, les courges-gourdes, les melons et une foule d'autres.

AMÉDÉE. — Oui, je conçois qu'alors le vent est utile pour porter le pollen aux pistils.

M. DERVILLE. — L'homme, qui aime à produire des races nouvelles par le croisement des races chez les animaux, a imaginé de produire des plantes d'espèces également nouvelles, par le croisement des espèces.

CÉCILE. — Ah ! oui, au moyen de la greffe. Le jardinier m'a expliqué cela l'autre jour.

M. DERVILLE. — Un moyen plus singulier et tout aussi certain a été mis en usage avec succès ; vous pouvez, mes enfants, l'employer vous-mêmes.

« L'été prochain, vous aurez acquis, je l'espère,

assez de connaissances en botanique, pour savoir quelles sont les plantes qui ont le plus d'analogie entre elles par leurs habitudes, leur manière de vivre. Vous en choisirez deux ; et au moment de la floraison, avant celui où s'ouvrent les anthères, vous enleverez toutes les étamines des fleurs de l'une des deux plantes, en vous donnant bien de garde de blesser les pistils, puis vous prendrez, avec un pinceau bien fin et bien sec, le pollen fourni par les anthères de l'autre plante, et vous l'apporterez sur les stigmates des pistils de ces fleurs que vous aurez dépouillées d'étamines. Il faudra répéter cette opération plusieurs fois dans la journée. Vous soignerez attentivement cette plante, vous en recueillerez la graine à part ; vous la sèmerez au printemps suivant, et vous aurez *une espèce nouvelle*, tenant du père et de la mère, plus belle peut-être que tous les deux, ou bien offrant des formes bizarres et un étrange assemblage de feuillage, de fleurs qui ne ressembleront à ceux d'aucune plante connue.

« Ce *genre*, qui au fait n'en est pas un, car il n'est que le produit du hasard ou de la fantaisie, est désigné en botanique par le mot de *hybride*. Les vrais botanistes dédaignent les hybrides, tandis que les simples amateurs du jardinage cherchent à en créer des plus bizarres ; ils sont bien aises d'exercer, sur les végétaux, la même toute-puissance que sur les animaux.

AMÉDÉE.— Mon père, est-il vrai que les botanistes donnent le nom de *monstres* aux fleurs doubles?

CÉCILE. — Monstres eux-mêmes ! Les fleurs doubles sont ce qu'il y a de plus beau.

M. DERVILLE. — A tes yeux, ma fille, et à ceux

du simple amateur ; mais aux yeux du botaniste, ce sont des *monstres*, parce qu'elles ne portent point de graines ; et ceci est une *monstruosité*, puisque la fleur a pour destination de donner des fruits, des graines.

MADAME DERVILLE. —Il me semble que Cécile, qui aime tant à *deviner*, peut deviner maintenant pourquoi les fleurs doubles ne portent point de graines.

CÉCILE. — Attends un peu, maman, que je me souvienne comment elles sont faites dans l'intérieur!... Non, je ne devine pas.... car, enfin, les roses ont pourtant des étamines....

M. DERVILLE. — En très-petit nombre, et le pistil manque ou n'est qu'un avorton.

CÉCILE. — Ah! c'est vrai. Les pétales étouffent tout cela.

M. DERVILLE. — Les pétales *n'étouffent* rien. Chez les fleurs doubles, les pétales surabondants ne sont que les filets des étamines et le pistil, étalés en pétales; ainsi les fleurs doubles achètent la beauté au prix de l'utilité.

AMÉDÉE. — Mon père, je me souviens maintenant qu'il y a des fleurs simples, je ne me rappelle pas positivement lesquelles, qui ne portent pas de poussière jaune, et qui donnent de la graine cependant.

M. DERVILLE. — Tu oublies, mon fils, ce que je viens de dire à l'instant, que le pollen est de diverses couleurs.

CÉCILE. —Mon père, il me vient une idée; c'est que peut-être les granules du pollen renferment encore d'autres granules. Est-ce possible?

M. DERVILLE. — Très-possible, ma fille, et l'on est fondé à le présumer, car la divisibilité, de la matiere est infinie. Le microscope, même avec un grossissement de mille fois, ne peut nous faire *entrevoir* que les atomes d'un huit-centième de millimètre, et il en est de plus *atomiques* encore. A la vue simple, l'émission des granules par le pollen produit sur l'eau un léger nuage qui prend feu, à cause de sa qualité butyreuse ou huileuse, à la flamme d'une chandelle et produit une clarté blanchâtre. Avec le pollen du pied-de-loup, lycopode, ou soufre végétal, ou encore mousse terrestre, on imite au théâtre les effets de l'éclair. Il s'enflamme subitement et jette cette lueur particulière aux éclairs, qui a quelque chose de magique. L'Allemagne, la Suisse, fournissent en abondance le lycopode qu'on emploie aussi à plusieurs usages en médecine et à plusieurs expériences dans la physique amusante.

AMÉDÉE.—Mon père, je remarque une chose, et cette chose, je la retrouve partout et toujours ; c'est que Dieu donne en quantité, à chaque espèce, ce qu'il lui faut pour qu'elle se multiplie. Ainsi, les arbres ont des fleurs par milliers. et les fleurs ont du pollen en quantité ; de sorte que, s'il vient des pluies trop fortes, il y aura toujours quelques fleurs au moins qui porteront de la graine, et ainsi l'espèce ne périra plus.

CÉCILE. — C'est comme pour les oiseaux et les insectes, avec leur quantité d'œufs. Moi aussi j'ai remarqué une chose, mon père ; c'est que tout sert absolument dans le monde, jusqu'aux vents et à la tempête. Tu nous l'as bien prouvé déjà, à propos des cigales. Mais, mon père, je pense encore une autre chose ; c'est qu'il doit se faire tout naturellement de ces plantes que tu nous as dit s'appeler des... des...

M. Derville. — Des hybrides. Oui, sans doute, mon enfant, il s'en fait *tout naturellement,* comme tu dis; cependant, ce mélange des espèces est rare, tu le comprends aisément, parce que chez les fleurs, qui sont à la fois mâles et femelles, le pollen qu'elles portent est recueilli par le pistil beaucoup plus promptement que ne peut l'être celui que leur amène le vent; les ovules, une fois fécondés, le pollen dispersé dans l'air ne peut plus changer leur nature. Mais l'industrie des hommes, qui ne négligent aucun moyen d'augmenter leurs richesses, a su trouver le secret de multiplier le nombre des plantes femelles qui, seules, portent des fruits, et de borner le nombre des plantes mâles, dont la surabondance est regardée par eux comme inutile. Ainsi, dans l'Orient, où l'on cultive le dattier; en Sicile, où l'on cultive le pistachier, on a, en petit nombre, des dattiers et des pistachiers mâles. Quand vient l'époque de la floraison, on enlève à ceux-ci leurs rameaux chargés de fleurs, et l'on va les secouer sur les rameaux en fleurs des dattiers et des pistachiers femelles; la récolte de fruits est alors certaine autant qu'abondante.

Amédée. — Mon père, il vient de me venir une idée. Est-ce que les plantes qui poussent dans l'eau fleurissent aussi au fond de l'eau?

M. Derville. — Quelques espèces, mon fils.

Amédée. — Mais alors, comment les vésicules qui contiennent le pollen ne s'ouvrent-elles pas, puisque l'humidité les fait..... s'ouvrir?

M. Derville. — Tu peux aisément présumer, mon enfant, que tout a été prévu pour ces espèces, qui sont en petit nombre, afin que la production de la graine eût lieu.

CÉCILE. — Oui, certainement, on peut bien s'en rapporter, pour cela, à Dieu, je pense !

M. DERVILLE.—Les autres espèces viennent fleurir à la surface de l'eau ; tel est, par exemple, le vallisneria, si abondant dans le midi de la France. Les fleurs femelles sont portées sur une longue tige roulée en spirale. A l'époque de la floraison, la tige en spirale se déroule ; la fleur femelle monte à la surface de l'eau et s'épanouit ; la fleur mâle, dont la conservation n'est point nécessaire quand elle aura donné le pollen de ses étamines, se détache de la tige très-courte qui l'unissait à la plante, monte aussi à la surface de l'eau ; elle s'épanouit, ses anthères s'ouvrent ; le pollen qu'ils contenaient est lancé sur le pistil des fleurs femelles, qui redescendent, et vont mûrir leurs semences au fond des eaux.

AMÉDÉE. —Et les fleurs mâles, mon père?

M. DERVILLE. — Je t'ai dit qu'étant inutiles, elles se sont détachées de la tige ; une fois leurs étamines dépouillées de pollen, elles deviennent le jouet des eaux.

MADAME DERVILLE. — Ceci est une preuve nouvelle, mes enfants, que Dieu ne faisant rien d'inutile, ce qui ne l'est que momentanément a peu de durée!

AMÉDÉE.—Mais, maman, les fleurs mâles ne sont pas cause d'être moins utiles que les fleurs femelles !

—«Ah! dit Cécile en riant, voilà Amédée qui se fâche de ce que, chez les vallisneria, le *genre masculin* soit moins utile, et, par conséquent, moins *considéré* que le *genre féminin !*

M. DERVILLE. — La réflexion de votre mère, mes

enfants, est parfaitement juste ; mais, pour *consoler* Amédée de voir, parmi certaines plantes, les fleurs mâles moins *considérées* que les fleurs femelles, je lui ferai remarquer qu'une fois la graine fécondée, les fleurs femelles se fanent également : de tout le luxe de couleur et de formes qu'elles ont étalé, il ne reste absolument rien que des pétales flétris, et que les sépales desséchées du calice ; tant il est vrai, ainsi que votre mere vient de le dire, que ce qui n'est que *momentanément* utile, n'a que la durée d'*un moment !* »

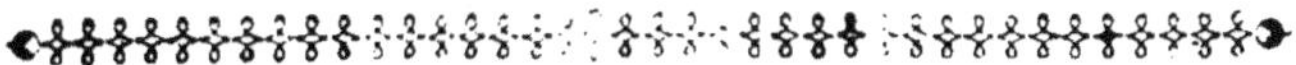

CHAPITRE IV.

Le figuier commun. — La caprification. — Le figuier des pagodes. — Le figuier du Bengale. — Le figuier maudit. — La gomme élastique. — Le caoutchouc. — Les artocarpes. — L'arbre à pain.

« Dis donc, Amédée, s'écria tout à coup Cécile, ne te souviens-tu pas d'une chose que nous avons lue, il y a quelque temps, dans un voyage à l'île de Malte, au sujet des figues qu'on veut faire mûrir?

Amédée. — Attends.... Ah! oui! et cela montre l'ignorance du voyageur. Il parle de figues sauvages apportées sur les figuiers domestiques, afin, dit-il, que les vers contenus dans les figues sauvages *piquent* les figues domestiques.

M. Derville. — En quoi, mon fils, ce voyageur donne-t-il des preuves de son ignorance?

Amédée. — Mais, mon père, il est clair que ce sont des branches de figuier mâle et fleuries, et non pas des figues, qu'on apporte sur les figuiers femelles pour que le pollen fasse fructifier leurs fleurs.

M. Derville. — Je ne trouve à ceci qu'une petite difficulté; c'est que les fleurs mâles et les fleurs femelles du figuier sont sur le même arbre, dans un réceptacle commun, et non pas séparées comme celles du dattier et du pistachier, par exemple.

Cécile. — Et puis, tu as oublié une chose que le

jardinier nous a dite avant-hier, mon frere; c'est que le figuier ne fleurit pas.

AMÉDÉE. — Mais, pourtant, mon père parle de fleurs; et il en sait un peu plus, je pense, sur l'histoire des plantes, que le jardinier!

MADAME DERVILLE, *en riant*. — La question s'embrouille de plus en plus au lieu de s'éclaircir.

M. DERVILLE. — La difficulté gît uniquement dans l'erreur qui fait que l'on regarde comme une *fleur* celle qui présente une corolle, ou bien un calice aux sépales colorées à la manière des pétales: voilà la fleur pour le vulgaire.

AMÉDÉE. — C'est vrai, et je n'y pensais pas.

M. DERVILLE. — Tandis que les parties importantes de la fleur, celles qui la constituent positivement, sont le pistil et les étamines. Que la corolle manque, peu importe; partout ou il y a un ou plusieurs pistils, on peut reconnaitre une fleur femelle; partout où il y a des étamines, on peut reconnaitre une fleur mâle. Quelquefois, comme pour le pistachier et le dattier, par exemple, ces fleurs mâles et ces fleurs femelles naissent sur des individus différents; d'autres fois, on les trouve sur le même individu quoiqu'elles n'y soient point réunies au centre d'une corolle; tel est le figuier, par exemple. A ce qu'on appelle *l'œil de la figue*, se montrent les étamines qui constituent les fleurs mâles, et au centre de la figue naissante, se montre le pistil qui constitue la fleur femelle. Mais, je le répète, pour le vulgaire, il n'y a point de *fleur*, puisqu'il n'y a ni corolle ni calice dont les sépales colorées représentent des pétales. Quant aux fougères et aux mousses, la question est encore indécise entre les

savants, sur leur floraison et sur la fructification par
le pollen. Je ne vous entretiendrai pas maintenant, mes enfants, de discussions au-dessus de votre
âge ; je vous dirai uniquement *pour mémoire*, que
le système de Linné que je vous ai fait suivre, et
qui est le plus attrayant de tous, non-seulement
laisse beaucoup à désirer sous le rapport de la classification, mais paraît même fortement ébranlé par
les découvertes déjà anciennes du célèbre Turpin, et
par les découvertes récentes faites en Allemagne.
En fait de science, rien n'est et ne sera jamais complétement absolu. Mais revenons à ce qu'Amédée
vient de dire.

« Anciennement, en effet, on se servait d'un
moyen étrange pour faire *mûrir* plus promptement
les figues, parce qu'on avait remarqué que les fruits
verreux grossissent et tombent plus vite ; ce qui n'im-
plique pas leur maturité. L'insecte dont on se servait,
est une mouche du genre des ichneumones qui pique
certains fruits, certaines parties des plantes, des
arbres, avant d'y déposer un œuf ; au moment où
elle fait cette piqûre, elle y verse une liqueur dont
l'action est d'activer la circulation de la séve, et de
l'attirer plus abondamment vers la partie blessée.
Cette partie grossit et donne ce qu'on appelle des
galles, ou bien le fruit augmente promptement de
volume, et *mûrit* avant tous les autres, mais pour
tomber plus promptement, et sans venir jamais,
quoi qu'on en puisse dire, à une *complète* maturité.
Les Anciens, ayant observé ce fait, imaginèrent de
faire piquer leurs figues par les insectes qui aidaient
si merveilleusement les figues sauvages à mûrir.
Pour y parvenir, ils recueillaient les figues sauvages

arrivées à cet état de maturité factice, et en formaient des chapelets qu'ils suspendaient aux branches des figuiers domestiques ; le succès couronnait leurs tentatives ; tel figuier qui n'avait jamais donné que vingt-cinq livres de fruit mûr, en donnait jusqu'à deux cent cinquante livres.

Cécile.—Ce voyageur a l'île de Malte le dit bien, tu t'en souviens, Amédée?

Amédée.—Oui, je m'en souviens ; mais il dit aussi qu'en mettant une goutte d'huile d'olive sur l'œil de la figue, ou bien en le piquant avec une aiguille enduite d'un corps gras, on produit absolument le même effet..... Je l'avais oublié d'abord, et voilà que cela me revient à présent.

M. Derville. — Second motif, mon enfant, de te repentir de ta précipitation dans le jugement que tu avais porté sur son manque de savoir. Ceci prouve que ce voyageur, loin d'être un *ignorant,* est au contraire un homme instruit des découvertes les plus modernes de la science; un homme qui sait, sans doute, que le savant entomologiste Olivier a prouvé aux Orientaux l'inutilité du procédé employé par les Anciens, et qu'on appelait *caprification,* et l'importance de ne point gâter leur récolte en travaillant eux-mêmes à rendre verreux des fruits sains.

Cécile.—Ah! j'en suis bien aise! cela me dégoûtait déjà des figues fraîches et des figues sèches dans lesquelles j'aurais toujours cru voir des vers; car enfin ce sont des vers, n'est-ce pas, mon père, qui sortent des œufs déposés par les mouches? j'ai oublié leur nom.

M. Derville.—Les mouches du genre des ichneumones. Oui, mon enfant, ce sont des vers d'abord, qui se transforment promptement en larves, puis en nymphes, et qui, après avoir passé par tous les degrés de la métamorphose, prennent enfin des ailes pour s'envoler, et pour aller pondre ailleurs.

MADAME DERVILLE. — D'après ce que tu viens de dire, mon ami, au sujet de la caprification, il paraîtrait que la culture du figuier et de son fruit est bien ancienne?

M. DERVILLE.—Oui, certainement elle est ancienne. Chez les Égyptiens, le figuier était regardé comme l'une des plus grandes richesses de la terre, et, pour exprimer la pensée du vrai bonheur, on avait coutume de dire qu'un tel avait vécu à l'ombre du figuier ; ou bien on formait le souhait de vivre sous cette ombre. Les Grecs aussi le cultivaient et pratiquaient, dès avant Théophraste, la caprification ; les Romains ne faisaient pas moins de cas de cet arbre, dont les fruits donnaient à la fois un mets recherché des gourmets, et une nourriture abondante aux plébéiens ; les Hébreux apprirent des Égyptiens l'art de le cultiver, et ces trois nations contribuèrent presque également à répandre cette culture dans nos contrées méridionales surtout, où elle réussit fort bien. Ainsi, mes enfants, s'enrichissent plus véritablement les peuples que par la découverte des mines d'or et d'argent. Les mines s'épuisent, tandis que la culture multiplie à l'infini les végétaux. Leurs graines, leurs fruits donnent d'abondantes moissons qui font pénétrer tôt ou tard une sorte d'aisance dans la chaumière des paysans, et assurent au pauvre de quoi satisfaire sa faim.

MADAME DERVILLE. — Mon père avait autrefois établi une sorte de *figuerie* dans sa basse-cour ; du moins, il donnait ce nom à sept ou huit figuiers très-beaux en effet, et qui fournissaient des provisions surabondantes de figues sèches pour l'hiver. Il aurait voulu faire quelques essais sur d'autres figuiers que le figuier commun; car il y en a, je crois, plusieurs espèces; mais le temps lui manquait, et c'était bien assez, pour l'occuper, que les arbres de la basse-cour.

M. DERVILLE. — Où ils étaient merveilleusement placés pour se trouver tout naturellement à l'abri des attaques des oiseaux, effrayés par les allées et venues continuelles qui ont lieu dans une basse-cour.

CÉCILE. — Mais, mon père, les poules n'aiment-elles donc pas les figues?

M. DERVILLE. — Certainement si, elles les aiment; mais il leur est *défendu* d'y toucher.

CÉCILE. — Et elles obéissent à la défense?

AMÉDÉE. — Cela t'étonne, ma sœur?

CÉCILE. — Oui, mon frère, parce que les poules ne sont pas obéissantes de leur nature, je l'ai bien vu, et surtout quand il s'agit de fruits qu'elles aiment.

M. DERVILLE. — Où il y a impossibilité pour les gourmands de satisfaire leur gourmandise, il faut bien devenir obéissants; c'est ce qui arrive relativement aux figuiers plantés dans les basses-cours. Les branches de cet arbre, flexibles et droites, n'offrent point aux poules de perchoir commode, et ainsi les figues mûrissent en sûreté, abritées du vent par les murs de la basse-cour qui leur renvoient la chaleur qu'ils ont reçue des rayons du soleil.

AMÉDÉE. — La chaleur rayonnante, Cécile!

M. DERVILLE. — Tu parlais tout à l'heure, ma chère amie, de *plusieurs* espèces de figuiers; on en compte jusqu'à quatre-vingt-seize, dont quelques-unes ont acquis une grande célébrité.

« Tel est, entre autres, le figuier des pagodes, si respecté dans les Indes, non point parce qu'il étend à de grandes distances et en ligne horizontale sur un sol sablonneux ou pierreux, ses immenses rameaux; mais parce que les Indiens le regardent comme le théâtre de la naissance, de l'incarnation et des diverses transfigurations de Brahma.

« Le figuier du Bengale, non moins gigantesque, forme à lui seul d'immenses forêts. Un pied unique suffit pour couvrir en quelques années une grande étendue de terrain. De ses branches partent des jets sans feuillage qui ne sont en effet que des racines se dirigeant vers le sol pour y pomper les sucs nourriciers et former des boutures naturelles. Celles-ci deviennent bientôt comme la souche d'un nouvel arbre qui monte, se couvre à son tour de branches, de feuillage, et ainsi se multiplient des arcs verdoyants croisés dans tous les sens, qui offrent aux oiseaux d'épais berceaux à l'abri desquels ils peuvent nicher en paix et qu'ils animent de leurs chants.

Cécile. — Que ce doit être beau, et que j'en voudrais voir un !

M. Derville. — Nous trouverons moyen de te donner l'idée des forêts *fondées* par un seul arbre en recourant à quelque gravure; mais ton imagination aura encore beaucoup à faire pour se représenter, dans tout son grandiose cet arbre magnifique.

« Le grand figuier d'Amérique ne le cède en rien au figuier du Bengale pour les proportions colossales, et pour les jets qu'il lance en terre de chacune de ces branches. Ce qu'il a seulement de particulier, c'est que ses racines, fort grosses et fibreuses, sont presque entièrement hors du sol et forment comme des arcs-boutants; elles soutiennent l'arbre élevé à une certaine hauteur au-dessus de la terre d'où il tire sa nourriture.

AMÉDÉE. — Mon père, tous les autres figuiers qui viennent des jets qu'ils jettent, ont-ils ainsi leurs racines hors du sol?

M. DERVILLE. — Oui, mon fils.

AMÉDÉE. — C'est bien pour le coup alors que cet arbre doit faire à lui seul des forêts impénétrables!

MADAME DERVILLE. — Quelle grandeur, quelle majesté dans les productions de ce que nous appelons le Nouveau-Monde!

CÉCILE. — Mon père, et les figues de ces figuiers-là? Elles doivent être énormes!

M. DERVILLE. — Tout au contraire; les fruits de ces arbres magnifiques ne deviennent pas plus gros qu'une noix ordinaire et sont d'un goût fade; mais, comme toutes les figues, ils renferment une grande quantité de graines que le vent, que les oiseaux portent au loin, et le grand figuier d'Amérique se retrouve, pour ainsi dire, partout, excepté en Europe. Son bois fournit aux negres des canots, des sébiles, des assiettes et une foule d'autres ustensiles de ménage.

« Parmi les nombreuses variétés du figuier, est le figuier *maudit*, ou de clusier rose. Pour celui-ci, c'est le plus hardi des parasites animaux ou végétaux. Lorsqu'une de ses graines, qui sont fort légères, est jetée par le vent sur un arbre où la retient quelque anfractuosité, elle germe, et pendant quelques années elle représente assez bien, par sa masse arrondie, notre **gui**.

Mais de l'extérieur de cette masse arrondie partent successivement de longs filets, ou racines aériennes, qui descendent vers la terre d'une élévation de quatre-vingts à cent pieds. Dès que ces longs filets ont touché le sol, ils s'y fixent en développant des racines souterraines et latérales, et bientôt, de ces boutures naturelles, sortent des rameaux qui se multiplient avec une telle rapidité, avec une telle vigueur, que des forèts entières périraient étouffées par ce hardi parasite si la hache ne venait à le détruire. Le figuier maudit peut devenir un arbre du premier ordre. Son noyau est formé par le grand arbre sur lequel sa graine s'est développée; autour de ce noyau, le figuier maudit a arrondi ses couches de bois blanc, tendre et poreux; c'est dans ce linceul que le tronc de l'arbre, *sa victime*, est enseveli et se conserve intact pendant des siècles, tandis qu'à l'extérieur, le clusier rose l'orne de ses belles grandes fleurs rosées, de ses fruits étoilés lorsqu'ils sont ouverts, et des graines couleur de feu qu'ils contiennent.

Amédée. — Ce doit être bien beau !

M. Derville. — Oui, cette plante parasite est magnifique.

Cécile. — Oh ! c'est égal, elle est toujours bien nommée *le figuier maudit*, puisqu'elle étouffe tant de pauvres arbres.

Madame Derville. — Je suis persuadée, cependant, que quelque *maudit* que le clusier rose puisse être, il offre à l'industrie des habitants du pays où il croît, quelque genre d'utilité dont nous ne nous doutons pas.

M. Derville. — En effet, ma chère amie. Comme tous les figuiers, le maudit donne en abondance un suc laiteux qu'on emploie, dans le pays, à panser les plaies des chevaux ; on s'en sert encore, au lieu de suif, pour enduire les bateaux, pour calfater les vaisseaux. Ce suc laiteux, fort dangereux dans certaines espèces, puisqu'il excite, en tombant sur la peau, des inflammations très-douloureuses et fait naître même quelquefois des ulcères, est abondant dans les branches et dans les bourgeons. On se servait jadis de celui que fournit le figuier domestique comme de présure pour faire prendre le lait ; les cuisiniers en frottaient les viandes afin de leur donner une saveur toute particulière et délicieuse, dit-on, quoiqu'il soit d'un goût âcre et amer ; aujourd'hui, la médecine même a cessé de l'employer ; mais on fait encore usage d'une espèce de gomme élastique fournie par le suc laiteux du figuier élastique, ainsi nommé à cause de ce produit particulier.

Cécile. — Ah ! je ne savais pas que le caoutchouc fût le produit d'un figuier.

M. Derville. — La gomme élastique et le caoutchouc ne sont pas une seule et même chose. Je viens de nommer l'arbre qui fournit la première ; le second est donné par l'*hevea*, arbre du genre des euphorbacées et qui croît dans la Guyane française. Je ne nommerai plus qu'une seule espèce de figuier, c'est le figuier sycomore. Il appartient à l'Égypte ; on le voit arriver à une prodigieuse élévation et à une grosseur considérable. C'est avec le bois du figuier sycomore qu'ont été faits les cercueils des momies embaumées dans les temps les plus reculés ; de nos jours encore, ces cercueils sont intacts, tant ce bois est incorruptible et inattaquable aux insectes.

Cécile. — Le figuier nous a fait voyager absolunent comme le chien du berger, tu t'en souviens, **Amédée**, lorsque, pour la première fois, nous avons fait de l'histoire naturelle ainsi que le bourgeois gentilhomme faisait de la prose, sans le savoir. Mon père, puisque nous sommes dans les pays étrangers, je voudrais bien savoir si ce qu'on raconte de l'arbre à pain est vrai?

M. Derville. — Qu'est-ce qu'on en raconte?

Cécile. — Oh! des merveilles, n'est-ce pas, Amédée?

Amédée. — Je ne m'en souviens pas.

Cécile. — Ni moi non plus... c'est-à-dire pas positivement... mais j'ai comme une idée confuse que ses fruits... ne sont pas autre chose que... du pain, oui, du pain blanc et excellent.

M. Derville. — Je n'ai point l'*honneur* de connaître d'arbre à pain de ce genre. J'ai bien entendu parler des artocarpes, arbres de la famille des figuiers, de même à suc laiteux, qui sont très-beaux par leur port, par leur feuillage, et entre lesquels on distingue trois espèces surtout : l'*artocarpus incisa*, surnommé l'arbre à pain ; l'*artocarpus seminifera*, ou l'arbre à châtaignes, et l'*artocarpus jaca*, ou le jaquier. Mais aucun ne donne du pain tout boulangé, tout cuit, ni des châtaignes grillées ou bouillies.

Cécile. — Mon petit père, ne te moque pas de moi, je t'en prie! Il y a si longtemps que j'ai lu cette histoire de l'arbre à pain, et j'ai appris tant de choses depuis, que tout cela se sera mêlé ensemble dans ma tête.

M. Derville. — Mauvaise excuse, mon enfant! Si les connaissances, plus ou moins approfondies, que chaque jour tu peux acquérir ne produisent d'autre résultat qu'un mélange inextricable avec les connais-sances anciennement acquises, ce n'est réellement pas la peine de se mettre en frais pour t'instruire.

MADAME DERVILLE. — J'avais trouvé jadis un moyen d'aider à la mémoire de Cécile pour les lectures qu'elle fait seule ou avec moi ; c'était de préparer un petit cahier où elle inscrirait, par ordre alphabétique et seulement à l'aide d'un mot, ce qui l'aurait le plus frappée ; mais, après avoir commencé ce cahier, elle l'a laissé là, comme elle laisse là tant d'autres choses non moins utiles, surtout quand on est aussi étourdie ; et j'en suis réduite quelquefois à douter qu'elle veuille sincèrement se corriger de ce défaut si dangereux dans les conséquences qu'il produit.

— Maman, ne me gronde pas, je t'en prie ! s'écria Cécile qui se leva et courut embrasser sa mère. Pas plus tard que ce matin j'ai commencé un petit cahier que je te montrerai à la fin de la semaine ; c'est comme une table de ce que mon père nous a raconté hier au sujet des végétaux. J'y ai tout mis en un seul mot, les noms des fondateurs de la botanique, l'œuf végé-tal, les graines, la rosée, enfin tout... Je voudrais tant pouvoir y mettre aussi l'arbre à pain ! et l'arbre à thé !... Mon petit père, je t'en prie, dis-moi la vérité ! plus je vais, vois-tu, moins j'aime les contes.

M. DERVILLE. — Je t'en félicite, ma fille. Tâche donc de ne pas permettre à ton imagination de donner ce qu'on ne lui demande pas, et consulte ta raison quand tu trouveras dans les récits des voyageurs des choses aussi ridicules que celles que tu viens de nous dire à propos de l'arbre à pain, qui serait mieux nommé peut-être l'arbre à fécule ou bien à farine.

« Notre blé est bien, j'espère, l'*herbe à pain* de l'Europe ; la pomme de terre est bien aussi l'*herbe à fé-cule* ; mais tu n'ignores pas que le blé, pour donner la farine qu'il contient, doit passer d'abord sous le fléau des batteurs en grange, et entre les meules du moulin ; que cette farine, ainsi obtenue, doit être mêlée avec de l'eau, petrie, maniée, changée en pâte qu'on fait lever, et, enfin, mise au four pour donner du pain ; tu sais encore que la fécule n'est extraite de la pomme de terre que par des travaux assez longs, et que, pour devenir nourriture bienfaisante, elle doit subir l'action du feu : comment donc est-il possible que tu aies été croire ou t'imaginer que du pain tout préparé, tout cuit, *pousse* sur un arbre comme pousse un fruit ?

CÉCILE. — C'est le nom donné à l'arbre qui m'a trompée.

M. DERVILLE. — Dis tout simplement que tu as lu sans réflexion, que tu as inventé, sans réflexion, ce que le livre ne disait pas, et que, sans réflexion encore, tu as adopté toutes ces demi-idées qui favorisaient la paresse de ton esprit et le laissaient dans un vague qui lui plaisait.

« Puisque tu me demandes *la vérité*, je te dirai que l'*artocarpus incisa* est un bel arbre originaire des îles Javanaises et des Moluques. Il porte un fruit qui acquiert le volume d'un énorme melon vert ; ce fruit, après avoir passé au four, donne une substance assez semblable à la mie de pain, mais d'un goût acide un peu fort, ce qui ne plaît pas à tout le monde.

AMÉDÉE. — A la bonne heure ! voilà qui est clair et raisonnable !

M. DERVILLE. — Les Anglais ont envoyé deux fois des vaisseaux aux îles du Sud, pour enlever des plants d'arbres à pain ; ces plants ont fort bien réussi dans les autres îles ou l'on a cherché à les naturaliser ; mais les fruits qu'ils produisent ne paraissent pas aussi savoureux aux Européens en particulier qu'aux indigènes d'Otaïti.

« Quant à l'*artocarpus seminifera*, il porte un fruit moins gros que celui de l'arbre à pain et dont l'enveloppe présente, par ses aspérités, beaucoup de ressemblance avec l'enveloppe verte et piquante de la châtaigne. Dans l'intérieur sont renfermées de soixante-dix à quatre-vingts graines ou amandes plus petites que notre châtaigne, à laquelle elles ressemblent un peu pour la forme, et qu'on mange de même après les avoir fait bouillir ou cuire sous la cendre. Le jaquier ou *artocarpus jaca*, plus élégant que ses *confrères*, donne encore des espèces de châtaignes, mais d'un goût moins fin, d'une chair moins délicate que celles de l'*artocarpus seminifera*.

« Là ne se borne pas le parti qu'on peut tirer de ces beaux arbres qui animent le paysage de leur riche verdure. Avec l'écorce, les habitants des îles du Sud parviennent à préparer du fil dont ils tissent des toiles assez fines. Le bois sert à la construction des maisons, des pirogues, et le suc laiteux fournit une gomme élastique que leur industrie sait approprier à plusieurs usages.

CÉCILE. — Que je suis contente de savoir tout cela !

M. DERVILLE. — Pourquoi en es-tu contente ? Parce qu'il s'agit de pays lointains, d'objets nouveaux, qui piquent ta curiosité, tandis qu'elle n'est pas du tout excitée par des objets aussi intéressants, aussi curieux, mais qui, étant à ta portée ne te paraissent pas même dignes d'un regard.

CÉCILE. — Quels sont-ils donc, mon père, ces objets intéressants et curieux ?

M. DERVILLE. — Mais, le blé, d'où nous tirons la farine, et dont un seul grain produit de trente-cinq à quarante épis qui donnent, à peu près, de vingt-trois à trente mille grains.

CÉCILE. — Ah ! mon Dieu !

M. DERVILLE. — Mais l'orge, mais l'avoine, si nécessaires pour la nourriture des animaux domestiques ; mais le chanvre, mais le lin, auxquels nous devons depuis la toile d'emballage jusqu'aux plus belles batistes, jusqu'aux dentelles les plus magnifiques ; mais les plantes légumineuses qui couvrent journellement la table du riche et du pauvre ; mais l'utile pomme de terre, qui te paraît moins curieuse à observer que la patate ; mais nos arbres fruitiers auxquels tu préfères, sans aucun doute, le cocotier, le manguier, le palmier ; mais notre chêne, nos peupliers, que tu regardes à peine, sans les voir, tandis que tu passeras des heures à contempler une mauvaise figure qui te présentera l'image rabougrie des arbres des pays lointains, et des heures à écouter des descriptions dont la meilleure ne peut te donner la plus légère idée de la réalité !

AMÉDÉE. — C'est vrai, au moins, ma sœur ! Et je prends pour moi ce que te dit mon père. Dire qu'on demeure indifférent à ce qu'il est possible d'examiner, de voir par ses propres yeux, tandis qu'on est comme affamé de tous les contes que font les voyageurs ! Car il y en a beaucoup qui font des contes, n'est-ce pas, mon père ?

M. Derville. —Oui, mon fils, beaucoup; non par mauvaise foi, mais parce qu'ils ont mal vu; mais parce qu'ils se sont laissés aller, comme quelqu'un de notre connaissance, aux rêves de leur imagination.

Amédée. — Pourtant, mon père, il est tout naturel de chercher à connaître les productions des climats lointains?

M. Derville. — Sans aucun doute, mon fils. Mais il me semble qu'on peut espérer de les connaître mieux, si l'on a acquis d'abord une instruction réelle en étudiant les objets qui sont à sa portée. Cette étude conduit, par une route certaine, à la découverte des lois générales dont tant de fois déjà je vous ai parlé, dont tant de fois encore je vous parlerai. Avec la connaissance de ces lois générales, on marche d'un pas assuré; on n'offense point le bon sens par des erreurs grossières, impardonnables, et l'on ne devient pas la dupe des rêves des autres ni des siens propres.

« Mes enfants, je vous le répéterai sans cesse, sans relâche; regardez autour de vous; réfléchissez sur ce que vous aurez vu, sur ce que vous aurez entendu; établissez des rapports entre ce que vous aurez appris et ce qu'on vous raconte; servez-vous, en un mot, des facultés que le Ciel vous a données, et ainsi, seulement, vous pourrez espérer d'acquérir une instruction réelle et de ne point vous égarer.

« Demain soir j'achèverai ce que je veux vous dire pour le moment au sujet des végétaux, et l'autre semaine nous nous occuperons des minéraux. Que vos cahiers soient en ordre, et que je vous trouve prêts à me répondre lorsque je vous ferai quelques questions sur les différents sujets dont nous nous sommes jusqu'à présent entretenus. »

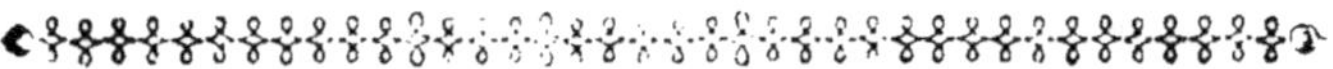

CHAPITRE V.

Une leçon de botanique d'après les méthodes de Jussieu, de Tournefort et de Linnée. — L'arbre à thé. — Fleur de thé. — Thé impérial. — Différentes sortes de thés.

—

Le jour suivant étant un jeudi, Amédée, comme de coutume, revint du collége à deux heures, et, aussitôt, il courut rejoindre sa sœur dans le jardin. Cécile était en quête de toutes les fleurs simples qu'elle pouvait trouver, et fort en peine de mille difficultés qui l'arrêtaient à chaque instant dans ses observations.

« Tu vois bien, ma sœur, qu'il faut pourtant avoir recours à la science, » dit Amédée. Depuis la veille, il cherchait comment s'y prendre pour faire partager ses idées à Cécile. « Tu ne serais pas embarrassée, ni moi non plus, ajouta-t-il, si nous avions demandé à mon père par quelles plantes il faut commencer à étudier la botanique. Mais tu as tant de peur de la science ! Comme si mon père ne savait pas la rendre amusante ! Si nous connaissions seulement le nom des ordres pour les végétaux comme nous les connaissons pour les oiseaux, nous commencerions par le premier, ensuite nous passerions au second, et, du moins, nous verrions par quel

Culture de l'Arbre Thé.

Boom – upas.

bout nous y prendre. Mais tu ne veux que des histoires des arbres et des plantes qui viennent dans les pays étrangers, au lieu de t'occuper d'abord...

— Allons, vas-tu me répéter ce que mon père m'a dit hier ! s'écria Cécile impatiemment. Toi qui sais le grec et le latin, tu n'as pas peur de la science ni de ses grands mots ; mais moi, c'est bien différent, et j'ai assez de choses à apprendre, sans aller me tourmenter de ce dont je n'ai pas besoin.

— Pas besoin ! » répéta Amédée. Avec une vivacité qui ne lui était pas ordinaire, il essaya de faire comprendre à Cécile qu'en vain elle prétendait étudier les fleurs qu'elle aimait de passion, sans avoir demandé à la science, dont elle s'effrayait, un fil pour la guider dans ses recherches.

Après bien des débats, il fut enfin convenu qu'Amédée ferait les questions qu'il jugerait à propos de faire, mais que Cécile pourrait, de son côté, en adresser à leur père, ce qui était de toute justice ; et l'on redevint bons amis.

M. Derville, agréablement surpris de trouver Amédée et Cécile, aussi désireux l'un que l'autre d'apprendre sérieusement quelque chose, leur dit : « Mes enfants, vous me récompensez, ce soir, des peines que j'ai prises pour vous jusqu'à ce jour. Embrassez-moi tous les deux, je suis content de vous. »

Le frère et la sœur s'élancèrent ensemble au cou de leur père, puis de leur mère, qui avait les larmes aux yeux, et l'on entoura la table sur laquelle Cécile, aidée d'Amédée, avait réuni tout ce qu'il fallait pour écrire.

« Que désirez-vous me demander ? reprit M. Derville. Parlez chacun à votre tour. Amédée, d'abord :

il est l'aîné, ce qui signifie qu'il doit être le plus raisonnable.

AMÉDÉE. — Cécile et moi, mon père, nous voudrions bien savoir par où il faut commencer l'étude des plantes, c'est-à-dire le nom des ordres....

M. DERVILLE. — On ne connaît point d'ordres chez les plantes, mon fils; mais des embranchements, des classes, des familles.

AMÉDÉE. — Enfin, mon père, ce que Cécile et moi nous désirons, c'est de savoir comment il faut s'y prendre pour distinguer les plantes entre elles, d'après la science, car rien qu'en les regardant, on les distingue très-bien, et par lesquelles il faut commencer; n'est-ce pas, Cécile, c'est cela?

CÉCILE. — Oui, c'est cela, mon frère.. Mais s'il te plaît, mon père, avec le moins possible de mots savants! »

M. Derville sourit, et répondit : « Tu as déjà appris, sans beaucoup de peine, un assez grand nombre de ces mots-là, et tu les as retenus parce qu'ils ont une signification pour toi. Ainsi, tu connais déjà les noms des trois grands embranchements établis par Laurent de Jussieu : les *acotylédones*, les *monocotylédones* et les *dicotylédones*.

AMÉDÉE. — Tu sais aussi très-bien ce que ces mots-là signifient. Dis-le, ma sœur, pour voir?

CÉCILE. — Les... non, je ne sais pas; dis, toi, Amédée.

AMÉDÉE. — Les *acotylédones*. Tu sais bien, ma sœur, l'A *privatif* du grec, c'est-à-dire qui ôte. Ne te souviens-tu pas des *acéphales*, sans tête?

CÉCILE. — Ainsi cela veut dire sans cotylédons?

AMÉDÉE. — Tout juste. Tu sais bien que les champignons ne sont qu'une petite tige, et qu'ils n'ont pas de grosses feuilles autour quand ils sortent de terre; je t'en ai fait voir avant-hier.

Cécile.—Ensuite viennent.....

Amédée.—Dis donc le grand mot, ma sœur, seulement pour t'accoutumer, *monocotylédone*. Cela vient de *monos*, seul, n'est-ce pas, mon père?

M. Derville. — Oui, mon fils, d'où l'on a tiré les mots de moine et de moineau, ce qui signifie que les uns et les autres vivent *seuls, isolés*.

Cécile.—Ah! je comprends. Les monocotylédones, ce sont les végétaux qui n'ont qu'un seul cotylédon.

M. Derville.—Le blé, le maïs, le dattier, etc., sont des monocotylédones; leur graine ne forme qu'un tout indivisible.

Amédée.—Et le dernier, Cécile?

Cécile. — Les..... dicotylédones....! ce sont les plantes qui ont deux cotylédons.

M. Derville. — Et dont la graine se divise en deux parties ou lobes, telles que les plantes légumineuses, le pois, la lentille; tels aussi l'amandier, l'oranger, etc. Les acotylédones sont dépourvus de l'appareil floral, tandis qu'on le trouve chez les monocotylédones et chez les dicotylédones. Cependant quelques botanistes prétendent le trouver aussi dans les fougères et les mousses, par suite de cette fantaisie de l'homme qui veut réduire aux ressources de son étroit cerveau les moyens si divers employés par la nature pour la reproduction des espèces. Nous autres, simples amateurs, nous nous garderons d'entrer dans des questions difficiles, et sans chercher à mettre d'accord les savants, question plus difficile encore, nous nous bornerons à faire ce qu'ont fait nos devanciers, c'est-à-dire à prendre, dans les divers systèmes, ce qui, en satisfaisant la raison, parle aux yeux : c'est la voie la plus sûre pour graver profondément les objets dans la mémoire. Par le secours des trois embranchements que Laurent de Jussieu a établis, nous pourrons distinguer à la seule inspection de la graine, les plantes monocotylédonées et dicotylédonées.

CÉCILE. — Ah! c'est vrai! Amédée, y avais-tu pensé?

AMÉDÉE. — Non, parce que je n'avais pas fait attention que les dicotyledones ont des graines qui se divisent en deux parties, et je comptais attendre à les voir pousser.

M. DERVILLE. — Nous distinguerons encore les végétaux entre eux par l'apparition de la tige nue et de la tige munie de feuilles cotylees : puis, avec le secours de Tournefort, nous les reconnaitrons à leur corolle, et, en tres-peu de temps, nous serons parvenus à savoir que les fleurs en cloche ont reçu le nom de *campaniformes;* celles en entonnoir, celui d'*infundibuliformes;* qu'on appelle *personnées*, les fleurs qui présentent l'aspect d'un mufle, telle, par exemple, la digitale; que les *labiées* ont deux lèvres, le romarin, la sauge; qu'aux *crucifères* appartiennent les giroflées et toutes les fleurs formant une sorte de croix; que les *rosacées* sont les fleurs présentant la forme des roses simples; ainsi, le pommier, le pêcher sont des *rosacées;* que les *ombellifères* sont des fleurs qui forment des bouquets se déployant à la manière d'une ombrelle, le cerfeuil, la ciguë.

« Je m'arrête ici, mes enfants, parce que je ne veux pas vous charger la mémoire d'une nomenclature qui s'y gravera sans effort, lorsque, votre traité de botanique à la main, vous vérifierez la forme de la corolle. On distingue encore celle-ci par le nombre de ses pétales, nombre quelquefois déterminé; ainsi il y a des *monopétales*, ou pétale unique, tels que la campanule et le liseron ; des *polypétales*, ou plusieurs pétales, quand ce nombre n'est pas toujours constant; enfin, des *apétales*, nom que Cécile peut nous expliquer.

CÉCILE.—Apétales!... Ah! oui, *sans* pétales. Comment, il y a des fleurs sans pétales?

AMÉDÉE.—As-tu donc déjà oublié ce qu'hier mon père nous a dit au sujet du figuier?

MADAME DERVILLE. — Je me souviens d'avoir vu de magnifiques fleurs rouges, dont le nom m'échappe, et qui n'étaient composées que d'étamines, mais en grand nombre.

M. DERVILLE. — Passons maintenant au système de Linnée, le plus attrayant de tous parce qu'il fixe les yeux sur l'appareil floral, qui tout naturellement les attire d'abord, et parce qu'il fournit aux imaginations poétiques des sujets allégoriques pleins de grâce et de fraîcheur.

« Linnée considère les végétaux en fleur, c'est-à-dire ornés de leur plus belle parure, comme ayant pris la robe nuptiale; le pistil, c'est l'épouse; les étamines, ce sont les époux ; il en dit le nombre en un seul mot; ainsi, telle fleur est une *monandrie* parce qu'elle n'a qu'une étamine; telle autre est une *d andrie*, parce qu'elle en porte deux ; telle autre est une *dodécandrie*, parce qu'elle en présente de dix à vingt.

AMÉDÉE. — Ah ! je comprends ! Linnée classe les

plantes par le nombre de leurs étamines.... Cécile, ce sera bien joli d'étudier ainsi la botanique !

Cécile. — Oh ! oui, sûrement ! Et puis ces mots sont plus faciles à retenir que les autres.

M. Derville. — Pourquoi le sont-ils ?

Cécile. — Je ne sais pas, mon père, mais ils sonnent mieux à l'oreille.

M. Derville. — Ils sont plus faciles, mon enfant, parce que ce n'est guère que la première syllabe qui change ; cette syllabe exprime le nombre : la dernière, empruntée aussi au grec, *andros*, ce qui signifie *mari, époux*, revient toujours.

Cécile. — Mon père, si tu voulais me citer une... monandrie, pour que je puisse m'assurer par mes propres yeux.... pour que je puisse voir une fleur n'ayant qu'une étamine.

M. Derville. — Tu n'en verras pas en Europe, car c'est, entre autres, le gingembre ; mais tu peux voir une foule de *polyandries*, ce qui signifie *plusieurs époux,* si tu examines soit une renoncule, soit un pavot. Ces fleurs, qui appartiennent à la treizième classe de Linnée, ont de vingt à cent étamines. Quant aux plantes qui ne portent point de fleurs reconnaissables pour telles, ou visibles, Linnée les a désignées par le nom de *cryptogamie*, qui signifie *noces clandestines* ou *cachées*, tandis que les premières, à fleurs *visibles,* ont été désignées par le nom de *phanérogamie* ou *noces apparentes, visibles.*

Cécile. — Oh ! si tu voulais, mon petit père, me nommer toutes les *andries* de Linnée et aussi une des fleurs appartenant à chaque classe ! je les écrirais à mesure !

M. Derville. — Volontiers. *Monandrie*, le gingembre. *Diandrie*, le jasmin, la sauge.

Cécile. — Oh! bonheur! nous avons encore du jasmin en fleur! je verrai demain s'il a en effet.... combien d'étamines, Amédée?

Amédée. — *Di*, signifie deux.

Cécile. — Deux étamines seulement?

M. Derville. — *Triandrie*, le blé, l'iris. *Tétrandrie*, la garance, la scabieuse.

Cécile. — *Tétrandrie?*... cela doit faire... une... deux... trois... quatre... Ah! je comprends, cela va! en augmentant toujours d'une étamine. Ainsi la scabieuse n'a que quatre étamines?

M. Derville. — *Pentandrie*, la pomme de terre, la ciguë. *Hexandrie*, le lis, la tulipe. *Heptandrie*, le maronnier d'Inde...

Cécile. — Ah! les arbres en sont aussi!

Amédée. — Mais sans doute! Est-ce qu'ils ne portent pas des fleurs qui ont des étamines? Sans cela elles ne donneraient pas de fruits.

Cécile. — Ah! c'est vrai. Mais alors le pommier, le prunier, le pêcher, le poirier, dans quelle classe faut-il les mettre, mon père?

M. Derville. — Tu me le diras l'année prochaine, après avoir compté toi-même le nombre des étamines.

Cécile. — Que je suis contente! Oh! comme c'est facile, cette méthode!

Amédée. — Et pourtant ce matin tu avais peur!

Cécile. — Oh! c'est que j'ai ouvert l'autre jour un traité de botanique... c'était effrayant, je t'assure.

M. Derville. — Je continue : *Octandrie*, la patience, le blé sarrasin. *Ennéandrie*, le laurier, la rhubarbe. *Décandrie*, l'œillet.

16.

Cécile. — Nous avons des œillets...

Madame Derville.— Oui, mais des œillets doubles, et tu sais que dans les fleurs doubles manquent les étamines.

Cécile. — Ah! quel ennui!

— « Je te vois en chemin, ma fille, dit M. Derville en riant, de traiter aussi de *monstres* les fleurs doubles qu'hier encore tu jugeais seules dignes de fixer tes regards. »

Cécile se mit à rire à son tour, et, pour toute réponse, embrassa son bon père.

« Je n'irai pas plus loin dans cette nomenclature, reprit M. Derville; vous pouvez, par vos travaux, mes enfants, suppléer à ce que je ne dis pas; seulement je vous ferai observer que, dans ces classes, les familles se trouvent distinguées suivant que les étamines et les pistils sont réunis ou séparés sur la même fleur, sur la même plante, sur le même arbre, suivant encore qu'elles sont de taille égale, ou plus grandes, ou plus petites les unes que les autres, et réunies en un ou en plusieurs faisceaux; suivant enfin qu'elles se tiennent ou non par leurs anthères. Ces détails, pour être bien compris et pour être sentis dans toute leur importance, ont besoin d'être vus sur la nature même. J'ajouterai encore que le nombre des pistils varie moins fréquemment que celui des étamines, qu'il n'égale jamais cependant, mais que, suivant que le pistil est unique, ou double, ou triple, ou divisé en plusieurs parties, la fleur, la plante à laquelle il appartient, est également distinguée des autres par ce *caractère* important.

Cécile. — Oh! c'est égal! Étudier la botanique d'après la méthode de Linnée, me paraît devoir être aussi facile qu'amusant, et dès demain je commencerai. Oh! que je suis contente! Je pourrai regarder les fleurs et voir tout de suite si ce sont des *monoandries,* ou des *diandries,* ou des *polyandries...*

AMÉDÉE. — Oui, mais tu n'en seras pas plus avancée pour savoir par où commencer!

CÉCILE. — Ah! c'est vrai. Mon petit père, si tu voulais nous le dire !

M. DERVILLE. — Si je m'adressais à une bonne ménagère, à une jeune personne qui préférât, en tout et toujours, l'utile à l'agréable, je l'engagerais à commencer par la famille des *graminées,* plantes *herbacées* et *monocotylédonées,* qui renferme, entre autres, le blé, l'avoine, le maïs, la canne à sucre. Mais j'ai affaire à un amateur de jardin; je lui conseillerai donc de s'attacher d'abord au troisième embranchement, celui des dicotylédones, qui lui offrira, en outre des haricots, des pois et des lentilles, les renoncules, les pavots, les orangers, etc., et des corolles aussi variées pour la forme que pour la couleur. Bon gré, malgré, elle viendra ensuite aux légumineuses papillonacées, ensuite aux rosacées, et elle finira par comprendre que la grande division, en trois grands embranchements, établie par Laurent de Jussieu, est aussi utile, aussi intéressante que la classification, par la forme des corolles, de Tournefort, et que la classification, par le nombre des étamines, de l'immortel Linnée.

CÉCILE. — Mon père, je ne dis pas non; mais j'ai tant de peine à me mettre ces grands mots dans la tête! Et puis, c'est si joli de pouvoir étudier tout de suite les plantes sur les fleurs, au lieu de chercher à deviner leur espèce par les graines, ou bien d'attendre que les cotylédons, qui ne ressemblent à rien, se montrent, pour savoir quel genre de plantes sortent de terre!

AMÉDÉE. — A présent, ma sœur, que tu as été raisonnable, tu peux faire à mon père les questions que tu voulais lui adresser dès hier au sujet du thé.

CÉCILE. — Voyez-vous de quel air il me dit que j'ai été *raisonnable?* Comme si je ne l'étais pas toujours!

MADAME DERVILLE. — Ah! Cécile, tu sais bien le contraire!

CÉCILE. — Sans doute, maman; mais Amédée ne l'est pas toujours non plus, et je n'ai pas besoin de sa permission pour demander a mon père comment on cultive le thé en Chine, et s'il est vrai qu'il y en a qui soit véritablement la fleur du thé. J'ai lu quelque chose à ce sujet, l'autre jour, dans mes livres d'histoire naturelle, et je n'y ai rien compris du tout. Ensuite, Camille m'a prêté son journal, où l'on raconte une histoire terrible à propos de l'arbre appelé *upas* qui croît dans l'île de Java. Je parierais bien que ce sont des contes; je l'ai dit à Camille, mais elle soutient que c'est vrai... Dis, mon petit père, veux-tu, puisque tu es content de moi? N'est-ce pas que tu es content de moi?

M. DERVILLE. — Sous certains rapports, oui, sous d'autres, non. Tu es toujours prête à recevoir mal ce que te dit ton frère ; et ceci me fâche ; d'abord parce que c'est faire preuve de peu d'affection fraternelle, et ensuite parce que c'est manquer à la douceur et à la politesse que doit toujours montrer une jeune fille.

CÉCILE, *en hésitant.*—Mon père, j'y ferai attention.

M. Derville. — Je t'y engage dans ton propre intérêt. Que veux-tu que je te *raconte* au sujet du thé?

Cécile. — D'abord, mon père, je voudrais savoir ce qu'est le thé d'après la méthode de Linnée.

M. Derville. — D'après Linnée, c'est une polyandrie; d'après Tournefort, c'est une rosacée, et l'arbre thé appartient au grand embranchement des dicotylédones de Jussieu.

Cécile. — Ah! que je suis contente! Je vois que ce sera amusant d'étudier la botanique, même avec la science, parce qu'on sait tout de suite de quelle plante on parle, et l'on devine quel air elle doit avoir, la forme de ses fleurs.... Quel bonheur!

Amédée. — *Même* avec la science! Peut-on parler ainsi quand c'est justement à la science qu'on doit tant d'avantages!

Cécile. — J'ai tort, mon frère; ne te fâche pas! Mon père, la fleur du thé, c'est sans doute le thé perlé qui est un peu blanchâtre? L'autre thé se fait avec les feuilles, n'est-ce pas?

M. Derville. — La fleur, proprement dite, de l'arbre thé ne peut être prise en infusion ni autrement, à cause de sa saveur âcre et brûlante; quant au thé, auquel on donne le nom de *fleur*, ce n'est autre chose que les feuilles naissantes cueillies sur les bourgeons, à mesure qu'elles commencent à se développer.

« Au printemps et au mois de septembre, on cueille les feuilles du thé avec des précautions extrêmes, mettant à part les plus petites qui sont les plus estimées, et de côté les plus grandes, les plus développées qui composent les qualités inférieures du thé. Mais d'abord je dois vous dire, mes enfants, que

l'arbrisseau thé deviendrait un arbre de vingt-cinq
à trente pieds de hauteur, si l'on n'avait pas le soin
de le couper presqu'à ras de terre, dès qu'il est arrivé à avoir cinq à six pieds. Les pousses nouvelles
qui sortent de la souche donnent, deux ans après, une
récolte abondante de feuilles; et ainsi l'on maintient,
à la taille d'un arbrisseau, l'arbre thé originaire des
contrées orientales de l'Asie et qui croît naturellement à la Chine, au Japon et dans d'autres pays
voisins où il est la source de richesses réelles; vous
pourrez en juger, lorsque vous saurez que l'Europe,
depuis que les Hollandais lui ont fait connaître, les
premiers, l'usage du thé, en demande annuellement
à la Chine pour plus de cent vingt millions de francs.

AMÉDÉE. — Quel commerce!

M. DERVILLE. — La culture du thé exige un grand
nombre de bras, et, pour celle du thé *impérial,* des
inspecteurs, des surveillants, des commis qui veil-
lent à ce que les arbustes soient bien soigneusement
débarrassés des plantes parasites; à ce que les allées
qui traversent, en tout sens, les plantations, soient
chaque jour balayées; à ce qu'il soit recueilli au mois
de mai, et à ce que chaque feuille soit roulée sépare-
ment. La récolte terminée, les boîtes qui la renferment sont emballées sous les yeux des inspecteurs,
cachetées, empaquetées, et envoyées, avec pompe
et sous bonne escorte, à Pékin.

AMÉDÉE. — Apparemment que l'empereur de la
Chine a peur d'être empoisonné.

M. DERVILLE. — C'est possible; mais il est plus
probable que, dans un pays où l'on pousse jusqu'à la
démence le respect pour les grands de la terre, ces
cérémonies sont simplement le résultat de ce pro-

fond respect qui entoure tout ce qui se rapporte de près ou de loin à la personne de l'empereur surtout. Le thé lui-même est encore un objet de vénération; les Chinois n'en parlent qu'en employant les épithètes les plus fleuries, les plus recherchées pour peindre son excellence et ses vertus *divines*. C'est ainsi, mes enfants, que chez les peuples esclaves, l'homme, méconnaissant sa dignité, rend aux hommes d'abord, et finit par rendre aux animaux et aux plantes un culte qui n'est dû qu'à Dieu.

CÉCILE. — J'ai trouvé presque tout cela, ou à peu près, dans mon livre, et c'était justement ce que je ne voulais pas croire, tant cela me paraissait extraordinaire. Mais ce que je n'ai pas compris du tout, c'est comment on prépare, comment on sèche les feuilles du thé.

M. DERVILLE. — Rien de plus simple cependant. Les feuilles récoltées et triées sont plongées, pendant une demi-minute, dans l'eau bouillante; puis on les fait égoutter, et on les répand sur des plaques de fer qui recouvrent de grands fourneaux. Ces plaques sont assez échauffées pour que la main des ouvriers puisse à peine en endurer la chaleur. C'est avec la main que les ouvriers remuent sans cesse les feuilles. Quand on juge qu'elles sont assez pénétrées de chaleur, on les enlève pour les porter sur des tables couvertes de nattes. D'autres ouvriers commencent à les rouler, tandis que des compagnons agitent l'air avec de grands éventails pour que les feuilles se refroidissent plus vite.

MADAME DERVILLE. — Si l'on osait, en parlant du thé, se servir d'expressions consacrées en cuisine, on dirait que, jeter ainsi les feuilles fraîchement cueillies dans l'eau bouillante, c'est ce qu'on appelle *blanchir*.

Ainsi, on blanchit les choux, par exemple, pour leur ôter le goût fort qu'ils conserveraient sans cette préparation.

M. DERVILLE. — Ton explication, ma chère amie, quelque *indigne* qu'elle puisse être de la *majesté* du thé, dit cependant, avec clarté, le but de cette opération qui a également pour objet de débarrasser les feuilles d'un suc fort âcre qu'elles contiennent. L'opération du grillage, ou plutôt du chauffage, est répétée plusieurs fois ; mais chaque fois la chaleur donnée aux plaques est moindre, et chaque fois les feuilles sont de nouveau roulées. Elles le sont une à une pour le thé impérial, pour celui des mandarins, et, toujours, dans le sens de la longueur de la feuille ; le thé perlé, seulement, est roulé d'abord dans ce sens, puis en travers. Il en est de même du thé *poudre à canon*, qui se compose des feuilles les plus petites et les plus exactement roulées sur elles-mêmes dans les deux sens ; aussi le thé, *poudre à canon*, est-il fort cher. Ce n'est pas tout ; ainsi préparé, roulé, séché, le thé est hermétiquement enfermé dans des boîtes d'étain avec des plantes destinées à l'aromatiser, c'est-à-dire à lui donner un parfum particulier de rose ou de violette.

MADAME DERVILLE. — J'avais cru, jusqu'à présent, que chaque espèce de thé portait avec elle son arome particulier.

M. DERVILLE. — On l'a cru longtemps ; mais un instant de réflexion suffit pour prouver que ce n'est là qu'une erreur. On compte seulement quatre espèces dans l'arbre thé, dont on ne prend jamais que les feuilles à différents âges ; le parfum qui leur est propre ne saurait donc être varié autant que le sont les parfums des différents genres de thé connus dans le commerce.

« Tu peux aisément t'en convaincre, ma chère amie. Qand tu voudras avoir du thé parfumé à l'odeur de violette, enferme dans la boîte qui le contient quelques morceaux de la racine d'iris de Florence ; le veux-tu à la rose ? mets-y des pétales de rose, et tu auras le parfum de la rose thé.

« Les Chinois ont fait longtemps mystère des végétaux employés par eux pour aromatiser le thé ; ils ont aussi laissé croire que, plus favorisés que les autres peuples, ils le prenaient frais aussitôt après l'avoir cueilli sur l'arbre. On sait aujourd'hui que le thé récolté dans l'année est doué d'une vertu narcotique très-prononcée ; qu'on n'en fait usage que dans l'année suivante, et encore en ayant soin de le mêler avec du thé ancien.

Cécile. — Mais, mon père, c'est bien mal de tromper ainsi tout le monde !

M. Derville. — Mon enfant, chez les nations esclaves on trouve tous les vices des esclaves, l'orgueil, la bassesse, le mensonge.

Amédée. — Ainsi, mon père, on ne cultive le thé qu'en Chine, et il n'est bon que là ?

M. Derville. — L'arbre à thé, je viens de le dire, est particulièrement cultivé en Chine ; il réussit peu ailleurs ; mais différents pays fournissent d'autres sortes de thés. Cependant je dois rappeler que ce nom est usurpé par des plantes des Antilles, de la Cochinchine, de Bogota, d'Europe, de France, qui ne le méritent pas ; ces plantes n'appartiennent même pas à la famille de l'arbre thé ; telles sont, par exemple, pour n'en citer que quelques-unes, la sauge, la véronique, la cassine du Pérou. Les amateurs ne s'y trompent pas.

AMÉDÉE. — Alors, mon père, le thé a décidément un goût qui lui appartient en propre, et un parfum à lui, indépendant de tout ce qu'on peut imaginer pour le parfumer ?

M. DERVILLE. — Chaque végétal a sa saveur propre, sans nul doute, c'est là une chose qu'on ne peut nier. Certainement la laitue, la romaine, la chicorée, la scarole n'ont point le même goût ; c'est-à-dire qu'elles n'agissent pas de la même manière sur la langue et le palais ; il en est ainsi de toutes les plantes ; elles ont toutes un suc qui leur est propre, et qui varie suivant les espèces et suivant les diverses parties du végétal.

AMÉDÉE. — Je vois que si l'on réfléchissait toujours avant que de parler, il y a une foule de questions que l'on ne ferait pas, et que l'on pourrait se rendre compte à soi-même d'une foule de choses.

— « Fais donc usage de la recette, dit madame Derville en riant, et recommande-la surtout à Cécile. »

Cécile ne put s'empêcher de faire un petit mouvement qui décelait quelque dépit ; mais aussitôt elle répara sa faute en disant : « Oui, maman, Amédée a raison. Je tâcherai de me souvenir de sa recette. »

CHAPITRE VI.

L'ipas tieuté. — Organographie végétale. — Principaux
organes des végétaux. — Leurs fonctions.

—

« Maintenant passons à l'ipas, continua M. Derville ; car le véritable nom de cet arbre est *ipas* ;
Linnée en désigne l'espèce par les dénominations de
pentandrie digynie, auxquelles il faut ajouter, d'a-
près Tournefort, le caractère de *monopétale*. Qu'est-
ce que ces mots veulent dire ?

Cécile. — Le premier.... cinq étamines...ou maris
Quant au second.... je ne le connais pas ; tu ne nous
l'as point encore dit, mon père. Pour le troisième.....
monopétale.... cela signifie une fleur n'ayant qu'un
seul pétale... Ainsi elle est... campaniforme, ou
bien... oh ! pour ce mot-là, il est si difficile!...Je
sais seulement qu'il signifie entonnoir.

Amédée. — *Infundibuliforme.* Mais il y a encore
le mot de *digynie.*

M. Derville. — *Guné*, en grec, veut dire *femme,*
épouse.

Amédée. — Ah ! je comprends ! *Digynie,* deux
épouses ou deux pistils.

Cécile. — Comme elle est jolie et commode la classification de Linnée! On voit tout de suite la fleur se dessiner sous ses yeux!

AMÉDÉE.—Il faut rendre à César ce qui est à César; la classification de Tournefort, en disant la forme de la corolle et le nombre des pétales, aide beaucoup aussi à se figurer cette fleur tout entière.

CÉCILE. — Oui, c'est vrai!

M. DERVILLE.—La science moderne a réuni, sous le nom de *strychnos*, les arbres qui portent la *noix vomique*, les *fèves de Saint-Ignace*, celui qu'on appelle vulgairement le *bois de couleuvre*, et enfin l'ipas qu'elle désigne particulièrement par le surnom de *tieuté* que lui donnent les Javanais, en outre des noms d'*ipas* et d'*anstacar*. La plupart des strychnos fournissent des poisons très-violents, soit par leurs graines, soit par le suc qui sort des incisions faites aux branches ou bien au tronc de l'arbre. Maintenant, ma fille, que veux-tu que je te dise au sujet de l'ipas tieuté?

CÉCILE.—Mon père, je voudrais savoir s'il est vrai qu'on envoie les criminels condamnés à mort recueillir le poison de l'ipas; ce poison qui coule du tronc de l'arbre, et même de ses branches; car elles le répandent en même temps comme une pluie tellement mortelle, que tous les animaux, sans exception, qui sont touchés d'une seule goutte, périssent à l'instant. On dit aussi que pas un arbre, pas un brin d'herbe ne peut pousser auprès de cet arbre terrible. Voici une gravure que j'ai trouvée et qui représente les effets du poison de l'ipas.

M. DERVILLE.—Depuis le dix-septième siècle, on a ainsi reproduit par des dessins, par des gravures et par des récits exagérés les rapports mensongers des sauvages; rapports plus ou moins grossis par l'épouvante que jeta dans les rangs des Hollandais, lors de la conquête de l'île de Java, l'effet rapide des blessures que faisaient les flèches empoisonnées. De même que le venin du serpent, ce poison, qu'elles introduisent dans la blessure, passe rapidement dans la circulation du sang et donne une mort quelquefois instantanée, et toujours douloureuse.

« Les Javanais ayant le plus grand intérêt à conserver le secret sur l'arbre qui leur fournissait un poison si subtil, et sur les moyens de s'en procurer, profitèrent de l'effroi de leurs vainqueurs pour montrer l'ipas comme un géant terrible dont les exhalaisons seules donnaient la mort. Il fallait, disaient-ils, l'aller chercher à *vingt-sept lieues* de Batavia, et à *quatorze lieues* de la résidence de l'empereur, dans une vallée effrayante par son aridité, et autour de laquelle l'air était tellement imprégné de miasmes pestilentiels, que les oiseaux, en le traversant, tombaient morts. Un des chirurgiens de l'armée hollandaise publia, en 1783, la relation de son voyage dans l'intérieur de Java. Induit en erreur, comme ses compatriotes, il confirma les récits lamentables qui ont, depuis, exercé la plume de plusieurs écrivains ; il raconta qu'un prêtre malais, établi à quelques lieues de l'endroit où croissait l'ipas, avait fait partir, depuis trente ans, plus de sept cents criminels condamnés à mort, pour aller recueillir le poison de l'ipas, avec l'assurance, pour ceux qui reviendraient vivants, d'obtenir leur grâce ; et, sur sept cents, il n'en avait jamais revu que vingt. Cependant il avait toujours eu soin, au moment du départ, de les munir d'une paire de gants de peau de buffle, d'un masque de même étoffe, avec deux ouvertures pour les yeux, garnies de morceaux de verre. Malgré tant de précautions *vingt* seulement étaient revenus de *la vallée de la mort* dans l'espace de *trente ans!*

CÉCILE. — Mon père, il leur donnait aussi une boîte d'écaille de tortue pour recueillir le poison.

M. DERVILLE. — J'oubliais cette circonstance *importante.*

CÉCILE. — Et leurs amis les accompagnaient sur le haut de la montagne, d'où ces pauvres criminels devaient descendre ensuite tout seuls vers l'ipas.

M. DERVILLE. — On peut, mon enfant, s'en rapporter à l'imagination des peuples dont le pays, échauffé par les rayons du soleil des tropiques, produit une végétation grandiose et des animaux gigantesques, pour inventer des fables auprès desquelles les nôtres ne sont que jeux d'enfants.

CÉCILE. — C'est que tout cela se trouve dans le journal de Camille!

M. DERVILLE. — Je n'en doute pas; mais il s'y trouverait encore mille autres choses plus *épouvantables* et plus *merveilleuses*, que la vérité ne s'en ferait pas moins jour enfin. Cette vérité fut dite par un savant naturaliste, peu de temps après la publication de la relation du voyage du chirurgien hollandais. Elle plaisait moins au vulgaire que les fables sur l'ipas, on n'en tint pas compte; et, de nos jours, on s'obstine à préférer les fables; aujourd'hui, encore, des conteurs et des romanciers continuent de répandre le mensonge. Je veux croire qu'ils sont du moins de bonne foi dans leur erreur, et qu'on ne peut leur reprocher que de l'ignorance.

« Le strychnos tieuté, ou ipas, ou anstacar, ne

porte point la mort autour de lui. Sa tige cylindrique s'élève de soixante-dix pieds au-dessus du sol ;
à ses côtés vivent et prospèrent des arbres magnifiques, des lianes, des plantes herbacées ; son *poison*
ne tombe point en pluie ; mais si l'on fait une inci-
sion à sa tige, nue et perpendiculaire comme celle
du palmier, il en découle une liqueur jaunâtre qu'il
serait dangereux de toucher, parce qu'une éruption
de boutons, mais rien de plus, se manifesterait sur
la peau ; ce poison n'est mortel que lorsqu'il se mêle
au sang ; ainsi agissent encore le fruit du strychnos
vomiquier, la fève de Saint-Ignace, etc.

CÉCILE. — Je suis bien aise de pouvoir dire cela
à Camille, qui s'imagine que tout ce qui est imprimé
est vrai, seulement parce que c'est imprimé.

M. DERVILLE. — Laissons les récits mensongers,
les contes, les fables, et revenons à quelques vues
générales ; elles nous conduiront du moins, nous qui
ne faisons que nous préparer par un examen super-
ficiel des merveilles du règne végétal, à les observer
plus tard avec soin et avec fruit. Vous possédez
maintenant les moyens de distinguer, *botaniquement*
parlant, les plantes entre elles, par les graines, les
étamines, les pistils, et par la corolle ; vous savez
aussi que les plantes aspirent l'air et l'expirent par
leurs feuilles, par leur enveloppe extérieure, par les
pétales ; mais s'il se présentait à vos yeux une
plante qui n'eût ni fleurs, ni étamines *visibles*, et
dont vous n'eussiez point vu la graine, comment
feriez-vous pour la reconnaître et pour lui assigner
une place dans le règne végétal ?

CÉCILE.—Ah ! c'est vrai, Amédée ! cela peut bien
arriver.

AMÉDÉE. — J'y pensais justement tout à l'heure.

M. DERVILLE. — Il y a donc encore d'autres *caractères* à étudier. Ces caractères, vous les trouverez dans la forme variée des racines et dans leurs qualités principales. Ainsi ces racines seront ovales, rondes, noueuses, pivotantes, articulées ou chevelues; et elles seront encore, pour la qualité, ligneuses, fibreuses, tubéreuses ou charnues. Les racines du chiendent ne ressemblent pas à celles du choux, celles des plantes tubéreuses ou a oignons, à celles du lilas, par exemple.

CÉCILE. — Je n'aurais pas pensé à regarder les racines; mais j'y penserai à présent.

M. DERVILLE. — Vous avez remarqué, je crois, sans trop y songer, peut-être, que les tiges ne ressemblent pas davantage les unes aux autres, que ne se ressemblent les fleurs entre elles?

AMÉDÉE. — Oh! certainement! Les arbres naissants même n'ont pas une tige semblable à celle de l'herbe.

M. DERVILLE. — Cette tige, en effet, varie pour la forme, la qualité et l'aspect. Elle est creuse, ou solide, ou ligneuse, ou herbacée.

AMÉDÉE. — Mon père, à propos de cela, je voudrais bien savoir de quoi se compose le bois?

M. DERVILLE. — Je vais te donner un aperçu des différentes couches concentriques qui constituent le tronc d'un arbre en commençant par la partie *visible,* ou extérieure, l'écorce.

« La cuticule ou *épiderme* ainsi surnommée, à cause des pores dont elle est criblée, ce qui lui donne beaucoup d'analogie avec la peau des animaux, forme la première enveloppe des végétaux, quels qu'ils soient. Chez l'arbre, et à mesure qu'il prend de l'accroissement, la cuticule se déchire, se fendille en différents sens, comme chez le chêne, ou bien elle se détache par lambeaux, comme chez le bouleau.

« Sous la cuticule, se trouve l'enveloppe herbacée, composée de tissu cellulaire. L'enveloppe herbacée est tantôt résineuse, tantôt molle et spongieuse, verte le plus souvent, et, dans quelques arbres, elle acquiert une extension considérable ; ainsi nous l'offre, par exemple, le chêne liége. On a lieu de croire que dans cette enveloppe herbacée se passe l'un des phénomènes chimiques de la vie végétale : c'est-à-dire la décomposition de l'air atmosphérique absorbé par la plante. L'oxygène, dégagé de l'azote et de l'acide carbonique, s'exhale, vous le savez déjà, par les feuilles ; l'azote est en partie absorbe ; quant à l'acide carbonique, il l'est complétement, et, en s'assimilant à la plante, il donne le carbone, ou partie *carbonisable,* le charbon, en un mot. Nous reviendrons plus tard sur ces aperçus.

« Sous l'enveloppe herbacée, sont les couches corticales, espèce de réseau ou d'étui fibreux. Les couches corticales existent particulièrement, et en grand nombre, superposées les unes à l'entour des autres, chez les végétaux ligneux.

« Sous les couches corticales, on trouve le *liber,* dont la contexture a beaucoup de rapport avec celle d'une étoffe. Le liber se change en bois et augmente la masse du corps ligneux. Le nom de *liber,* ou *livret,* lui fut donné jadis à cause de la facilité qu'on trouve à détacher l'une de l'autre ces lames qui forment alors des *feuillets* qu'on peut réunir en livrets. C'était là le papier des Anciens. Aujourd'hui

17.

le liber du tilleul nous donne des cordes à puits.

Amédée. — Il faudra que j'examine de près celle de notre puits, et que j'essaie d'en détacher moi-même de quelque branche de tilleul.

M. Derville. — Enfin, paraît l'*aubier*, ainsi nommé du mot latin *albus*, qui veut dire *blanc*. L'aubier, dans un jeune arbre, se montre d'abord sous la forme de gelée. A mesure qu'il prend de la consistance, une ligne colorée sert, pour ainsi dire, de démarcation entre la couche circulaire qui est devenue compacte, et l'aubier intérieur qui ne l'est pas encore. Il est très-facile de connaître, par ces lignes colorées, l'âge de l'arbre, car leur nombre s'accroît d'année en année dans des proportions connues. Je dois ajouter cependant que les couches de l'aubier sont peu apparentes chez tous les arbres à bois mou, tels que le peuplier, le tilleul ; tandis qu'elles sont très-visibles dans les arbres à bois dur, tels que l'orme, le chêne, le gaïac surtout. Avant de vous parler du *bois* proprement dit, je dois nommer au moins le cambium, espèce de suc visqueux et gélatineux, qui sert uniquement à unir entre elles les fibres dont se composent le liber et le bois.

« Le bois proprement dit est une substance fibreuse, compacte, très-dure, et qui n'acquiert la perfection dont elle est susceptible qu'avec le temps. Le bois n'est serré, ou dense, pesant, solide, que chez les arbres qui poussent lentement.

Cécile. — Le chêne, par exemple.

Amédée. — Et le bois de fer.

M. Derville. — On trouve quelques exceptions à cette loi générale; car il y a certains arbres qui

donnent un bois très-dur, très-lourd , et qui cependant poussent vite.

« Dans la couche la plus intérieure du bois, est
l'étui médullaire qui contient la moelle. Réunissez
en cercle, et en les pressant fortement l'un contre
l'autre , plusieurs élastiques de bretelles , et vous
aurez une idée, idée grossière , il est vrai, des spirales dont se compose cet étui ; c'est à ces spirales,
qui rappellent en effet celles que présentent les vaisseaux aériens des insectes, que les botanistes ont
donné le nom de *trachées*.

« L'étui médullaire enveloppe partout la moelle, et
il y a de la moelle jusque dans les plus petites branches. Il en devait être ainsi si, en effet, ces vaisseaux
sont des vaisseaux aériens.

Amédée. — Mon père, pourquoi donc en parais-tu
douter ?

M. Derville. — Parce que, mon fils, nous sommes
loin encore, à quelque haut degré que les sciences
soient aujourd'hui parvenues, de *savoir certainement*
quelque chose.

« Il ne faut pas vous figurer cet étui médullaire
toujours parfaitement rond; l'étui médullaire du
tilleul présente quatre angles; celui des arbres fruitiers en a cinq plus ou moins réguliers. Palisot de
Beauvois a fait la remarque que la forme de l'étui
médullaire est toujours en rapport avec l'arrange-
ment des feuilles de l'arbre auquel il appartient;
ainsi, pour en citer un exemple, la forme de cet étui
est triangulaire quand les feuilles naissent trois par
trois à la même hauteur autour de la tige ; ce qui se
voit dans la verveine odorante.

« La moelle, enfin, de couleur et de contexture

variables suivant les arbres, a été, est et sera longtemps encore un sujet de discussions entre les botanistes. Les uns veulent qu'elle soit absolument nécessaire à l'existence des arbres; ils la regardent
comme l'agent essentiel de la végétation ; les autres
la proclament inutile, et l'on serait tenté de se ranger
de l'avis de ces derniers, en voyant verdoyer les
vieux chênes dont le tronc est creux, les saules
dont le tronc ne se compose plus que de ligneux et
d'écorce, si l'on ne savait que rien d'inutile n'a été
donné aux végétaux pas plus qu'aux animaux, et
que la nature possède des ressources pour remplacer, par un autre, en certaines circonstances,
un organe détruit.

Amédée. — J'entrevois, mon père, la possibilité
de reconnaître encore, par leur bois, les arbres dont
on n'a pu voir la racine, la graine, la fleur.

M. Derville. — Le jardinier, le bûcheron te donneront à ce sujet des indications précises.

« Ainsi donc, de même que les fleurs, les graines,
les racines, les tiges diffèrent entre elles; nous en
pouvons assurément dire autant du feuillage.

Cécile. — Oh! oui, bien assurément !

M. Derville. — Il vous est donc facile, mes enfants, de concevoir que la forme des feuilles, la
manière dont elles sont attachées à l'arbre, à l'arbrisseau, à la plante, ont dû fournir des caractères
tout aussi certains que la corolle, et le nombre des
étamines pour aider à classer les soixante mille espèces de végétaux connus ; par exemple, dans le
chèvrefeuille et dans le jasmin, les feuilles ne se
ressemblent ni par la forme, ni par la manière dont
elles tiennent à la branche; les feuilles du houx,

armées de piquants, ne ressemblent pas davantage à celles du laurier, et celles de la bourrache, toutes couvertes d'un duvet fort rude, n'ont pas le moindre rapport avec celles du lis. Voilà donc des caractères bien tranchés; je vous cite ceux-là entre mille autres pour vous donner une idée générale au moins d'une classification qui repose en outre sur les différences non moins grandes que doit présenter le feuillage de ces plantes suivant le climat, et suivant qu'elles vivent sur la terre, dans l'air par conséquent ou dans l'eau.

« Les plantes grimpantes, avec leurs vrilles, leurs mains, leurs cirrhes, ne sont pas moins différentes dans leur aspect que dans leurs mœurs, de celles qui s'élancent et s'élèvent sans avoir besoin de soutien. Enfin, mes enfants, la science n'a rien négligé pour faciliter l'étude des végétaux à quiconque veut étayer ses propres observations de celles des savants, et la riche et belle nature prodigue ses trésors au simple amateur. Il est libre de doubler les jouissances qu'elle donne, par des recherches toujours nouvelles, et pour lesquelles il trouve plus d'un guide.

AMÉDÉE. — Mon père, j'ai entendu citer quelquefois la sensitive comme une preuve que les plantes... sentent pourtant, et qu'elles peuvent se mouvoir.

M. DERVILLE. — On citerait d'autres végétaux que la sensitive ou *mimosa pudica*, si l'on faisait attention à l'*irritabilité* (et non pas *sensibilité*) dont les plantes sont douées. A l'approche de la nuit, celles qui cherchent avec avidité la lumière changent d'aspect, et l'on peut dire qu'elles paraissent succomber au sommeil; il en est dont les feuilles se referment, et dont les fleurs se penchent mollement sur leur tige; quelques-unes *s'éveillent* dès le matin, se hâtent de fleurir, et à l'heure où le soleil se montre avec éclat, elles se ferment.

CÉCILE. — Ah! oui, les volubilis; à moins pourtant qu'ils ne soient à l'ombre.

M. DERVILLE. — Il en est encore qui ne brillent qu'un instant au milieu du jour; d'autres enfin ne fleurissent que la nuit.

AMÉDÉE. — Voilà qui m'explique ces mots : *horloge de Flore*, que je n'avais jamais pu bien comprendre. Mon père, si tu veux nous aider, Cécile et moi nous pourrons en faire une ?

M. DERVILLE. — Je ne demande pas mieux; seulement je vous avertis que des fleurs *bien communes* et bien *dédaignées* devront être cultivées pour rendre complète l'horloge de Flore. Mais revenons à l'irritabilité des plantes.

« Si quelques plantes ne fleurissent que dans l'obscurité, toutes n'en cherchent pas moins avec avidité la lumière et l'air. On les voit se tourmenter, se contourner pour parvenir à recouvrer cette lumière dont un pan de mur, un obstacle quelconque contribue à les priver. Sans lumière et sans air, point de vie pour le végétal. Afin d'en avoir le plus possible, il allonge ses branches; il se penche vers l'ouverture d'où émanent ces deux sources de vie, tandis que ses racines s'étendent sous terre avec non moins d'ardeur vers le sol où elles pourront puiser la nourriture. On a vu des fleurs, garnissant tout autour naturellement une tige élancée et formant un rameau pyramidal, se porter toutes d'un seul côté, parce que, de ce côté, l'air, la lumière arrivaient en plus grande abondance; on a vu aussi des branches d'espalier attachées de manière à ce que la partie inférieure de la feuille fût tournée en dessus, se contourner, et les feuilles se retourner peu à peu sur leur pédoncule, jusqu'à ce qu'elles eussent repris leur position naturelle, c'est-à-dire jusqu'à ce que la partie destinée à recevoir les émanations de la terre fût revenue à sa place, et la partie supérieure et lisse à la sienne. Regardez attentivement quelques feuilles d'arbres; vous reconnaîtrez que la partie inférieure est comme *dépolie*, et que la partie supérieure est lisse; l'une est destinée à absorber les exhalaisons terrestres, l'autre à recevoir les torrents de la lumière, et à préserver en même temps le tissu cellulaire d'être pénétré par la rosée et la pluie... Mes enfants, tout est admirable dans la Création, et j'espère, si notre microscope est arrivé demain, vous faire admirer encore d'autres merveilles.

Amédée. — Mon père, à propos de merveilles, ce que les voyageurs racontent de la fleur du népenthès est-il vrai? Est-ce qu'en effet cette plante porte une coupe qu'on trouve chaque jour remplie d'eau fraîche?

M. Derville. — Les urnes du *nepenthes distillatoria*, d'un si beau bleu à l'intérieur, s'ouvrent chaque matin, et alors elles sont remplies d'eau. Ces urnes, placées à l'extrémité d'une vrille qui termine les feuilles ne sont ni la fleur ni le fruit de cette plante singulière; ce n'est qu'un appendice qui tantôt présente un véritable cornet, tantôt un godet, l'un et l'autre munis d'un opercule ou couvercle retenu par une charnière. Le soir, cet opercule s'abaisse et ferme hermétiquement l'urne du népenthès; pendant la nuit, les corps glanduleux. dont ce vase est intérieurement revêtu, distillent une eau rarement limpide, et qui est évidemment le produit d'une véritable transpiration de la plante. Au jour, l'opercule se lève, et vers le milieu de la journée, l'urne n'est plus qu'à moitié pleine. Quelques naturalistes prétendent que la plante absorbe alors, pendant l'excessive chaleur, une partie de l'eau contenue dans le réservoir; d'autres présument que la quantité diminue par l'effet de l'évaporation; l'un et l'autre peuvent être vrais. Ce qu'il y a de certain, c'est que, lorsque le temps est à la pluie et surtout lorsqu'il pleut, les urnes du népenthès se penchent et se vident. Comme la plante du *nepenthes distillatoria* appartient particulièrement aux lieux humides et ombragés de Ceylan, il est à croire que l'eau distillée par les urnes est une excrétion nécessaire pour la débarrasser de principes aqueux surabondants.

« Les sarragènes, propres à l'Amérique du nord, présentent le même phénomène : d'autres appendices, qui ont la forme d'une petite outre, remplacent les urnes du népenthès; ils entourent le pied de la hampe qui porte la fleur, et leur intérieur contient de même de l'eau plus ou moins limpide.

CÉCILE. — Mon Dieu! que de choses admirables en ce monde !

AMÉDÉE. — Comme il faut commencer toujours par le commencement quand on veut étudier n'importe quoi, je te prierai, mon père, de nous dire quelles sont les premières familles des acotylédones, des monocotylédones et des dicotylédones, afin que Cécile et moi nous puissions nous y reconnaître, et ne pas courir d'un embranchement et d'une famille à l'autre.

M. Derville. — Ta curiosité est louable, mon fils; mais elle ne pourrait être satisfaite en une seule soirée, et, d'ailleurs, la veillée est avancée. Lorsque je verrai ta sœur et toi vraiment en état d'étudier l'histoire naturelle et la botanique, je mettrai entre vos mains quelque ouvrage élémentaire, celui de M. Salacroux, par exemple; et comme vous aurez alors du zèle, peut-être la passion réelle du savoir, vous ne reprocherez pas à ces livres élémentaires d'être *ennuyeux*; vous comprendrez qu'on est bien heureux de trouver des gens instruits qui tâchent de rendre la science aussi facile que possible, mais que la science est toujours science, c'est-à-dire sérieuse; c'est-à-dire qu'elle exige toujours une certaine contention d'esprit. La classification des êtres, si elle n'est pas l'*histoire* de leurs mœurs, de leurs instincts, de leur industrie, nous met du moins en mesure de les connaître, puisqu'elle nous donne, par l'exposition de leur organisation et de leurs principaux caractères, la clef de tant de phénomènes faits, au premier aspect, pour confondre l'esprit de l'homme. Ne l'avez-vous pas entrevu déjà?

Amédée. — Oh! oui, mon père!

Cécile. — Oui, sûrement; mais quand on pense que, pour bien connaître une plante, il faut l'étudier de la racine à la cime, et depuis la plus petite racine jusqu'à la plus petite feuille, et la corolle, les étamines, les graines, enfin la tige, enfin tout, et qu'il y en a soixante mille espèces, oh! cela fait peur!

M. Derville. — Prétendre à étudier en détail *tous* les végétaux, serait folie, mon enfant. Mais prendre une idée générale des caractères qui les ont fait distribuer dans telle et telle classe, dans telle et

telle famille ; mais examiner ceux qui frappent journellement nos regards, et qui servent à nos besoins,
mais rechercher de quelle utilité les plantes peuvent
être pour la nourriture des hommes, des animaux,
les ressources qu'elles offrent à la médecine ; mais se
mettre en etat de comprendre ce que rapportent les
voyageurs des végétaux qui croissent en d'autres
climats, afin de se défendre des exagérations et des
erreurs dans lesquelles ils pourraient nous engager,
tout cela est raisonnable, possible, faisable, même
pour une jeune fille qui doit partager son temps entre
les soins du ménage et les plaisirs de l'instruction.

« D'ailleurs, mes enfants, apprendre quoi que ce
soit, n'est pas l'affaire d'un jour ; et quand on commence à votre âge, quand on a devant soi un long
avenir, on peut espérer, avec de la persévérance et
du travail, d'acquérir des connaissances variees et
solides. »

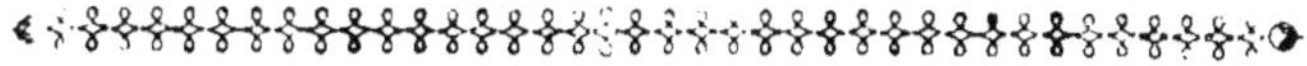

CHAPITRE VII.

Petit aperçu du monde microscopique végétal et animal.

—

Le jour suivant fut un beau jour ; d'abord c'était jeudi ; il faisait un soleil magnifique ; et, enfin, le microscope arriva pendant qu'on était à déjeuner. Amédée obtint de son père de ne point aller au collège, et aussitôt qu'on eut quitté la table, on passa dans le cabinet de M. Derville pour voir déballer les loupes et le microscope.

Quelques minutes après, les deux enfants parcouraient le jardin, cherchant à attraper des mouches, des papillons, recueillant de la mousse, des insectes, et bientôt la table de M. Derville se trouva encombrée de plus de sujets à examiner qu'on ne pouvait raisonnablement espérer d'en voir en quelques heures. M. Derville avait, de son côté, apporté des fleurs, des feuilles, de l'eau verte recueillie à la surface du bassin de pierre et du limon vert qui se trouvait au fond.

« Par où commencerons-nous, mon père ? demanda Amédée dont les yeux brillaient d'un éclat extraordinaire.

« Je voudrais bien voir la poussière des ailes d'un papillon, dit Cécile.

Madame Derville. — Pour moi, je serais charmée de faire connaissance avec le pollen des fleurs.

« Et nous aussi, maman ! s'écrièrent ensemble les deux enfants.

« Nous allons commencer par le pollen, » dit M. Derville.

Il prit un peu de poussière jaune d'une rose trémière, la posa délicatement avec un petit pinceau sur une petite lame de verre mince; puis, avec le bout du doigt, il ajouta une goutte d'eau, recouvrit le tout au moyen d'une autre lame de verre, et quand il eut bien essuyé les deux verres réunis, il plaça le pollen, ainsi préparé, sur le porte-objet du microscope.

Regardez, mes enfants, dit M. Derville après avoir *orienté* le microscope de manière à ce que l'objet à observer fût bien au foyer, et racontez à mesure ce que vous verrez.

— Ah !... ah ! mon Dieu ! s'écria Cécile qui s'était emparée de la place la première. Mais il n'y a plus de pollen ! Je ne vois que de grosses boules brunes sur les côtés et toutes hérissées de pointes... absolument comme la coque verte des châtaignes...C'est là cette poussière jaune !..... mais, mon père, ce n'est pas possible. »

Et Cécile, quittant l'objectif du microscope, regarda vite sur le porte-objet ; les deux lames de verre y étaient toujours, et bien certainement le pollen retenu entre deux n'avait pu s'échapper, ni un autre corps se glisser à sa place.

Pendant cet examen, Amédée regardait à son tour et se récriait autant que Cécile.

« Mais, mon père, disait-il, qu'est donc devenue la couleur jaune? Je ne vois que du brun, comme Cécile , sur les bords d'une boule transparente et qui a la forme d'une bonbonnière! Vois plutôt, maman !

M. DERVILLE. — Ce n'est pas le moment de te dire, mon fils, que les objets ne sont point colorés par eux-mêmes : ceci nous entrainerait dans des explications au-dessus de votre âge peut-être; cependant sache bien que cette ligne brune n'est point brune ; elle ne t'apparait ainsi, de même que ses piquants, qu'à cause de l'épaisseur du globule sphérique qui forme un *grain* de la poussière jaune appelée pollen, et de l'épaisseur, toujours relative, des piquants.

MADAME DERVILLE.—Oh! oui, bien *relative* quand on songe à *la grosseur* du grain de pollen vu à l'œil nu!

M. DERVILLE. — Ce grain de pollen, à peine visible s'il était seul, à moins de se servir de la loupe, renferme cependant une multitude prodigieuse de granules, lesquels en renferment d'autres, et ceux-ci d'autres encore, comme je crois vous l'avoir déjà dit. Voyons si le pollen du lis voudra nous donner le spectacle bien curieux d'un globule s'ouvrant et laissant partir, à la façon d'une fusée, les granules qu'il contient. »

M. Derville retira les lames de verre de dessous le microscope, les nettoya, remplaça le pollen de la rose trémière par celui du lis, et quand tout fut prêt, il dit à Amédée de regarder.

« Oh! Cécile, s'écria celui-ci, tu vas voir maintenant des globules plus petits et qui ont la forme d'un œuf... ceux-ci n'ont pas de piquants, ils sont de même transparents et bruns tout autour... Cécile, Cécile, une fusée!... Oh! que c'est curieux!...

— Laisse-moi donc voir! dit Cécile.

— Aucun de vous ne songe donc à céder le pas à sa mère? » demanda M. Derville.

Les deux enfants se rangèrent aussitôt. Mais comme la sortie des granules contenus dans le grain de pollen dura quelques secondes, chacun put jouir à son tour de ce spectacle curieux.

Quand il fut fini, M. Derville engagea ses enfants à lui dire ce que *faisaient* les granules.

« Ce qu'ils font! répéta la curieuse Cécile toujours prête à s'emparer du microscope. Ah! ils nagent! Amédée, vois donc! ce ne sont pas des granules... ce sont des animalcules..... ils vont, ils viennent à volonté!

— C'est ce que je nie, reprit M. Derville Quoi qu'en puissent dire les ignorants, l'œuf *végétal* ne donne pas un animal, pas plus, quoi qu'en puissent dire les savants, que les animalcules ne donnent un végétal en se entant les uns sur les autres. Vous verrez quelque jour s'agiter de même les granules verts, qui sortent de la plante appelée *conferve*, lorsque le moment des *semailles* est arrivé; mais cette agitation n'est point la faculté locomotive, elle est tout à fait mécanique; et ceci est si vrai, qu'on la voit se manifester chez les atomes des corps bruts et durs, tels que ceux qui composent la poussière de marbre, par exemple.

« Examinons maintenant une petite portion du tissu cellulaire ou parenchyme des feuilles, et du tissu cellulaire des pétales qui forment ces corolles si

belles et si admirablement nuancées que vous
aimez tant. Dans le tissu cellulaire des feuilles, nous
trouverons des vésicules mères renfermant des
globulins verts ; dans le tissu cellulaire des pétales,
des fruits, nous retrouverons ces mêmes vésicules
mères renfermant des globulins diversement colorés,
suivant la couleur de la fleur et du fruit. Mais auparavant je dois exposer à votre admiration l'épiderme
composé de vésicules vides de globulins. Voyez
comme ce morceau, que je viens d'enlever avec précaution sur cette feuille de lis blanc est diaphane!...
L'épiderme est plus mince plus transparent que tout
ce qu'il est possible d'imaginer. Le voilà sous le microscope... les stomates ou pores corticaux sont
parfaitement visibles. »

Les exclamations, les cris d'étonnement recom-
mencèrent. Cécile surtout ne cessait de s'extasier
sur ces merveilles invisibles à l'œil nu, plus merveilleuses, disait-elle, que celles du monde *visible*
sans le secours du microscope.

« Je vous ai annoncé du tissu cellulaire, en voilà,
reprit M. Derville. J'ai appelé *mères* les vésicules qui
le composent, et elles méritent bien ce nom, car
c'est de leurs parois intérieures que sort la globuline.
Chaque globulin est un petit individu qui vit pour
son propre compte et qui est capable de reproduire
le végétal entier, comme je vous l'ai déjà dit, quand
il se trouve placé dans des circonstances favorables
à son développement ; sinon, il se contente de vivre
fraternellement dans le sein maternel avec ses pareils
jusqu'au moment où la vésicule mère se déchirant,
il nage à son tour en liberté dans le fluide nourricier.
Alors il grossit, devient à son tour vésicule mère
contenant de la globuline, et le tissu cellulaire aug-

mente ; et la feuille, le pétale se développent, et la plante croît, grandit non-seulement dans ses appendices foliacés et florifères, mais aussi dans ses branches, dans ses tiges; car le tissu fibreux ou vasculaire qui se compose de vésicules filées, pour ainsi dire, en tubes, se reproduit en même temps par bourgeons à sa paroi extérieure.

AMÉDÉE. — Que tout cela est extraordinaire !

M. DERVILLE. — Ces découvertes sont dues aux recherches du célèbre botaniste Turpin qui a étudié la nature même, avant d'étudier la science écrite.

CÉCILE. — Mais, mon père, je ne vois que des boules bien rondes et remplies de petits points verts! Il n'y a rien qui ressemble à un tissu ou bien à des cellules ?

M. DERVILLE. —Ce mot de tissu ne peut s'entendre ici comme s'il s'agissait d'une étoffe; quant aux cellules hexagones, ou à six pans, nous les trouverions dans une feuille composée d'un parenchyme plus serré. Tu verrais alors ces vésicules rondes pressées les unes contre les autres, prendre, faute d'espace, la forme hexagonale.

AMÉDÉE. - Alors, mon père, la sève ne peut plus circuler ?

M. DERVILLE. — Elle circule de même, mon enfant, entre les vésicules ainsi pressées qui se touchent, mais demeurent cependant indépendantes l'une de l'autre. L'année prochaine, nous serons habitués à *voir* au microscope, et je pourrai alors entrer dans des détails que vous ne comprendriez pas aujourd'hui.

CÉCILE. — Mon père, je voudrais bien voir des animalcules?

M. DERVILLE.—Et moi je veux bien t'en montrer;

mais examinons d'abord ce *vil* limon que j'ai recueilli
au fond de l'eau du bassin de pierre. Les filaments
que voici et qui sont enchevêtrés les uns dans les
autres comme un écheveau de soie fine *conscieuse-
ment* mêlé, vont vous apparaître dans toute leur
beauté.

AMÉDÉE.—Mon père, pourquoi donc mets-tu toujours de l'eau avec tout ce que tu prépares pour le
microscope?

M. DERVILLE. — Les vésicules qui composent le
tissu cellulaire des feuilles, des pétales, perdraient
leur forme si je les faisais passer du milieu humide
où elles vivent, dans un milieu sec ; c'est-à-dire dans
l'air emprisonné entre les deux lames de verre : elles
s'aplatiraient à l'instant et elles se colleraient aux
parois. Il en serait de même du pollen et de ce limon
vert. Quand on veut observer les êtres au microscope, il faut, tu le conçois, leur conserver *le milieu*
au sein duquel ils peuvent se développer comme végétaux, et agir en liberté comme animalcules. Regardez maintenant.

« Oh! que c'est beau ! que c'est admirable ! » s'é-
crièrent tour à tour madame Derville et ses trois enfants.
Ils avaient raison, car rien en effet n'est plus élégant
que les charmants dessins formés par une multitude
de granules verts dans les tubes diaphanes des conferves. Ici, ils se suivent en chapelet continu; là, ils
se groupent par deux ou trois, et présentent des
dessins d'une délicatesse infinie. Les effets de la lumière réfléchie par ces granules d'un vert tendre,
complètent la féerie.

« Voilà l'*ignoble* limon qu'on trouve au fond des
eaux dormantes reprit M. Derville. Et ne croyez pas,

mes enfants, qu'il se compose d'une *seule espèce!*
On compte plusieurs genres de conferves; il en est un
surtout qui a armé plus d'une fois les savants les uns
contre les autres, parce que les granules que les
tubes contiennent, arrivés a l'époque de la maturité, sortent tous tour a tour de leur enveloppe tu-
bulaire et diaphane, et nagent quelque temps a la
maniere des granules du pollen du lis que vous venez
de voir, avant de se fixer aux parois du verre. Une
fois attachés, ces granules produisent de petites tiges, ou tigellules, dans lesquelles apparaissent bientôt d'autres granules, produits probablement dans
la tigelle par l'extension de ses parois intérieures. Je
dis probablement, parce que le mode de reproduction
est encore une question indecise parmi les savants.

« Voyons maintenant de quoi se compose la couleur
de cette eau verte.

« Remarquez, qu'au fond, la matiere verte qui la
colore, forme une couche assez épaisse, tandis qu'a
la surface, cette mème matiere presente une sorte de
creme, ou d'écume si vous l'aimez mieux. La couche
du fond et la *crème* verte de la surface de l'eau, se
composent des mèmes animalcules; mais les uns
étant saturés d'oxygene, se reposent ; les autres viennent *prendre l'air.* Il n'est pas possible de trouver
de petits citoyens plus actifs ; voyez plutôt!. »

Les exclamations furent plus vives encore cette
fois. Grâce au microscope, cette matière verte *immobile* paraissait s'animer aux yeux des deux enfants ébahis C'étaient des allées et venues perpé-
tuelles, des courses, se croisant dans tous les sens,
exécutées par de petits animaux transparents, de
forme tantôt allongée, tantôt sphérique, presque

blancs et qui ne se coloraient légèrement en vert que par le reflet, pour ainsi dire, de trois, de quatre globulins qu'on distinguait aisément à travers leur enveloppe diaphane. Aucun mot ne saurait dire la vivacité de mouvement de ces animalcules ; ils semblaient deviner, disait Cécile, que dans leur monde on vit très-vite, et que, par conséquent, on ne pouvait trop se hâter de jouir de la faculté locomotive que tous possèdent au plus haut degré.

Après ces animalcules, on admira les anguilles de la colle de pâte avec leur corps diaphane, comme bordé de chaque côté d'une ligne bleue. ces corps agiles et souples, tout remplis de globulins blancs et transparents, glissaient à la manière du serpent, et formaient mille et mille enlacements.

Les anguilles du vinaigre eurent leur tour. Le frère et la sœur passaient d'enchantement en enchantement. C'était un nouveau monde, un monde sans bornes, qui s'ouvrait à leurs yeux.

Puis vinrent les cheveux, tube diaphane qui n'a de coloration que par celle de la moelle enfermée dans ce tube cloisonné, c'est-à-dire divisé en cloisons transversales ; dans les cheveux blancs, cette moelle se montrait blanche ; la poussière des ailes du papillon apparut enfin aux regards émerveillés de Cécile qui ne cessait de se récrier beaucoup plus haut que son frère non moins ravi. La séance se serait prolongée indéfiniment si M. Derville n'avait mis des bornes à l'avide curiosité de ses enfants en disant : « Nous ne verrons rien de plus aujourd'hui, si ce n'est peut-être une gouttelette de sang. Je veux terminer par là la séance, afin de vous donner matière de réfléchir sur ce que je vous ai dit des vésicules mères renfermant des globulins, et sur ce que je vais vous en dire encore. Quant à la charpente de l'aile du papillon qui supportait ces écailles de différentes formes, de couleurs si variées et toutes munies d'un pédoncule par lequel elles y étaient fixées ; quant aux pattes velues des insectes, et qu'un grossissement de deux cent cinquante fois vous fera voir telles qu'elles sont en effet ; quant aux yeux à réseaux de la mouche commune qui nous présenteront un filet brillant à mailles parfaitement régulières, nous les examinerons ces jours-ci à loisir. Voici du sang que je viens d'obtenir par une légère piqûre ; examinez-le attentivement. Que vois-tu, Cécile ?

CÉCILE. — On dirait des rubis enchâssés dans de l'or et dans de l'argent. Que c'est joli et brillant ! Vois donc, Amédée.

AMÉDÉE. — Cela me fait l'effet d'un réseau d'or et d'argent dans lequel sont enfermés des globules d'un beau rouge transparent. Il faut que je me pique à mon tour...

« C'est inutile, dit M. Derville, qui commença à remettre dans la boîte les différentes pièces dont se compose le microscope. Tu ne verrais pas autre chose dans ton sang, dans celui de ta mère, que ce que tu viens de voir dans le mien ; le sang des animaux ne t'offrirait de différences que par la forme plus ou moins sphérique des globules ; seulement ceux-ci seraient en nombre plus ou moins grand suivant l'âge, la santé du sujet dont tu examinerais le sang.

AMÉDÉE. — Ah ! je me souviens d'avoir lu une histoire sur l'analyse du sang humain [1].

[1] *Souvenirs du grand papa. 2 vol. in-18.*

M. DERVILLE. — Il ne s'agit ici, mon fils, que des globules du sang. D'après les recherches du savant Turpin, dans le règne animal comme dans le règne végétal, ces globules ou vésicules ne sont pas autre chose que des vésicules mères donnant naissance à des globulins colorés en rouge. Ces vésicules nagent librement dans un fluide nourricier et incolore. De même que chez les végétaux, la vésicule mère se déchire, les globulins deviennent à leur tour vésicule mère, la quantité de globules sanguins augmente, et par conséquent la masse du sang.

AMÉDÉE. — Que tout cela est étrange !

M. DERVILLE. — Chaque globulin est doué d'un principe vital qui lui est propre ; il existe pour son propre compte, se reproduit, meurt, et les générations succèdent aux générations. En même temps que le phénomène de la vie chez le végétal, chez l'animal, entretient, renouvelle le fluide dans lequel se meuvent les globules sanguins, leur reproduction, leur accroissement, leur renouvellement dans ce milieu, concourent également à entretenir la vie de l'individu dont ils font partie.

CÉCILE. — Mais, mon père, si beaucoup de globules sanguins viennent à mourir à la fois, l'animal doit mourir aussi ?

MADAME DERVILLE. — Ou tout au moins être malade.

M. DERVILLE. — Des milliards meurent à chaque seconde, et l'existence de l'animal n'en est pas plus compromise que l'existence du corps social n'est compromise par la perte de quelques milliers des individus qui le composent.

AMÉDÉE. — Ah ! voilà une comparaison que j'aime bien !

M. Derville. — Parce qu'elle est juste, mon fils. Turpin s'en servait souvent pour exprimer sa pensée ; pensée profonde, féconde, peut-être au-dessus de votre âge ; mais vous y reviendrez plus tard.

« Ainsi donc, les végétaux, comme les animaux, sont *tissés*, pour ainsi dire, par la nature, avec des fibres et des vésicules. Fibres et vésicules se reproduisent, et leur reproduction entretient le phénomène appelé *la vie* ; voilà tout.

« J'ai dû tâcher de vous donner au moins quelque idée de ce système si simple et si vrai. Avec le secours de notre microscope, nous pourrons suivre le développement et la reproduction des globulins au sein de la vésicule mère dans les végétaux les plus simples, tels que les conferves et dans les animaux les moins composés, tels que ceux que nous venons de voir ; puis, nous essaierons de remonter l'échelle des êtres, de nous rendre compte des formes diverses qui modifient la matière sans changer la forme primitive soit du germe, qui est toujours globuleux, toujours se reproduisant de l'intérieur à l'extérieur par des globulins, soit de l'ensemble du végétal ou de l'animal qui se compose d'un plus ou moins grand nombre de masses vésiculaires s'allongeant ici en chapelets dans des tubes plus ou moins diaphanes ou opaques, s'étendant ailleurs en lames plus ou moins épaisses dans les feuilles, les pétales des fleurs, les fruits pulpeux, enfin nageant à l'état d'une liberté relative dans les fluides des corps animalisés.

Cécile. — Alors, mon père, les globules du sang vont prendre l'air dans les poumons comme ces animalcules verts viennent le prendre à la surface de l'eau ?

Amédée.—Mais, ma sœur, ils n'y vont pas volontairement, puisque ce sont les mouvements du cœur qui les y poussent.

Cécile. — Ah! c'est vrai. Mon père, ils sont rouges pourtant avant d'être allés dans les poumons; car l'autre jour j'ai entendu le médecin de maman qui disait que le sang veineux est noir, et je me suis souvenue que le sang veineux est celui qui n'a pas encore respiré.

Madame Derville. — Prends donc garde, ma fille, à ce que tu dis! Si le sang veineux est noir, ses globules ne sont point rouges.

Cécile. — Maman, c'est une manière de parler.

M. Derville. — Le sang veineux est celui qui n'a pas encore respiré; mêlé au sang épuisé par le travail appelé nutrition, il est d'un rouge sombre; le sang artériel est celui qui s'est revivifié par l'acte de la respiration, en même temps qu'il s'est coloré d'un beau rouge vif.

Cécile. — Ah! mon Dieu! que de choses encore à apprendre avant que de pouvoir dire qu'on sait quelque chose!

Amédée. — Tu ne t'en plaindrais pas, ma sœur, si tu aimais l'étude comme je l'aime. Et tu l'aimeras, j'en suis sûr. Pourvu que tu veuilles travailler, je t'aiderai; je t'expliquerai les mots que tu ne comprendras pas, c'est-à-dire quand je les comprendrai moi-même. Si je ne le peux pas, je les chercherai dans le dictionnaire, afin de ne pas importuner mon père. Comme cela, je te sauverai bien des ennuis et bien du temps qui serait perdu pour toi, tandis qu'il ne le sera pas pour moi, puisque je dois apprendre une foule de choses dont tu n'as pas besoin.

« Tu es bon, bien bon, meilleur que moi ! » s'écria Cécile en sautant au cou de son frère.

Tous deux s'embrassèrent tendrement, et madame Derville, doucement émue, les attira dans ses bras en disant : « Puisse cette union fraternelle durer toujours, mes enfants ! les affections de famille sont les seules que les années ne viennent pas user ou flétrir !

« Oui, cette union fraternelle durera, dit M. Derville en embrassant aussi ses enfants ; parce que le secours mutuel que se prêteront Amédée et Cécile sera comme un nouveau lien ajouté à ceux de la nature. Mes enfants, aimez-vous, étudiez ensemble ; que les travaux, les études, les plaisirs, les peines vous soient communs, et jusque dans la vieillesse se prolongera la tendre affection qui aura fait la joie de vos parents et le bonheur de vos jeunes années ! »

Mine de Fer.

Mine de Sel.

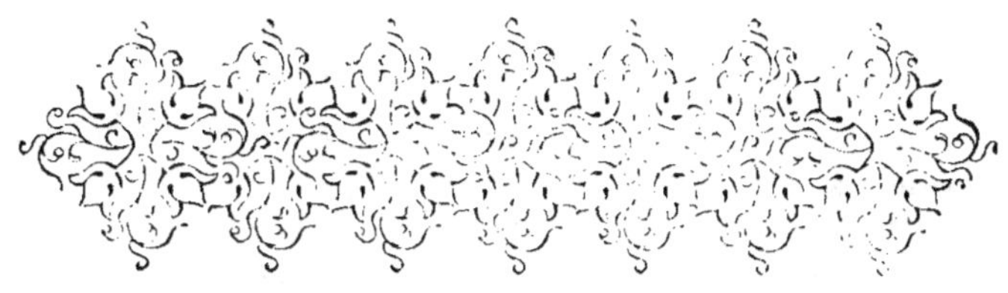

LES
MINÉRAUX

CHAPITRE PREMIER.

Le règne minéral.—Cristallisation.—Arbre de Saturne. —
Arbre de Diane.—Un peu de géologie.

— « Mon père, dit Cécile, qui était toujours la
première à faire des questions, qu'est-ce que c'est, je
te prie, que des minéraux ? Depuis deux jours,
Amédée et moi nous cherchons à deviner quelles
sont les choses qu'on appelle proprement ainsi, et
nous ne pouvons y parvenir. Mon frère prétend que
les minéraux c'est ce qu'on tire des mines, comme
le fer, l'or, l'argent.

— Tu ne nommes-là , ma fille, que les métaux,
répondit M. Derville. Mais ce ne sont pas seulement
des métaux que l'homme retire du sein de la terre ;
la houille, le bitume, le soufre, par exemple, te le
prouvent.

» Le nom de minéraux appartient à tous les corps
inorganiques ou brutes, c'est-à-dire privés de vie ,
d'organes, par conséquent ; aussi range-t-on dans

le règne minéral les gaz, les liquides, les sels, les pierres, les terres, etc. etc.

Amédée. — Mon père, et les fossiles ?

M. Derville.—Les fossiles appartiennent spécialement à la géologie. Cette science enseigne dans quel ordre sont placées les couches différentes qui composent la surface du globe ; et, au moyen des fossiles elle nous aide à remonter aux époques où ce qui forme aujourd'hui des couches souterraines et profondément enfouies dans le sol, jouissait de la chaleur bienfaisante et de la vive lumière du soleil.

Amédée. — Tu vois, ma sœur, que la géologie aussi peut être intéressante !

M. Derville. — Tout est intéressant dans l'étude de la nature, mes enfants ; j'espère vous le prouver en vous disant au moins quelques mots des travaux incessants qui ont lieu dans le sein de la terre comme à sa surface. Car il ne faut pas vous figurer que, sous vos pieds, il y ait immobilité ; si vous pouviez le penser, l'irruption seule des volcans suffirait à vous faire reconnaître le contraire. Mais ces travaux sont lents ; et lorsque l'homme ouvre une carrière de plâtre, de pierre, de marbre ; lorsqu'il découvre une mine de fer, d'étain, de houille, d'or, d'argent, de diamans, il ne fait que recueillir le produit de l'action et de la réaction des acides, des gaz, des oxides sur les corps bruts et sur eux-mêmes pendant des siècles.

Cécile. Je voudrais bien voir s'opérer quelques-unes de ces transformations ; et toi, maman ?

Madame Derville. — Moi aussi, mon enfant, si la chose était possible.

M. Derville. — Il s'en fait journellement sous nos yeux ; mais comme elles sont lentes, nous ne savons pas les voir. Nous en pouvons cependant produire nous-mêmes qui sont presque instantanées, telles que la cristallisation, par exemple.

AMÉDÉE. — Justement, mon père, je voulais te parler de cela. L'autre jour au collége M. Guise a dit à ce sujet des choses qui m'ont bien étonné et bien intéressé, quoique ce fût de la *haute* science.

M. DERVILLE. Sans nous élever à présent jusqu'aux *hauteurs* de la science, nous pouvons prendre une idée du moins des causes de la cristallisation, qu'il nous est si facile, même à nous ignorants et qui ne possédons pas le plus petit alambic, de détruire et de reproduire, je le répète ; chose que nous faisons journellement sans y penser. Ainsi, lorsque nous mettons à fondre du sucre dans de l'eau, nous détruisons le résultat de la cristallisation qui nous a donné du sucre ; lorsque votre mère fait évaporer ou bouillir du sirop ou du jus de groseille saturé de sucre, elle prépare une seconde forme de cristallisation pour ce même sucre.

CÉCILE. — Ah! je ne me doutais guère que le sucre c'est du cristal.

M. DERVILLE. — Le sucre n'est pas plus du cristal que le cristal n'est du sucre ; mais l'un et l'autre sont le résultat de l'action appelée *cristallisation*, laquelle est produite par l'évaporation de l'eau ou de tout autre liquide qui tenait en dissolution, ou séparées les unes des autres, les molécules *cristallisantes*. Pendant que l'eau s'évapore, les molécules se rapprochent, non pas indifféremment comme vous pourriez le croire, mais par l'effet d'une attraction qui porte les parties semblables vers les parties semblables; et, comme ici encore se retrouvent ces même lois générales auxquelles sont soumis les corps organisés, les corps inorganiques cristallisables se critalliseront sous telle ou telle forme suivant qu'ils seront composés de telle ou telle matière. C'est ce dont vous pourrez vous assurer par vous même maintenant que vous avez des loupes et un microscope. Faites fondre dans très-peu d'eau autant de sel de cuisine ou de table que cette eau en voudra prendre; mettez ensuite une goutte de cette eau saturée de sel sur l'une des lamelles de verre qui vous servent à placer les objets sous le microscope, et exposez cette goutte d'eau soit à un courant d'air, soit au soleil. L'eau sera bientôt évaporée; et vous apercevrez aussitôt à l'œil nu une cristallisation qui vous paraîtra toute *plate*. Prenez une loupe, ou mieux encore placez votre lamelle de verre sous le microscope, vous verrez alors des espèces de petits dés à jouer s'élevant en rond par étage les uns au-dessus des autres; leur réunion forme une sorte d'entonnoir composé de gradins tout autour. C'est sous cette forme de cube que cristallise *toujours* le sel ordinaire, soit dans les marais salans, soit dans les chaudières où ce qu'on appelle les *eaux mères* sont soumises à l'évaporation par le feu; mais nous en reparlerons plus tard. Répétez la même expérience pour le sucre; vous aurez une cristallisation différente; les cristaux de sucre vous présenteront de petits dés oblongs, tronqués ou coupés par le haut en forme de toit; ainsi cristallise *toujours* le sucre. L'alun, la potasse, le sel d'oseille, la crème de tartre que je vous procurerai volontiers, peuvent devenir pour vous, mes enfants, un moyen de reconnaître par vos propres yeux ce que je viens de vous dire tout-à-l'heure de la cristallisation, produit de l'évaporation du liquide qui tenait en dissolution les molécules cristallisables; c'est-à-dire, qu'une forme propre appartient à chacun des corps soumis aux lois générales de la cristallisation, de même qu'une forme propre appartient à chaque espèce de végétal, à chaque espèce d'animal. Dès qu'Amédée sera devenu chimiste, il pourra fournir plus d'une preuve que, dans des conditions données, c'est-à-dire qu'avec des matériaux dont les *facultés* sont connues, on est assuré de reproduire toujours les mêmes résultats.

AMÉDÉE. — Mon père, je voulais depuis long-temps te demander si les cristaux en arbres bleus et blancs qu'on voit chez les pharmaciens, sont naturels ou bien s'ils sont fabriqués ; alors comment les fait-on ?

M. DERVILLE. — Ils sont *fabriqués*, mon fils, c'est-à-dire qu'ils sont obtenus au moyen de l'évaporation d'une solution de sel dans un liquide. L'arbre de Saturne, par exemple, est le produit de l'évaporation d'une solution d'acétate de plomb, dans laquelle plonge une lame de zinc. On place dans le bocal qui contient l'eau saturée d'acétate de plomb, des fils de laitons contournés de façon à imiter une maîtresse branche garnie de branches menues ; la plaque de zinc, suspendue au bouchon du bocal, plonge entièrement dans l'eau sans toucher la carcasse de l'arbre futur. Au bout de quelques jours, cette carcasse est toute couverte de paillettes de plomb très-brillantes. Ce genre de cristallisation porte le nom de *chef-d'œuvre* ou arbre de Saturne : vous savez qu'autrefois le nom de Saturne fut donné au plomb. Quand on veut un arbre de Diane, le nom de Diane était jadis celui de l'argent, on emploie d'autres composants ; alors le mercure et le nitrate d'argent remplacent l'acétate de plomb et le zinc, et l'arbre ou se compose d'argent en filaments ou de cristaux allongés d'un blanc brillant.

Amédée. — Je me souviens encore d'avoir vu des cristaux tout jaunes, absolument comme l'ambre jaune qui n'est pas transparent.

M. Derville. — Le soufre jouait assurément dans ceux-ci un rôle important ; mais je me garderai d'entrer maintenant dans le détail des *composants* employés pour imiter ou pour reproduire en miniature les travaux si grandioses de la nature ; je me bornerai à vous faire remarquer qu'il faut, à la cristallisation, un point d'appui ; ce point d'appui une fois trouvé ou donné, elle commence. Ainsi, les fabricants de sucre candi versent le sirop de sucre sur des fils tendus en travers dans des bassins appelés cristallisoirs ; et ces fils se transforment en chapelets de cristaux à facettes ; les fabricants d'alun, de sulfate de fer, de sulfate de cuivre, plongent dans la dissolution saturée de ces sels, de petits bâtons qui se hérissent de cristaux ; Amédée lui-même en fait autant lorsqu'il plonge une baguette dans l'auge de la cour qui renferme de l'eau prête à glacer ou à cristalliser. L'eau se prend à l'instant, et la baguette est toute couverte de petits glaçons.

Amédée. — Je m'en souviens, mon père. Mais jamais je ne me serais douté que de l'eau glacée était de l'eau cristallisée.

M. Derville. — Avec le temps nous arriverons à distinguer entre eux les différents genres de cristallisation, et à reconnaître que les uns s'opèrent par évaporation du liquide, les autres par simple refroidissement, ceux-ci par précipitation, ceux-là par fusion, d'autres encore par sublimation. Nous apprendrons aussi que telle substance, le sel commun, par exemple, qui se cristallise en dé à jouer ou en cube, lorsque le mélange d'aucune autre substance ne vient contrarier la cristallisation, ne présente plus qu'un cube tronqué, coupé, aplati par ses angles, si l'acide borique entre autres est mêlé à la solution ou à l'eau saturée de sel commun. Comme ces mélanges sont fréquents dans la nature, il arrive souvent que la forme primitive des matières cristallisables se trouve altérée ; mais, au moyen des analyses chimiques, on parvient à *désassembler* ces matières, à les reconnaître une à une pour ainsi dire, en quelque proportion atomique qu'elles puissent se présenter, et à restituer à sa classe le minéral ou le métal cristallisé dont la nature avait pu paraître douteuse !

Amédée. — Que tout cela est curieux !

Cécile. — Oui, sûrement ; mais je voudrais bien entendre mon père nous raconter des histoires de mines et de mineurs ?

M. Derville. — Ces histoires auront leur tour lorsque nous aurons entrevu du moins comment ont pu se former les couches horizontales, pour la plupart, et quelques-unes perpendiculaires que nous montrent ou le flanc des montagnes coupées à pic, ou les carrières ouvertes par la main de l'homme et dans lesquelles il va chercher de la pierre, du marbre, pour construire ses palais. Mon fils, donne-moi ce volume de Buffon que voilà là-bas sur la table. Je veux vous lire quelques passages de *La théorie de la terre*. Écoutez avec attention ; je permets les observations.

« Ce globe immense nous offre, à sa surface, des hauteurs, des profondeurs, des plaines, des mers, des marais, des fleuves, des cavernes, des gouffres, des volcans, et, à la première inspection, nous ne découvrons en tout cela aucune régularité, aucun ordre.

« Si nous pénétrons dans son intérieur, nous y trouvons des métaux, des minéraux, des pierres, des bitumes, des sables, des terres, des eaux et des matières de toute espèce, placées comme au hasard, et sans aucune règle apparente. En examinant avec plus d'attention, nous voyons des montagnes affaissées, des rochers fendus, des contrées englouties, des îles nouvelles, des terrains submergés, des cavernes comblées ; nous trouvons des matières pesantes, souvent posées sur des matières légères, des corps durs environnés de substances molles ; des choses sèches, humides, chaudes, froides, solides, friables, toutes mêlées, et dans une espèce de confusion qui ne nous présente d'autre image que celle d'un amas de débris et d'un monde en ruines. La première chose qui se présente, c'est l'immense quantité d'eau qui couvre la plus grande partie du globe : ces eaux occupent toujours les parties les plus basses ; elles sont toujours de niveau, et elles tendent perpétuellement à l'équilibre et au repos. Cependant nous les voyons agitées par une forte puissance qui, s'opposant à leur tranquillité, les soulève et les abaisse, en les remuant jusqu'à la plus grande profondeur. »

Madame Derville. — Cela fait image ! Il semble que, devant soi, s'élancent les vagues des gouffres de l'Océan, roulant, dans leurs vastes replis, les habitants des antres les plus profonds, et exposant au grand jour et à leur cime, les ondes souterraines, pour ainsi dire, qui viennent en bouillonnant se transformer en écume, au milieu des vents déchaînés et aux clartés lugubres des éclairs.

CÉCILE. — Oui, c'est vrai !

M. DERVILLE, *continuant sa lecture :* « On les voit se porter quelquefois constamment dans la même direction, quelquefois rétrograder, et ne jamais, pourtant, excéder leurs limites.

» Là, sont ces contrées orageuses, où les vents en fureur précipitent la tempête ; ici, sont des mouvements intestins, des bouillonnements, des agitations extraordinaires, causés par des volcans, dont la bouche submergée vomit, jusqu'aux nues, une épaisse vapeur mêlée d'eau, de soufre et de bitume. Au loin j'aperçois ces vastes plaines, toujours calmes et tranquilles, mais tout aussi dangereuses, où les vents n'ont jamais exercé leur empire, où l'art du nautonnier devient inutile, où il faut rester et périr ; enfin, portant les yeux jusqu'aux extrémités du globe, je vois ces glaces énormes qui se détachent de la terre, et viennent comme des montagnes flottantes, voyager et fondre dans les régions tempérées. Considérant ensuite le fond de la mer, on y remarque autant d'inégalités que sur la surface de la terre. On y trouve des hauteurs, des vallées, des plaines, des profondeurs, des rochers, des terrains de toute espèce ; on voit que toutes les îles ne sont que les sommets des vastes montagnes qui sont presque à fleur d'eau, et dont le pied et les racines sont couverts de l'élément humide.

» Voilà les principaux objets que nous offre le vaste

empire de la mer; des millions d'habitants de différentes espèces en peuplent l'étendue; les uns, couverts d'écailles légères, en traversent avec rapidité les différents pays; d'autres, chargés d'une épaisse coquille, se traînent pesamment, et marquent avec lenteur leur route sur le sable; d'autres, a qui la nature a donné des nageoires en forme d'ailes, s'en servent pour s'élever et se soutenir dans les airs; d'autres enfin, à qui tout mouvement a été refusé, croissent et vivent attachés aux rochers. »

CÉCILE. — Nous connaissons tout cela, Amédée!

AMÉDÉE. — Oui, grâce à la science et aux travaux de bien des savants!

M. DERVILLE *continuant*. — « Tous ils trouvent dans cet élément leur pâture; le fond de la mer produit abondamment des plantes, des mousses et des végétations encore plus singulières; partout il ressemble à la terre que nous habitons.

» Voyageons maintenant sur la partie sèche du globe; quelle différence prodigieuse entre les climats! quelle variété de terrains! quelle inégalité de niveau! Mais observons exactement, et nous reconnaîtrons que les grandes chaînes de montagnes se trouvent plus voisines de l'équateur que des pôles; que, dans l'ancien continent, elles s'étendent d'orient en occident beaucoup plus que du nord au sud, et que, dans le nouveau monde, elles s'étendent au contraire du nord au sud, beaucoup plus que d'orient en occident. Mais ce qu'il y a de remarquable, c'est que la forme des montagnes et leur contour, qui paraissent absolument irréguliers, ont cependant des directions suivies et correspondantes entre elles, en sorte que les angles saillants d'une montagne se trouvent toujours opposés aux angles rentrants de la montagne voisine, qui en est séparée par un vallon, ou par une profondeur. »

CÉCILE. — Par exemple, je ne comprends pas du tout cela!

AMÉDÉE. — C'est pourtant bien clair. Si tu déchires un morceau de papier, si tu casses un morceau de pain, cela fait, le long de la déchirure, des inégalités; ainsi, d'un côté, il y aura comme des dents, et de l'autre côté des creux où ces dents rentreront quand tu rapprocheras les deux morceaux.

CÉCILE. — Oh! je comprends maintenant! Cela veut dire que les montagnes ont été déchirées en deux, et que l'intervalle qui les sépare... ce sont les vallées, les gorges?

AMÉDÉE. — Tout justement, n'est-ce pas, mon père?

M. DERVILLE. — Je ne dirai pas *justement*, mais *à peu près*. Il est bien certain que de grands *déchirements* ont contribué, autant que la surabondance des eaux, à changer plus d'une fois la *croûte* de notre globe; je dis la *croûte*, parce que vous savez que les plus hautes montagnes du monde connu sont, à l'étendue et à la grosseur du globe, ce que sont, à la grosseur d'une orange, les légères aspérités de son écorce. Ces déchirements ont eu plus d'une cause; mais l'une des principales, ce sont les feux souterrains. De nos jours encore, ils font sortir ici, du sein des eaux, une terre nouvelle; ailleurs, ils ouvrent des abîmes, engloutissent des villes entières, et séparent en plusieurs parties, par de profondes vallées, un terrain uni ou montagneux, qui ne formait qu'un tout quelques siècles auparavant. Les avalanches, la surabondance des pluies, les torrents débordés concourent également à changer la surface de la terre ; de là les deux systèmes des premiers géologues, les *neptuniens* et les *plutoniens* ou *vulcaniens*, qui ont occasionné des querelles si vives. Les neptuniens ne voulaient admettre que les transformations faites par l'eau, et les plutoniens ne voulaient reconnaître que les effets des feux souterrains. Aujourd'hui on ne doute plus que ces deux causes principales réunies ne concourent, aussi puissamment l'une que l'autre, aux changements intérieurs et extérieurs de la croûte du globe, de même qu'à la production des minéraux et des métaux.

AMÉDÉE. — Eh bien ! Cécile, trouves-tu que i géologie soit une chose ennuyeuse ?

CÉCILE. — Jusqu'à présent elle est amusante, au contraire

M. DERVILLE *en riant.* — Jusqu'à présent ! Cécil a peur de s'avancer trop. Continuons : « Examinant ensuite les rivages de la mer, on trouve qu'elle est ordinairement bornée par des rochers, des marbres et d'autres pierres dures, ou bien par des terres et des sables qu'elle a elle-même accumulés, ou que les fleuves ont amenés ; et l'on remarque que les côtes voisines, qui ne sont séparées que par un bras ou petit trajet de mer, sont composées des mêmes matières, et que les lits de terre sont les mêmes de l'un et de l'autre côté. »

AMÉDÉE. — Vois-tu, ma sœur ! L'eau fait ici, pour les terres qu'elle couvre en les séparant, absolument la même chose que les feux souterrains pour les montagnes.

CÉCILE. — Oui, je vois, et tout cela est bien cu rieux.

M. Derville *continuant*. — « Quant aux volcans , on remarque qu'ils se trouvent tous dans les hautes montagnes , qu'il y en a en grand nombre dont les feux sont entièrement éteints ; que quelques-uns de ces volcans ont entre eux des correspondances souterraines , et que leurs explosions se font quelquefois en même temps. On aperçoit aussi une correspondance semblable entre certains lacs et mers voisines ; ici, ce sont des fleuves et des torrents qui se perdent tout à coup et paraissent se précipiter dans les entrailles de la terre ; là, c'est une mer souterraine où se **rendent** cent rivières qui y portent de toute part une immense quantité d'eau, sans jamais augmenter ce lac immense qui semble perdre, par l'évaporation ou par des voies secrètes, tout ce qu'il reçoit par ses bords. »

Madame Derville. — Ah! mes enfants, que de grandeur, que de puissance dans ces phénomènes de la nature!

Amédée. — Cela me fait un effet…, mais un effet! Mon Dieu, que les hommes sont petits, comparativement à ces grandes choses !

M. Derville.—Mon enfant, ils sont bien grands, au contraire, par les facultés intellectuelles que Dieu leur a données, quand ils s'en servent pour observer et pour comprendre ses œuvres. Maintenant écoutez ceci : « Enfin , entrant dans un plus grand détail , on voit que la première couche qui enveloppe le globe est partout d'une même substance ; que cette substance, qui sert à faire croître et à nourrir les végétaux et les animaux, n'est elle-même qu'un composé de parties animales et végétales détruites, ou plutôt réduites en petites parties. Pénétrant plus avant, on trouve la vraie terre; on voit des couches de sable, de pierre à chaux, d'argile, de coquillages, de marbre, de gravier, de craie, de plâtre, et l'on remarque que ces couches sont toujours posées parallèlement les unes sur les autres, et que chaque couche a la même épaisseur dans toute son étendue; on voit que, dans les collines voisines, les mêmes matières sont au même niveau, quoique les collines soient séparées par des intervalles profonds et considérables. »

CÉCILE. — Ce qui prouve qu'autrefois elles ne faisaient qu'un.

M. DERVILLE *continuant*. — « On observe que, dans tous les lits de terre, et même dans les couches plus solides, comme dans les rochers, dans les carrières de marbre et de pierre, il y a des fentes; que ces fentes sont perpendiculaires à l'horizon, et que, dans les plus grandes, comme dans les plus petites profondeurs, c'est une espèce de règle que la nature suit constamment. On voit, de plus, que, dans l'intérieur de la terre, sur la cime des monts et dans les lieux les plus éloignés de la mer, on trouve des coquilles, des squelettes de poissons de mer et des plantes marines, qui sont entièrement semblables aux coquilles, aux poissons et aux plantes actuellement vivant dans la mer. »

« Depuis que ceci a été écrit, dit M. Derville en interrompant sa lecture, des découvertes récentes ont montré des ossements d'animaux gigantesques et de végétaux dont les espèces paraissent être perdues. Je dis *paraissent être perdues*, parce qu'il est possible que quelque jour ces espèces se retrouvent, quoique les savants aient *prouvé* que ces animaux antédiluviens ne peuvent plus exister sur le globe dans l'état où il est actuellement. Quand il s'agit de découvertes faites ou à faire, l'homme qui réfléchit se garde bien de rien affirmer ; il répète avec Montaigne ce mot célèbre : *Que sais-je ?* Je continue :

« On remarque que ces coquilles pétrifiées sont en prodigieuse quantité, qu'on en trouve dans une infinité d'endroits, qu'elles sont renfermées dans l'intérieur des roches et des autres masses de marbre et de pierres dures, aussi bien que dans les terres, et que non-seulement elles sont renfermées dans toutes ces matières, mais qu'elles y sont incorporées, pétrifiées et remplies de la substance même qui les environne. »

« Voilà, mes enfants, ce que Buffon, dans son style admirable de concision et de clarté, nous apprend de la surface du globe que nous habitons. Je vous prouverai bientôt, par le récit de quelques faits avérés, comment l'aspect d'un pays, d'une contrée, ou seulement d'une de ses parties, peut se trouver subitement changé, sans que pour cela se renouvellent toujours et le déluge et les irruptions des volcans. Mais, auparavant, mettons-nous bien dans l'esprit qu'on donne le nom de substances minérales à toutes les matières inorganiques qui se trouvent soit à la surface, soit dans les différentes couches de la croûte terrestre du globe, et que tous les corps inorganiques, quels qu'ils soient, liquides, solides, fluides ou aériformes, appartiennent encore au règne minéral.

Cécile. — Oh ! pour ceci, je m'en souviendrai bien aisément et bien sûrement !

Madame Derville. — C'est ce que nous verrons, ma fille.

Cécile. — Maintenant mon père va nous raconter des histoires.

Amédée. — Mais est-ce qu'il n'y a pas une classification à établir d'abord pour se reconnaitre parmi les minéraux et les métaux ?

Cécile. — Ah ! cela viendra en son temps, n'est-ce pas, mon père ?

M. Derville. — Il me semble que le *temps* d'asseoir sur des bases solides l'instruction qu'on veut acquérir, est toujours *venu*. Je voudrais, ma fille, trouver en toi autant de désir vrai de t'instruire réellement, que j'en vois dans ton frère. »

Avec un peu de confusion Cécile baissa la tête sur son ouvrage.

CHAPITRE II.

L'air atmosphérique. — Les gaz. — Les volcans. — Les tempêtes.
— Les tremblements de terre. --- Changements sur la surface du
globe.

— « Avant de raconter des *histoires*, dit M. Derville, je dois donner, en faveur d'Amédée, quelques
détails assez curieux pour intéresser même les personnes qui aiment le moins la science. Jusqu'à ce
jour aucun de vous, mes enfants, ne s'est inquiété
de savoir à quel règne dans l'histoire naturelle, appartient l'air que nous respirons, l'atmosphère qui
nous entoure. L'un de vous a-t-il eu des idées là-
dessus ?

Amédée. — J'avoue, mon père, que je n'y ai
pas songé. Et toi, Cécile ?

Cécile. — Moi non plus ; mais d'après ce que
mon père a dit tout-à-l'heure, il me semble qu'il
doit appartenir au règne minéral. Pourtant, il est si
léger... Mon père, est-ce que je me trompe ?

Amédée. — C'est vrai.... Oui, l'air est bien un
corps inorganique...

Cécile. — Un corps ! ah ! par exemple !

M. Derville. — L'air atmosphérique, mes enfants, a une pesanteur spécifique très-réelle et par
lui-même et par l'effet des vapeurs dont il se trouve
chargé. Toricelli le premier l'a *pesé*, pour ainsi

dire, ainsi que nous l'apprendrons par la **suite**. Si donc Cécile n'a pas d'autre objection à faire, nous le placerons dans le règne minéral.

CÉCILE. — Mais, mon père, est-ce que l'air est un corps? Un corps! C'est quelque chose que tout le monde peut voir.

M. DERVILLE. — Il faut, mon enfant, que tu m'en croies pour le moment sur parole lorsque je te dis que l'air est un corps composé de molécules roulant facilement les unes autour des autres, douées à la fois d'une certaine force d'expansion, d'élasticité et de compressibilité, choses que je te *prouverai* un de ces jours.

AMÉDÉE. — Et c'est bien un corps inorganique, j'espère, car l'air manque de tous les organes qui appartiennent aux animaux et aux végétaux.

— Allons, soit! dit Cécile. Mais en vérité, je n'aurais jamais imaginé que l'air eut du poids, et que ce fut un corps.

M. DERVILLE. — Afin de te mettre l'esprit en repos, je te dirai qu'on distingue trois espèces de corps dans la nature : les corps solides, dans lesquels les molécules sont serrées plus ou moins fortement les unes contre les autres et qu'on ne peut séparer sans un certain effort; les métaux, les pierres font partie des corps *solides* que nous offre la minéralogie; secondement, les corps liquides, dont les molécules tournent facilement autour les unes des autres, l'eau, par exemple; enfin les corps aériformes ou gazeux, dont je viens de te dire, en parlant de l'air atmosphérique, les principaux caractères.

« Un autre caractère encore bien prononcé, distingue les corps inorganiques; c'est qu'ils ne sont **autre** chose qu'une simple agrégation de particules semblables dont la réunion, plus ou moins nombreuse, forme des masses plus ou moins considérables, mais dont une seule particule est un tout complet. Ainsi, par exemple, un grain d'or, d'argent, de sable, de poussière, de pierre, de fer, est aussi complet, comme minéral ou corps inorganique, qu'un lingot d'or, d'argent, que des masses de sable, de poussieres, qu'une pierre de taille, qu'un lingot de fer; de même, la plus petite quantité d'air imaginable, est aussi complète que la masse d'air qui enveloppe le globe entier.

AMÉDÉE. — Entends-tu, Cécile? J'espère que c'est clair !

M. DERVILLE. — Remarquons, en passant, qu'il ne faut point dire indifféremment *air atmosphérique* et *atmosphère*. L'air atmosphérique s'élève à une hauteur inconnue; l'atmosphère paraît ne s'étendre autour de nous qu'à quinze ou seize lieues. L'air atmosphérique *pur* se compose d'oxygène, de gaz azote, et d'un millième de gaz acide carbonique; mais sa pureté se trouve plus ou moins altérée par la quantité de gaz acide carbonique qu'exhalent les corps organiques, c'est-à-dire, les animaux, les plantes, qui respirent l'air atmosphérique, s'emparent de l'oxigène qu'il contient, et l'expirent chargé d'acide carbonique.

AMÉDÉE. — Oui, oui, je m'en souviens !

CÉCILE. — Je m'en souviens aussi.

M. DERVILLE. — Un autre gaz encore contribue à vicier l'air; c'est le gaz ammoniaque produit par les substances animales en putréfaction; enfin les vapeurs de l'eau, plus ou moins abondantes, le chargent d'humidité et lui ôtent de sa transparence.

» Eh bien ! mes enfants, on trouve, dans les minéraux, l'oxigène, l'hydrogène, l'eau, l'azote, l'air, l'acide carbonique, et beaucoup d'autres gaz que la chimie a fait découvrir ; ils y existent soit à l'état gazeux, soit à l'état liquide, soit à l'état solide. Aussi long-temps que le *grand chimiste*, appelé *nature*, n'allume pas ses fourneaux, les *gazolytes*, tels que le soufre et le bitume, gisent ou coulent en paix dans les entrailles de la terre ; les *leucolytes*, tels que l'alun, la lazulite ou pierre d'azur, ne se fondent pas dans les alcalis, dans les acides produits des opérations du *grand chimiste* ; enfin les *chroïcolytes*, tels que l'or, le fer, le cuivre, ne se montrent point à la surface du sol. Mais que les feux souterrains s'allument, les gaz se dégagent, s'enflamment, détonnent, déchirent la croûte du globe, s'élancent en tourbillons dans l'air atmosphérique ; minéraux et métaux en fusion lancés à une grande hauteur, retombent en pluie de feu, en laves bouillonnantes ; l'air atmosphérique soudainement déplacé et surchargé d'hydrogène ou gaz inflammable, s'échauffe, monte à son tour ; dans les vides qu'il laisse, arrive avec furie l'air glacé des pôles ; et des trombes de vent, des trombes de sable, bouleversent la terre, renversent les forêts, tandis qu'ailleurs le sol s'ouvre et engloutit des villes ; tandis que sur les mers, les vagues soulevées forment des montagnes, des trombes d'eau qui engloutissent des flottes entières. Suivant l'état de l'atmosphère, lorsque se forment et se déclarent ainsi les tempêtes, pas une goutte de pluie ne tombe en certaines contrées que brûle et dessèche l'ouragan, tandis qu'ailleurs, les cataractes du ciel s'emblent s'ouvrir et les habitants se croient menacés d'un nouveau déluge.

— Ah! mon Dieu ! dit Cécile, en appuyant les deux mains sur son cœur qui battait plus vite que de coutume.

AMÉDÉE. — Mon père avait raison de le dire; tout cela est bien curieux et bien beau!

CÉCILE. — Beau ! c'est effrayant!

MADAME DERVILLE. — Peut-être; mais, je dis comme ton frère; c'est bien beau! Il y a là-dedans un *grandiose* qui fait naître l'admiration.

AMÉDÉE. — Mon père, je voudrais bien savoir, je te prie, ce que c'est que les *gazolytes*, les *leucolytes* et les *chroïcolytes?*

CÉCILE. — Je ne sais pas comment fait Amédée pour retenir des mots si étranges et si difficiles à se mettre dans la tête !

AMÉDÉE.—Je les écris à mesure que mon père les dit.

M. DERVILLE. — Après bien des tâtonnements, le règne minéral a été divisé en classes et subdivisé en familles et en genres; la première classe, celle des gazolytes, renferme deux familles dont la première est la famille des gazolytes aériformes, tels que l'oxygène, l'hydrogène, l'eau qui est corps composé d'oxygène et d'hydrogène, l'azote, l'air, corps composé aussi, vous le savez, l'ammoniaque, le chlore.

« La seconde famille est celle des gazolytes solides, tels que le soufre, le phosphore, le carbone, etc.

« La seconde classe, la classe des leucolytes, comprend trois familles : dans la première sont les leucolytes terreux, les terres par conséquent de quelque nature qu'elles puissent être; dans la seconde sont les leucolytes alcalins, tels que la chaux, par exemple, la pierre à plâtre, etc. ; dans la troisième famille, celle des leucolytes métalliques, nous trouverons l'étain, le zinc, le mercure, l'argent, etc. Enfin la troisième et dernière classe ne nous présente que deux familles, celle des chroïcolytes ductiles, qui comprend les métaux qu'on peut étendre sous le marteau, allonger en barres, filer à la filière, tels sont le platine, l'or, le fer, le cuivre ; la seconde famille, les chroïcolytes cassants, est beaucoup moins nombreuse, quoique les belles nuances que présentent un grand nombre de pierres précieuses, soient dues aux chroïcolytes cassants désignés par les noms de manganèse, de cobalt et de chrôme.

CÉCILE. — Je croyais que l'étude de la classification des minéraux était bien plus longue et bien plus difficile que cela !

M. DERVILLE. — Tu dois t'apercevoir, ma fille, que je me borne à quelques généralités. C'est tout ce qu'il faut pour le moment, surtout à un *amateur* tel que toi, beaucoup plus désireuse d'éviter les difficultés que courageuse à les surmonter par le travail. Mais remarque du moins, mon enfant, d'après ce que j'ai dit tout-à-l'heure de la cause des grandes crises qui changent journellement l'aspect de l'écorce du globe, que c'est par le travail, l'étude, l'observation et la réflexion, que l'homme a été conduit à reconnaître que tout se lie dans l'univers, et à remonter aux sources premières des révolutions si brusques qui ont lieu dans l'atmosphère ; ceci est digne de considération, ce me semble, et mérite qu'on mette de côté la paresse de l'esprit et le non vouloir qui s'opposent si souvent aux progrès, qu'avec un peu de bonne volonté, il serait possible de faire.

— **Mon** père, dit Cécile, en rougissant, je te promets d'étudier *sérieusement* avec **Amédée**.

Amédée. — Oh! je t'aiderai de tout mon pouvoir, car je vois avec plaisir qu'il y a moyen de se reconnaître dans le règne minéral comme dans les deux autres.

M. Derville. — Après vous avoir fait *entrevoir* que dans le sein de la terre se préparent les révolutions physiques qui bouleversent la surface du globe, je vais vous présenter un aperçu de quelques-unes de ces révolutions dans un siècle où elles furent multipliées et presque générales, le quatorzième siècle; ensuite je vous donnerai quelques exemples puisés dans le dix-huitième siècle, des changements partiels dont la cause première fut probablement la même, quoique, en apparence, ils en soient tout-à-fait indépendants.

« Dans l'année 1333 commencèrent, en Chine, les scènes de désolation qui ne devaient se répéter dans toute l'Europe que *quinze ans* plus tard. Oui, mes enfants, quinze années s'écoulèrent avant que l'Europe se ressentît des fléaux qu'on vit fondre si rapidement et si constamment sur l'Asie pendant l'espace de quatorze ans. Deux rivières, qui fertilisaient une contrée populeuse, se desséchant, la peste se déclara, et des milliers de malheureux périrent; ailleurs, des torrents de pluie grossirent bientôt les fleuves, les rivières; dans l'inondation qui suivit, périrent plus de cent mille personnes; une montagne s'écroula, et en plusieurs endroits la terre s'ouvrit.

« L'année suivante, les mêmes fléaux se reproduisirent dans d'autres parties de l'empire chinois, et vers la fin de 1334 une autre montagne s'enfonça sous terre ; à sa place se forma un lac qui couvrit bientôt une étendue de près de cent lieues. Ce pays était très-peuplé ; le nombre des victimes fut immense. Comme si ce n'était pas assez de la famine et de la peste occasionnées, ici, par la sécheresse, ailleurs, par l'inondation, des armées de sauterelles vinrent mettre le comble à la désolation, et les annales chinoises portent à quatre millions d'individus les malheureux qui succombèrent sous tant de maux réunis dans la province de Kiang.

Cécile. — Quatre millions ! ah ! mon Dieu !

M. Derville. — A peu près à la même époque se fit sentir le premier tremblement de terre ; il dura six jours et causa d'effrayantes dévastations. Je dois ajouter qu'au moment où la sécheresse et l'inondation étaient venues en 1333 dévaster plusieurs provinces de la Chine, l'Etna avait fait une violente éruption.

Amédée. — Vois-tu, Cécile ! Mon père nous l'a bien dit tout-à-l'heure ! Le *grand chimiste* avait allumé ses fourneaux.

Cécile. — Peux-tu plaisanter, mon frère, quand mon père raconte des choses si terribles !

Amédée. — Je ne plaisante pas ! Je dis ce qui est ; c'est parce que l'Etna commençait déjà à brûler que tous ces bouleversements avaient lieu.

Cécile. — Mais l'Etna est en Sicile !

— Amédée. — Sans doute, et la Chine est en Asie. Mais puisque l'air glacé du pôle accourt si vite pour se précipiter dans les vides laissés par l'air chaud qui a monté plus haut, je ne vois pas pourquoi le bouleversement qui venait d'avoir lieu dans l'air atmosphérique au-dessus de la Sicile, ne se serait pas fait sentir tout aussitôt en Asie. D'ailleurs il s'y est fait sentir, c'est clair, c'est certain.... Tu vas voir bien autre chose, vraiment !

CÉCILE. — Et quoi donc ? Tu sais donc l'histoire que mon père raconte.

AMÉDÉE. — Non, mais je me souviens de ce qu'a dit Buffon des chaînes de montagnes, des torrents souterrains, et je devine que les volcans se tiennent sous terre, comme par la main. N'est-ce pas, mon père ?

M. DERVILLE. — L'expression est un peu triviale ; je te la passe pour cette fois seulement, parce qu'elle rend ta pensée, et parce que ta pensée est juste.

» Depuis trois ans la Chine était livrée à ces crises terribles, lorsqu'en 1336 parurent, dans le nord de la France, beaucoup de météores, et l'hiver fut remarquable par de violents orages ; en même temps des armées de sauterelles vinrent fondre sur la Franconie.

» La mer, qui jusqu'alors était demeurée renfermée dans ses limites naturelles, sortit deux fois de son lit, et remplit d'épouvante, par sa furie, les habitants de Ventcheou et de Canton qui entendirent gronder sous terre le tonnerre.

CÉCILE. — Ah ! mon Dieu ! on dut croire que c'était la fin du monde !

M. DERVILLE. — En 1347 la Chine fut enfin délivrée de tant d'affreux fléaux, après quatorze années de souffrances de toutes les espèces, de famine et de peste. On porte à treize millions d'individus le nombre des personnes qui périrent dans l'empire chinois par suite de ces désastres. Mais dès l'année 1342 le tour de l'Egypte et de la Syrie était venu ;

au Caire, la peste moissonait par jour de dix à quinze mille personnes.

CÉCILE. — Mais c'était pire que le choléra ! D'où donc sortait-elle, cette peste ?

AMÉDÉE. — De l'Etna apparemment.

CÉCILE. — Comment de l'Etna ?

AMÉDÉE. — Oui, sans doute, ma sœur. Tu sais bien qu'il y a une foule de gaz qui rendent l'air moins pur, ce qui veut dire malsain ; et ces gaz sortaient de l'Etna avec les pierres, les flammes, et la cendre ; et ils se répandaient partout au moyen des vents. Et puis, tant de millions de personnes mortes !.... Songe donc un peu à la quantité de mauvais air qui s'échappait des villes, sans compter les sauterelles mortes aussi dans les champs ! Tu sais comment, lorsqu'elles meurent en grand nombre dans un pays, toute sorte de maladies contagieuses, pour les pays voisins, se déclarent ; et il n'y a pas si loin, pour les vents au moins, de la Chine en Égypte et en Syrie.

CÉCILE. — Mon père, est-ce que ce qu'Amédée dit là est raisonnable ?

M. DERVILLE. — Je t'en fais juge, ma fille. Tu as assez de bon sens pour sentir si les suppositions auxquelles il se livre offrent quelque vraisemblance.

CÉCILE. — Cela en a l'air du moins.

M. DERVILLE. — L'île de Chypre devait, à elle seule, présenter le spectacle de la dévastation la plus complète. L'histoire nous apprend qu'*un vent pestilentiel* commença par y répandre *des miasmes mortels.*

CÉCILE. — Amédée a raison, je le vois bien à présent.

M. Derville. — L'histoire nous apprend encore que le fléau, sévissant plus cruellement sur les maitres que sur les esclaves, les maitres craignirent que les esclaves ne profitassent de la circonstance pour se révolter et pour s'emparer de l'île; on les mit à mort.

Cécile. — Ah! mon Dieu!

Madame Derville. — Quelle atrocité!

M. Derville. — Cet acte d'affreuse barbarie sauva seulement aux esclaves la vue des bouleversements qui transformèrent promptement en un monceau de ruines cette île de Chypre, peu de temps auparavant si florissante. Un tremblement de terre vint en ébranler les fondements, et il fut accompagné d'un ouragan si affreux, que rien ne put lui résister. La mer en furie se brisait contre les rochers, enlevait les vaisseaux jusque dans les ports, et ceux qui étaient venus y chercher un refuge n'y trouvèrent que la mort.

Cécile. — C'était bien fait! Dieu les punissait d'avoir tué leurs pauvres esclaves.

M. Derville. — Mon enfant, il ne nous appartient pas de décider si ces grandes crises, dans lesquelles tant d'innocents périssent, sont ou non des châtiments infligés par une main divine. Dieu a des châtiments pour les coupables, et ces châtiments, pour n'être pas visibles à tous les yeux, n'en sont pas moins terribles!

» En Europe cependant, les inondations commençaient; elles étaient violentes, quoique les pluies ne fussent pas surabondantes partout. On voyait l'eau jaillir des montagnes dans des lieux où rien, précédemment, n'avait annoncé l'existence de quelque source, et les lieux arides et secs se trouvaient soudainement submergés. L'Italie, la première, offrit le spectacle des plus grandes dévastations. L'ordre des saisons parut être changé; pendant quatre mois, des torrents de pluie ne cessèrent de tomber, et la famine répandit partout ses horreurs. Ceci dura pendant les années 1346 et 1347; mais, le 25 janvier 1348, les gens ignorants et superstitieux durent croire que la fin du monde était, en effet, arrivée; car, un tremblement de terre, comme jamais encore on n'en avait eu d'exemple, se fit sentir à la fois dans la Grèce, l'Italie, et les contrées voisines; des villes entières furent détruites de fond en comble; la surface du sol changea à ce point, que les malheureux qui survécurent cherchèrent vainement à reconnaître leur pays natal. Un grand globe lumineux qui s'était montré au mois d'août précédent à Paris, et une colonne de feu qui avait paru à Avignon au mois de décembre, avaient été comme les sinistres messagers des catastrophes, des tremblements de terre qui bouleversèrent toute l'Europe pendant douze années de suite. Mézeray raconte « qu'un tremblement de terre universel, mesme en » France, et aux pays septentrionaux, renversoit » les villes tout entières, déracinoit les arbres et » les montagnes, et remplissoit les campagnes d'a-» bysmes si profondes, qu'il sembloit que l'enfer » eust voulu engloutir le genre humain. »

« Dans le nord, ces commotions effroyables, qui étaient venues du sud-est, causèrent les plus terribles ravages; le Danemarck, la Norwège subissaient, à leur tour, la loi générale; et, sur les côtes orientales du Groënland, s'attachaient et s'amoncelaient les montagnes de glace qui les ont rendues à jamais inabordables.

Amédée. — Entends-tu, Cécile? Je te le disais bien tout-à-l'heure?

M. Derville. — Cette épouvantable tourmente souterraine abandonna l'Europe, pour dévaster de nouveau l'Asie, et ce fut seulement en 1349 et en 1351 que la Pologne, l'Allemagne, la Russie eurent leur part de tant de maux.

» En ces temps-là, mes enfants, régnaient et la plus profonde ignorance, et la plus honteuse superstition ; on croyait aux sorciers, à l'astrologie surtout ; les médecins n'étaient pas plus instruits que le reste, et l'on cherchait dans les astres les causes de ces bouleversements qu'aujourd'hui il vous parait si facile de reconnaître et d'expliquer ; aussi, tout ce que le charlatanisme et tout ce qu'une crédulité aveugle peuvent ajouter d'épouvante et de malheurs imaginaires à des malheurs trop réels, achevait de mettre le comble aux misères publiques. Les uns, s'abandonnant au désespoir, négligeaient d'employer le peu de ressources qui restaient encore pour diminuer les maux de leur famille et les leurs ; les autres, persuadés que la fin du monde approchait, voulaient jouir, jusqu'au dernier instant, de tout ce que l'or peut procurer même au sein des contrées bouleversées et décimées par la peste ; et, au rapport des historiens les plus dignes de foi, les routes étaient couvertes de jongleurs, de bateleurs, qui suivaient ceux qu'on voyait fuir de la ville où ils abandonnaient leurs amis, leurs parents, pour aller, dans les champs, se livrer aux plaisirs de la table, et braver ou attendre la mort au milieu des orgies, du bruit des verres, de la musique, et de tous les plaisirs dont on pouvait s'aviser; tandis que Mézerai nous l'apprend, « le menu peuple fouil » lait les racines et pelait les arbrisseaux, car la » terre produisait à peine de l'herbe. »

MADAME DERVILLE. — Le cœur se gonfle en voyant, d'un côté, tant d'impudeur et, de l'autre, tant de misère !

M. DERVILLE. — Je passerai sous silence, les maux qui affligerent l'espèce humaine sur toute la surface du globe, pendant l'espace de ces douze années; apres que les secousses du sol eurent cessé de se faire sentir, la peste se montra de nouveau plus inevitable, plus terrible; c'était ce qu'on appela en France, à cette époque, la *peste noire*. Et croirez-vous que les hommes qui, en des circonstances si horribles, auraient dû se prêter un mutuel appui, ajoutèrent, à tant de désastres et de souffrances, les cruautés de la guerre? Guerre de fanatisme! Les Juifs, accusés d'avoir attire sur la terre le courroux du Ciel, étaient partout poursuivis, partout attaqués, torturés, et des chrétiens prétendaient, en les immolant, apaiser le courroux d'un Dieu dont la religion est tout amour!

» La fin de tant de malheurs, et non la fin du monde, arriva en l'année 1360. La chronique du Limbourg nous prouve, en peu de mots, combien fut faible, sur les survivants, l'impression de spectacles si terribles, en disant : « Après que la mortalité, les » processions des flagellants, les pélerinages à Rome, » et les batailles contre les Juifs eurent cessé, le » monde recommença à respirer et à se réjouir, et » les hommes se firent faire des habits neufs. »

Cécile. — Entends-tu, Amédée?

Amédée. — Oh! les femmes ne furent pas des dernières à s'en faire faire aussi!

Madame Derville. — Je suis fâchée de voir, mes enfants, que l'impression pénible produite par le récit de votre père, ne soit pas, chez vous, de plus longue durée!

Cécile. — Maman, c'est que cette chronique du Limbourg est si drôle!

M. Derville. — La leçon qu'elle présente est peut-être au-dessus de votre âge, mes enfants; mais vous la comprendrez un jour.

» Du tableau abrégé que je viens de tracer, vous arriverez, je pense, à la croyance généralement adoptée aujourd'hui, que le globe terrestre fut jadis dans un état complet d'incandescence, c'est-à-dire rouge à blanc; de là le système des Plutoniens qui expliquent, au moyen du feu, toutes les révolutions subies par la croûte terrestre.

Amédée. — Ils me paraissent avoir raison, car la terre brûle encore à l'intérieur.

Cécile. — Alors les fourneaux du grand chimiste dame nature sont toujours allumés; seulement elle les souffle plus fort de temps en temps.

M. Derville. — Pendant cet état d'incandescence, ont dû se former les gneiss, les schistes, les micaschistes et les granits; ce sont les roches les plus inférieures de toutes celles dont se compose la croûte terrestre; ce qui signifie seulement les plus inférieures pour l'homme, qui n'a pu encore descendre plus avant dans le sein de la terre. A mesure que le globe se refroidissait à l'extérieur, les boursouflures de la croûte qui l'enveloppe se consolidaient et donnaient des montagnes, mais les montagnes les moins élevées ; car les hautes montagnes appartiennent à une autre époque. Ce n'était là, à bien dire, que des soulèvements qui marquèrent les limites primitives de l'Océan.

» Le règne de l'Océan succéda à celui du feu : de là le système des neptuniens, qui expliquent, au moyen de l'eau, toutes les révolutions subies par la croûte terrestre.

» Entrer à présent dans le détail de ces révolutions produites par le feu et l'eau, et qui sont écrites par toute la terre en caractères visibles, ineffaçables et irréfragables, ce serait devancer sans fruit l'époque ou vous pourrez, mes enfants, suivre avec toute l'attention qu'elles méritent, des études géologiques. Ce qui suffit pour le moment, c'est que vous pouvez entrevoir, avec la certitude de ne pas vous tromper, comment ce qui formait jadis le fond des mers, des fleuves, a pu devenir terre ferme ; et dès-lors comment des bancs de coquillages marins et fluviatiles peuvent exister dans quelques contrées des continents, aujourd'hui très-éloignées des côtes. Je puis donc maintenant vous raconter, avec l'espoir d'être compris, quelques exemples de changements récents et bien extraordinaires dans la superficie du sol.

» En 1737, une partie de la montagne de Perrier, près d'Issoire, dans le département du Puy-de-Dôme, sur laquelle était bâti le village de Pardines, glissa jusqu'à sa base, en entrainant avec fracas les arbres, les maisons : un champ de vigne et un édifice furent transportés sans éprouver aucun accident.

Cécile *en riant.* — Voilà, *Pardines*, une jolie manière de voyager !

M. Derville. — Dans l'état de Venise, une partie du Mont-Goïma descendit pendant la nuit, de la même manière, dans la vallée voisine, et, à leur réveil les habitants furent bien surpris de se trouver sains et saufs, avec leurs habitations, au pied du mont du haut duquel ils dominaient, la veille, presque toute la contrée. En 1772, sur le territoire de Trévise, la montagne de Piz se fendit en deux. Une des deux parties renversa et couvrit trois villages avec leurs habitants; un ruisseau, arrêté par les décombres, forma en trois mois un lac; l'autre partie de la montagne finit par y tomber; le lac déborda, et plusieurs villages furent submergés. En 1835, eut lieu la chute de l'une des plus belles cimes des montagnes qui avoisinent le Mont-Blanc. La *Dent-du-Midi* s'écroula, tomba sur un glacier, le rompit; les eaux accumulées au-dessous n'étant plus retenues, se précipitèrent sur une longueur de quatre à cinq lieues jusqu'aux bords du Rhône; une demi-heure suffit au torrent fougueux pour parcourir cette route sur laquelle ne se trouvaient heureusement que deux maisons. L'une fut complètement engloutie; on aperçoit encore le toit de celle qui était située près des bords du fleuve.

Cécile. — Alors, mon père, il y avait eu quelque tremblement de terre dans les *environs?* comme à la Chine, par exemple?

M. Derville. — Mon enfant, l'air atmosphérique que tu juges si léger, si faible par conséquent, possède à lui seul une force dissolvante très-grande. Toutes les substances communes sont, avec le temps, décomposées par lui. Avec le temps, il fendille et détache par feuillets les blocs des rochers les plus durs ; ces feuillets, brisés dans leur chute, sont dissous à leur tour par l'air aidé de la pluie ; ils deviennent du gravier, du sable que le vent, les torrents portent et accumulent dans d'autres lieux, où commence, avec l'aide du temps, une *repétrification*, qui donnera, dans des siècles, d'autres pierres, d'autres rochers ; et ainsi se poursuivent ces actions et ces réactions incessantes qui transforment non-seulement la superficie de la croûte terrestre, mais la croûte terrestre tout entière. Telles sont les causes de la chute de la *Dent-du-Midi*. Depuis 1835 d'autres rochers s'en sont détachés encore, et leur chute a occasionné de nouveaux désastres. Journellement les feuilles publiques nous apprennent des événements du même genre ; ici se comblent des lacs ; ailleurs les eaux inondent des plaines ; aussi, qui peut dire qu'un jour les pays de montagnes ne seront pas des pays de plaines et que des prés verdoyants, des champs aux riches moissons n'occuperont pas la place où s'élèvent aujourd'hui jusqu'aux cieux des neiges et des glaces éternelles !... Mes enfants, nous nous arrêterons là pour ce soir. J'ai offert à votre esprit de quoi développer en vous des idées élevées ; puissent quelques-unes au moins fructifier et vous amener à concevoir, dans quelques années, d'une manière large et digne, la composition du globe terrestre **et de** l'univers entier ! »

CHAPITRE III.

L'eau. — Le feu. — Sources. — Fontaines naturelles. — Eaux froides bouillonnantes.— Eaux thermales.— Eaux froides inflammables. — Sources de gaz inflammable. — Sources de bitume. — Puits artésiens.

Le lendemain encore, Cécile était bien honteuse de s'être mise dans le cas de recevoir de nouvelles leçons sur son étourderie et sur le peu d'attrait qu'elle montrait pour tout ce qui présentait une apparence sérieuse. Pendant long-temps elle avait pu se croire supérieure à Amédée, parce qu'elle était souvent heureuse en saillies spirituelles ou gaies; mais depuis que M. Derville s'entretenait avec eux d'histoire naturelle, elle se sentait inférieure à son frère. Amédée avait l'esprit plus lent; il comprenait plus difficilement, mais il se donnait la peine de chercher à comprendre; tandis que Cécile, qui saisissait avec facilité certaines choses, se rebutait dès qu'il fallait recourir à la réflexion et s'appesantir sur les objets absolument nouveaux dont elle entendait parler.

En se levant, elle se mit à examiner les notes prises par son frère la veille au soir et qu'il lui avait complaisamment prêtées; tout-à-coup elle s'écria : « Mais l'eau ! est-ce que mon père nous en a parlé? non. A quel règne peut appartenir l'eau ! Si je pouvais le deviner ! » Elle relut et relut les notes d'Amédée, puis elle s'occupa de les copier en y ajoutant d'autres notes sur ce qu'elle se rappelait et que son frère avait omis, et toute la journée, elle réfléchit tres-sérieusement sur *la nature* de l'eau qu'elle voulait arriver à classer toute seule dans l'un des trois règnes.

Le soir, Cécile avait un certain air de triomphe qui fit sourire M. et madame Derville, tandis qu'Amédée, qu'elle avait mis dans le secret de sa découverte, la regardait avec l'expression d'une satisfaction vraie.

— « Mon père, dit Cécile, tu as oublié de nous dire à quel règne appartient l'eau ; mais moi je l'ai trouvé.

— Il me semble, répondit M. Derville en riant, n'avoir rien à me reprocher à ce sujet. Si un oubli a été commis, tu dois t'en prendre à ton frère.

Madame Derville.— Il faut s'en prendre plutôt, je crois, à notre étourdie. Moi, j'ai lu les notes d'Amédée....

Amédée.— Oh! maman, je t'en prie, laisse Cécile s'expliquer. Tu vas voir ce qu'elle a trouvé toute seule, absolument toute seule !

Cécile. — Mon père, j'ai bien examiné l'eau, et j'ai vu qu'elle a tous les caractères des minéraux.

M. Derville. — Alors, à ton avis elle appartient au règne minéral ? »

Cette question étant faite d'un ton de doute, Cécile, qui, jusqu'alors, s'était crue bien sûre de son fait, regarda son père avec inquiétude et dit : « Je n'en suis pas absolument certaine à présent.

M. Derville. — Pourquoi donc, ma fille ?

Cécile.— Mon père, parce que tu as l'air de penser.... que peut-être.... enfin je ne sais plus comment la classer.

M. Derville. — L'*air* que je peux avoir ne fait rien à l'*affaire*, si tu t'es assurée, par l'observation et par la réflexion, que l'eau possede *les caractères* des minéraux. Dis-nous-les ces caractères, et nous verrons bien si tu as rencontré juste.

Cécile. — Eh bien ! mon père, l'eau n'est certainement pas un corps organisé..... et puis , quand il n'y en aurait qu'une goutte..... ce serait toujours de l'eau complète.

M. Derville. — A merveille , mon enfant. Je suis content de toi sous le rapport de la réflexion qui t'a conduite à *découvrir* dans quel règne l'eau doit être classée ; mais comme je suis bien assuré de n'avoir pas omis d'en parler, je demanderai à Amédée s'il a négligé de noter ce que j'en ai dit.

Amédée. — Non, non, mon père. L'eau est un corps composé qui appartient à la première classe, celle des gazolytes, et à la première famille de cette classe , les gazolytes aériformes.

Cécile. — Voilà ce qui m'a trompée. Je n'ai pas imaginé d'aller chercher l'eau dans les..... corps aériformes.

Madame Derville.—Tu l'aurais *imaginé*, ma fille, si tu avais écouté ton père bien attentivement hier.

Cécile. — C'est vrai, maman. Mais aussi je n'aurais rien découvert par moi-même.

M. Derville. — D'où tu conclus sans doute que l'étourderie est parfois bonne à quelque chose?

Cécile. — Mon père... non, décidément; c'est la réflexion qui m'a été bonne à quelque chose. Si je n'avais pas réfléchi après avoir regardé sans rien voir dans les cahiers d'Amédée, je ne serais pas plus avancée aujourd'hui que je ne l'étais hier.

M. Derville. — Je suis bien sûr que le temps a passé pour toi plus vite que de coutume.

Cécile. — Oh ! oui , mon père ! Et je suis si contente ce soir d'avoir *découvert* quelque chose !

M. Derville. — Les travaux de l'esprit portent avec eux leur récompense.

Cécile. — Il y a encore une chose qui m'a fait beaucoup réfléchir, c'est le feu ; mais je n'ai pu rien trouver du tout à son sujet. Est-ce qu'il appartient aux minéraux, mon père ?

M. Derville.—Le feu, considéré jadis comme un élément, ou un corps simple si vous l'aimez mieux, n'est plus regardé aujourd'hui que comme un phénomène résultat du dégagement simultané de la lumière et de la chaleur. Vous êtes trop jeunes encore pour que je vous parle des expériences tentées dans le but de s'assurer de la nature propre du feu ; il peut être produit par tous les corps des trois règnes de la nature, mais il n'appartient à aucun de ces règnes.

Amédée. — Oh ! quand donc serai-je assez raisonnable pour que mon père ne dise plus que je suis trop jeune pour comprendre telle ou telle chose !

M. Derville. — Cela viendra. L'année prochaine, si vous relisez souvent vos cahiers, et si vous employez les facultés de l'entendement, comme Cécile l'a fait ce matin, à établir des rapports, à bien saisir les principaux caractères de ce qui est l'objet de vos études, vous serez tout surpris de ce que déjà vous aurez acquis.

Cécile. — Mon père, il y a une chose que je voudrais bien savoir, dès à présent, et que tu peux me dire, puisque nous en sommes au règne minéral , et puisque l'eau en fait partie, c'est d'où viennent les fleuves et les rivières ?

AMÉDÉE. — Mais notre livre de géographie le dit !

CÉCILE. — Me voilà bien avancée de savoir que les fleuves et les rivières sortent des montagnes et qu'à leur source ils ne sont pas plus considérables qu'un ruisseau ! D'où viennent-elles ces sources ? C'est là la question que je voulais adresser à mon père.

M. DERVILLE. — Voici ce que M. Gabriel Delafosse nous apprend au sujet des sources : « Les eaux pluviales et celles qui proviennent de la fonte des neiges et des glaces des hautes montagnes, s'infiltrent, en partie, dans les fissures du sol et à travers les terrains meubles ou perméables, et elles descendent ainsi dans l'intérieur de la terre, jusqu'à ce qu'elles rencontrent des couches qui leur soient imperméables; alors elles glissent dessus en suivant les sinuosités des fissures ou des intervalles qui les séparent des couches supérieures, et, après un trajet plus ou moins long, elles viennent sortir à la surface du sol sous la forme de source. »

CÉCILE. — Je suis bien aise de savoir cela ; c'est clair dans ma tête à présent. Mais, mon père, il y a des sources d'eau chaude ?

M. DERVILLE. Et des sources d'eaux minérales de plusieurs espèces.

AMÉDÉE. — Et ces sources-là sont si chaudes qu'on peut y cuire des œufs. Nous l'avons lu l'hiver dernier dans je ne sais plus quel livre : tu t'en souviens, ma sœur ?

CÉCILE. — Ah ! oui, je m'en souviens.

M. DERVILLE. — Rien de plus simple que l'explication de ce phénomène. Vous devez comprendre, mes enfants, que la température de l'eau de source dépend nécessairement de celle des couches sur lesquelles elle séjourne ou passe, avant de sortir du sein de la terre. Plus on pénètre avant dans la terre, plus cette température est élevée ; on a donc lieu de présumer que les eaux thermales sortent d'une grande profondeur.

AMÉDÉE. — Ceci se comprend, puisque l'intérieur de la terre brûle encore.

CÉCILE. — Et les eaux minérales qui ont goût de fer... ou de toute autre chose, c'est qu'elles ont passé dans des mines de fer, n'est-ce pas, mon père?

M. DERVILLE. — Elles ont traversé du moins des masses minérales ferrugineuses entre autres, et comme elles se sont chargées de l'oxide ou rouille du fer qu'elles mêmes ont déterminé, elles reparaissent à la surface du sol douées de propriétés particulières que n'a pas l'eau qui filtre ou passe simplement dans le sable et les rochers. Les différentes saveurs des eaux minérales, indiquent assez les terrains où elles ont séjourné, et qu'elles ont traversés ; tour-à-tour elles se chargent d'oxides minéraux, de gaz, de sels que la chimie donne le moyen de reconnaître avec une telle exactitude pour la nature et la proportion des doses, qu'on peut ensuite produire des eaux minérales factices qu'il dépend alors de la volonté du chimiste de rendre plus fortes ou plus faibles. M. Alexandre Brongniart a fait, sur les eaux thermales et minérales et sur les terrains d'où elles proviennent, un travail aussi savant que curieux ; nous lirons son ouvrage quelque jour.

AMÉDÉE. — Mon père, j'ai lu, il y a bien longtemps, des choses amusantes sur les fontaines naturelles dans un volume que j'aimais beaucoup, quand j'étais petit, parce qu'il s'y trouvait une quantité d'*images*. Je me rappelle qu'on y parlait de fontaines très-curieuses, dont les unes donnaient toujours de l'eau, et dont les autres n'en donnaient qu'à certaines époques, et alors il arrivait toujours quelque chose d'extraordinaire dans le pays.

M. Derville. — Les fontaines naturelles présentent en effet des singularités faites pour piquer la curiosité. Les unes sont *uniformes;* c'est-à-dire que les sources qui les alimentent donnent constamment la même quantité d'eau ; les autres sont *périodiques,* et celles-ci se divisent en deux classes, les *intermittentes* et les *intercalaires.* Les *intermittentes* donnent de l'eau pendant une heure ou deux, puis sont à sec et recommencent, au bout de quelques heures, à donner de l'eau ; les *intercalaires* ne sont jamais complètement à sec; seulement, à certaines heures, elles en fournissent moins, à d'autres heures elles en fournissent davantage, mais toujours à des intervalles réguliers. Ainsi, la source bruyante de *Bulleborne,* en Westphalie, est à sec deux fois par jour ; et la fontaine du *Boulidon,* dans le Languedoc, donne à peine de l'eau à certaines heures de la journée. Au nombre des fontaines *périodiques,* sont encore celles surnommées *maïales* parce que les sources ne commencent à couler que vers la fin de mai, lors de la fonte des neiges, et enfin les fontaines *journalières* qui tarissent pendant la nuit.

Amédée. — Probablement parce que la nuit étant froide, les neiges cessent de fondre, et alors il n'y a plus d'eau, n'est-ce pas, mon père?

M. Derville. —C'est-à-dire, mon fils, que l'eau

ne dépasse point un certain niveau, ne déborde pas et reste dans le réservoir naturel qui la contient. Vous allez reconnaître vous-mêmes que le mécanisme des fontaines périodiques est des plus simples.

» D'après le peu que je vous ai dit des couches diverses qui composent la croûte terrestre, il vous est facile de comprendre que les collines, les montagnes mêmes ne forment point un tout cimenté et imperméable à l'eau pluviale qui tombe sur les collines, sur les montagnes. Ici, l'eau pluviale glisse sur une surface imperméable; ailleurs elle s'infiltre dans la terre végétale; ailleurs elle coule le long des rochers en pénétrant jusque dans la plus petite fente. Que ces filets d'eau, que ces gouttes innombrables arrivent à une autre couche imperméable et que cette couche soit plus ou moins creusée, filets et gouttes s'y réunissent; peu à peu la masse d'eau augmente; le niveau monte par l'effet de nouvelles infiltrations, enfin le réservoir est plein, il déborde, et l'eau s'échappe par une ou plusieurs fissures qui la conduisent au dehors. Dès que l'eau cesse d'arriver au réservoir, la source cesse de sourdre ou de jaillir; elle ne recommence que si le niveau s'élève de nouveau.

AMÉDÉE. — Je comprends bien cela, mon père. Mais pour que la source recommence à donner, il faut que la neige fonde de nouveau, comme je le disais tout-à-l'heure, ou bien qu'il pleuve encore.

M. DERVILLE. — Les eaux pluviales et les fontes de glaces et de neiges ne sont pas les seules sources des *sources*, mon enfant. Les eaux des rivières filtrent dans le sol et vont fournir parfois aux fontaines jaillissantes dans un pays plat, ainsi qu'on le voit au département du Loiret; il en est probablement de même pour les nappes d'eau souterraines; de là est

venue l'idée des puits artésiens : enfin les pays montagneux et boisés, puisent dans l'atmosphère, même sereine, de quoi alimenter les sources qui sortent du flanc des montagnes et qui murmurent entre la verdure et les fleurs sur un lit caillouteux ou sablonneux.

CÉCILE. — Comment, même quand il ne pleut pas, mon père?

M. DERVILLE. — Avez-vous oublié tous les deux ce que je vous ai dit de la formation de la rosée?

— » Ah! j'y suis! s'écrièrent ensemble le frère et la sœur.

CÉCILE. — L'air se refroidit autour du sommet des montagnes qui rayonnent....

AMÉDÉE. — Et autour des grands arbres qui couvrent leurs flancs, et les vapeurs que l'air contenait, se rapprochent...

CÉCILE. — Et coulent... ou plutôt couvrent tout de rosée qui redevient de l'eau.

M. DERVILLE. — La rosée ne *redevient* pas ce qu'elle est tout naturellement ; c'est la vapeur qui, en se condensant, redevient de l'eau.

CÉCILE. — Ah! c'est vrai.

M. DERVILLE. — Ce ne sont pas seulement des arbres, ce sont des plantes en grand nombre, de l'herbe, des mousses qui couvrent le flanc des montagnes ; non-seulement ces végétaux contribuent à la condensation des vapeurs par la fraîcheur qu'ils répandent autour d'eux, mais ils font obstacle aux rayons du soleil, et s'opposent ainsi à l'évaporation d'une rosée abondante se renouvelant sans cesse et qui pénètre dans le sol, s'y réunit par mille et mille points en filets innombrables, qui vont ensuite se confondre et former un tout dans les réservoirs naturels dont je vous ai déjà parlé.

Madame Derville. — C'est probablement à la même cause qu'est due l'humidité perpétuelle des terrains marécageux.

Cécile. — Ah! maman a raison! Le soleil a beau pomper, la rosée leur rend, pendant la nuit, toute l'eau qu'ils avaient perdue.

M. Derville. — Non pas *toute* l'eau *perdue* par l'évaporation, puisqu'il y a des marais qui se dessèchent presque complètement en été.

Amédée. — Alors, mon père, si l'on détruisait toutes les forêts dans un pays, on détruirait les fontaines dans ce pays là?

M. Derville. — On détruirait celles du moins dont les sources sont alimentées par la rosée qui couvre les arbres, les plantes et les mousses. Mais revenons aux fontaines en général et aux idées superstitieuses que faisait naître jadis leur intermittence.

Cécile. — Ah! des histoires!

M. Derville. — Les Cantabres entre autres, on nommait ainsi les habitants de la Galice, tremblaient, lorsqu'ils venaient consulter les augures, de voir se dessécher sous leurs yeux les sources qui alimentent le Tamaricus, aujourd'hui nommé Tamara. Ce présage les glaçait de terreur; mais, lorsqu'à la voix du grand-prêtre l'eau reparaissait, l'espérance succédait à la douleur.

Cécile. — Mais, mon père, comment l'eau pouvait-elle venir ainsi à la voix du grand-prêtre?

M. Derville. — Le grand-prêtre ne faisait pas couler l'eau à sa volonté, tu dois le deviner; il savait, par des registres soigneusement tenus, à quelle heure s'arrêtaient, à quelle heure coulaient les sources du Tamaricus; et il ordonnait aux eaux de disparaître, ou bien il leur ordonnait de paraître, quand le moment était venu où ce *miracle* s'opérait *tout naturellement*.

CÉCILE. — Oh! le menteur!

M. DERVILLE. — De nos jours encore, en Europe, on croit que la *Fontaine des Merveilles*, près de Haute-Combe, en Savoie, ne coule point en présence de certaines personnes; dans le Languedoc, on consulte les fontaines pour savoir si l'on aura abondance ou disette; mais cette croyance, qui dégénère quelquefois en extravagance, a du moins pour fondement des observations justes; car l'expérience a prouvé que l'abondance des eaux de certaines sources, annonce des pluies prochaines pour le pays où elles sont consultées, par les gens du peuple, sous la dénomination de *fontaines de famine*.

CÉCILE. — Et les fontaines de mai, mon père?

M. DERVILLE. — Le royaume de Cachemire en possède une qui ne donne de l'eau que dans le mois de mai uniquement, et encore cesse-t-elle de couler trois fois par jour, le matin, à midi, et à l'entrée de la nuit. Une fois le mois de mai passé, les neiges cessant de fondre, elle demeure à sec tout le reste de l'année.

AMÉDÉE. — Ce qui est étonnant, c'est qu'elle cesse de couler à midi, qui est l'heure la plus chaude de la journée, et, par conséquent, celle à laquelle les neiges doivent fondre plus vite.

M. DERVILLE. — Lorsque nous nous occuperons de physique et d'astronomie, vous verrez, mes enfants, comment et pourquoi l'heure de midi n'est pas et ne peut pas être l'heure la plus chaude de la journée. Quant à la suspension dans l'arrivée des eaux à ce qu'on appelle *la source*, rien de plus facile à comprendre : ceci dépend tout ensemble de la grandeur de la cavité dans laquelle les eaux de neige ou les eaux pluvieuses se réunissent, de la longueur du trajet que les eaux ont à faire pour y parvenir, et de la longueur de la fissure par laquelle elles doivent arriver à l'issue ouverte entre les rochers, ou dans le gazon.

CÉCILE. — C'est vrai, Amédée, en y réfléchissant !

MADAME DERVILLE. — J'ai entendu parler, dans mon jeune temps, de fontaines dont l'eau bouillonnait toujours, quoique toujours elle fût très-froide.

M. DERVILLE. — Telle est la fontaine la *Ronde*, auprès de Pontarlier. La Ronde est du nombre des fontaines qui sont soumises au flux et au reflux qu'éprouvent les fleuves et les rivières à leur embouchure dans la mer. Le flux n'a pas plus tôt commencé, qu'on entend une espèce de bouillonnement ; aussitôt, l'eau sort de tous les côtés : elle est chargée de bulles d'air et elle s'élève à la hauteur d'un pied environ. A l'heure du reflux, elle baisse insensiblement, et la source se tarit. Il est très-probable que quelques ouvertures, dans le voisinage des fissures par lesquelles les eaux arrivent ou passent, produisent des courants d'air très-vifs, et que cet air se mêlant à l'eau, y excite le bouillonnement qu'éprouve d'ordinaire l'eau parvenue au degré d'ébullition lorsque la vapeur qui commence à se former, se dégage. Une source froide et bouillonnante existe aussi en Italie, près de Velleia. Quand nous nous occuperons des mines, je vous parlerai, mes enfants, des sources l'eau salée, et du parti qu'on en tire dans les pays où manquent les mines de sel.

AMÉDÉE. — Mais, mon père, et les sources jaillis—

santes d'eau chaude, est-ce que tu ne nous en diras rien?

M. Derville. — Nous parlerons auparavant, si vous *voulez bien le permettre*, d'autres sources d'eau froide non moins curieuses que les sources bouillonnantes.

» Non-seulement les eaux thermales s'imprègnent des gaz qui se dégagent des mines, mais elles se chargent aussi de naphte et de pétrole, matières inflammables, huileuses, qu'on voit couler, en quelques contrées, pures de tout mélange. Les gaz dont s'imprègnent les eaux ne sont pas *tous* inflammables ; mais il est certaines sources froides qui se trouvent tellement chargées de gaz hydrogène ou inflammable, qu'il suffit d'en approcher un papier allumé pour se procurer le plaisir de voir la source et le ruisseau qui s'en échappe se couvrir d'une flamme bleuâtre et légère, comme celle donnée par l'esprit de vin.

Cécile. — Y en a-t-il dans notre pays, mon père ?

M. Derville. — Jusqu'à présent, on ne cite que les sources qui alimentent le lac brûlant d'Islande, et celles de la Caroline, aux États-Unis. Ces dernières fournissent en abondance de l'hydrogène ; il prend feu quelquefois de lui-même, et alors, dans les plaines, au pied des montagnes, se forment des illuminations naturelles sur les glaces et la neige qui en réfléchissent les vives clartés.

Cécile. — Oh ! j'irais volontiers à la Caroline, rien que pour voir cette illumination-là !

M. Derville. — Je t'engagerai à profiter de l'occasion pour faire un tour en Chine, où l'on te montrera une autre merveille de ce genre, et plus *merveilleuse* encore s'il est possible ; c'est un puits qui donnait jadis de l'eau salée ; il vint à tarir. On creusa jusqu'à trois mille pieds de profondeur pour retrouver la source.... Tout-à-coup s'éleva une énorme colonne d'air chargée de particules noirâtres, et qui s'élança hors de l'orifice avec un bruit épouvantable. C'était du gaz inflammable. Aujourd'hui, quatre puits de même nature fournissent aux habitants de la vallée d'Outhong-Salmac, de la lumière, du feu pour leurs maisons, pour leurs cuisines, de même que les sources d'air inflammables en fournissent aux États-Unis. Ailleurs, ce sont des sources de naphte et de bitume dont une petite partie répandue sur l'eau d'un fleuve ou de quelque ruisseau, et enflammée, les transforme en ruisseau, ou bien en fleuve de feu ; ce sont encore des sources de soufre, telles qu'on en voit dans le gouvernement d'Orenbourg, en Russie, et qui déposent en abondance une matière sulfureuse dont l'industrie humaine a su long-temps tirer parti. Dans un autre gouvernement du même empire, des sources sulfureuses alimentent un lac aux eaux pures et transparentes, qui laissent voir pour fond des couches de soufre jaune et olivâtre : les ruisseaux que fournit le trop plein du lac, sont parfois d'une blancheur si remarquable que, dans le pays, on ne les désigne que sous le nom de *Ruisseaux de Lait*.

CÉCILE. — Ceux qui prendraient ces mots à la lettre, et qui diraient que dans ce pays-là le lait coule en ruisseaux, feraient une méprise aussi forte que moi pour l'arbre à pain.

AMÉDÉE. — Ou que ce chirurgien hollandais pour le poison que donne l'Ipas-Tieuté. Voilà comme il faut prendre bien garde à ce qu'on dit.

— Et à ce qu'on fait ! ajouta Cécile qui devinait

la bonne intention de son frère. Il avait voulu effacer, par la citation d'une méprise bien étonnante et bien impardonnable, le souvenir de celle qu'elle avait faite au sujet du fruit de l'arbre à pain.

— Un mot maintenant sur les sources bouillantes, dit M. Derville ; puis nous nous occuperons des grottes, des cavernes où le *grand chimiste*, dame nature, se montre si grand architecte et sculpteur si élégant, si habile.

Cécile. — Quel bonheur de passer ainsi en revue tant de merveilles !

Amédée. — Moi, j'aimerais mieux m'arrêter à chacune et l'examiner en détail, afin d'arriver à en connaître les causes ; mais nous y reviendrons, n'est-ce pas, mon père ?

M. Derville.—Oui, mon ami. L'année prochaine je vous trouverai préparés à me comprendre, et à vous occuper plus sérieusement d'objets sérieux.

» C'est en Islande, surtout, que l'on compte un grand nombre de sources bouillantes. On trouve auprès de Skallhac, dans la longueur d'une demi-lieue, plus de cinquante fontaines de ce genre.

Amédée. — Alors, il faut aller en Islande les étudier.

M. Derville. — C'est ce que fit, en 1772, un célèbre naturaliste suédois, M. de Troil. Quoique ces fontaines paraissent être alimentées par la même source, les unes, cependant, donnent une eau limpide ; les autres une eau aussi rouge que du sang ; les autres une eau trouble et blanche comme du lait. De toutes ces sources bouillantes et jaillissantes à la fois, la plus remarquable est le Geyser, qui se trouve placé au milieu des autres. M. de Troil passa, depuis six heures du matin jusqu'à sept heures du soir, **en** observation devant le Geyser. En cinq heures, il vit l'eau jaillir dix fois à la hauteur de soixante pieds. Vers quatre heures après midi, un tremblement de terre se fit sentir: il fut accompagné d'un bruit souterrain, semblable à celui que pourraient produire des coups de canon se succédant sans intervalle; un instant après, le jet d'eau s'éleva à quatre-vingt-dix pieds; arrivée là, l'eau se divisa et jaillit en diverses directions. Les pierres que M. de Troil et ses compagnons jetaient dans l'ouverture de la fontaine, étaient lancées en l'air par le jet d'eau. Cette ouverture a la forme d'une grande coupe, du diamètre de cinquante-six pieds, et de la hauteur de neuf pieds au-dessus du sol; le jet présente un diamètre d'à peu près dix-neuf pieds.

Amédée. — Voilà, j'espère, un beau jet d'eau!

M. Derville. — Les Islandais, gens alors très-superstitieux, et qui ont cessé de l'être depuis que l'instruction est répandue parmi eux, croyaient, en ce temps-là, que cette coupe était l'ouverture de l'enfer, et aucun n'aurait passé sans y cracher, en disant : *Uti fundens mund, Dans la gueule du diable!*

Cécile, *en riant.* — Ainsi, ils croyaient cracher dans la gueule du diable! les drôles de gens! Mais comment n'avaient-ils pas peur que le Diable les avalât, et de descendre en enfer par son gosier, puisque c'était là *sa gueule?*

M. Derville. — Si les gens superstitieux réfléchissaient ou raisonnaient, il n'y aurait plus de superstitions possibles.

Amédée. — Mon père, il m'est venu une idée au

sujet des fontaines jaillissantes ; c'est que ce sont des puits artésiens *naturels*.

M. Derville. — Cette idée, mon fils, est parfaitement juste.

Cécile. Comment cette idée t'est-elle venue, mon frère ?

Amédée.— A propos de ce que mon père nous a dit au sujet des eaux jaillissantes dans les terrains plats.

Cécile. — Mais ce ne sont point là des puits.

Amédée. — Des puits comme ceux que tu connais, mais des puits artésiens. Mon père aura la bonté de t'expliquer ce que c'est ; pour moi je n'en serais pas capable.

M. Derville. —Il existe des courants d'eau souterrains, doués d'une force d'ascension assez grande pour qu'ils puissent monter à la surface du sol par quelques fissures et s'y épancher, soit terre à terre, soit en jaillissant à une hauteur plus ou moins grande. Au moyen d'un trou de sonde, on ouvre une issue plus directe à l'eau, et un tuyau la contraint à s'élancer en jet régulier ; voilà un puits foré ou *artésien*. Ce dernier nom vient de ce que c'est dans l'Artois que les premières tentatives pour obtenir, de cette manière, l'eau de source ont été faites.

Cécile. — Mais, mon père, comment peut-on deviner qu'il se trouve quelque part un courant d'eau souterrain, et comment ce courant d'eau en donne-t-il toujours ?

M. Derville. — C'est ici, mon enfant, que les connaissances géologiques deviennent d'un grand secours. Il faut savoir que les alternances de sable et d'argile sont les plus favorables à l'établissement des puits artésiens, et que les masses de granit et de porphyre n'offrent pas le plus léger espoir de succès. Le gisement des couches est donc ce dont on doit s'assurer d'abord au moyen du sondage. La sonde rapporte quelques parcelles des différentes couches qu'elle traverse, et l'on juge, d'après ces échantillons, si l'on doit commencer le travail ou l'abandonner. Presque toujours on choisit, pour essayer le forage d'un puits artésien, un point peu élevé dans une plaine, dans une vallée comme encaissées par des collines, par des saillies dominantes.

Amédée. — C'est juste, Cécile! Les eaux de ces collines doivent tout naturellement alimenter le courant d'eau souterrain.

M. Derville. — Le voisinage des rivières dans les pays plats est encore favorable à l'établissement des puits forés, parce qu'il se trouve des cavités où s'engouffre une partie de l'eau des rivières, et cette eau, filtrant à travers les terrains perméables, doit arriver, à une profondeur plus ou moins grande, à la couche imperméable qui lui servira de lit et sur laquelle elle coulera en formant une nappe inclinée ou un courant horizontal. Dans ce dernier cas, elle ne monte que jusqu'à une certaine hauteur dans le puits foré; c'est ce qui arrive pour un puits ordinaire; dans le premier cas, au contraire, elle jaillit, et avec d'autant plus de force que sa chute souterraine est plus élevée et qu'elle trouve plus d'obstacles pour s'échapper par toute autre issue.

Amédée. — Mon père, il faut sonder souvent jusqu'à une grande profondeur, quoique dans le voisinage d'une rivière, pour avoir de l'eau?

M. Derville. — Les travaux entrepris à la plaine

de Grenelle nous le prouvent. Quelques puits forés ont de deux à trois mille pieds de profondeur, et souvent on a dû traverser deux ou trois nappes d'eau avant d'arriver à la nappe principale ; alors on élargit le trou et l'on tube ; c'est-à-dire qu'on enfonce dans l'ouverture des cylindres de bois résineux ou de cuivre. On tube encore pour garantir le puits foré des éboulements des terrains meubles qui pourraient le fermer. Quand nous nous occuperons des procédés si curieux de l'industrie, nous reviendrons sur ceux qu'on emploie pour forer des puits artésiens. On connaît ces fontaines jaillissantes artificielles, depuis plus d'un siècle, dans la Basse-Autriche et dans les environs de Bologne et de Modène. En Chine, le procédé du forage des puits remonte à plusieurs siècles ; plus simple que le nôtre, il est aussi beaucoup plus expéditif et il donne moyen de pénétrer à une plus grande profondeur.

Cécile. — Pourquoi donc, mon père, ne l'employons-nous pas ?

M. Derville. — Le mieux est souvent ennemi du bien. Nous voulons faire *mieux* que les Chinois, voilà tout ce que je puis te répondre.

Amédée. — Mon père, est-ce qu'il n'est jamais arrivé en France comme en Chine qu'on ait eu de l'air inflammable, de l'hydrogène, c'est-à-dire, au lieu d'eau ?

M. Derville. — Il est probable que si ; mais probablement aussi ce phénomène très-naturel, puisqu'en forant on peut percer de grands réservoirs d'hydrogène, ou plutôt de carbure d'hydrogène, gaz qui produit dans les mines le feu grisou, n'a pas eu de durée ; et alors il a dû perdre et ce qu'il présente d'abord de merveilleux, et ce qu'il offre d'utilité dans les pays où la source ne se tarit pas instantanément.

Madame Derville. — Je vois que le forage d'un puits artésien, quoique moins long peut-être et moins coûteux que celui qu'exige un puits ordinaire, ne doit pas cependant être toujours facile, et qu'il exige bien des travaux.

M. Derville. — Ce n'est qu'au prix de travaux longs et pénibles, ma chère amie, que l'homme parvient à reproduire, bien mesquinement, quelques-uns des phénomènes gigantesques de la nature ; mais du moins il est grand par l'intelligence à laquelle il doit d'en avoir deviné le mécanisme.

Grotte d'Antiparos.

Grotte de Fingal.

CHAPITRE IV.

Les terres. — Les sables. — Formation des pierres. — Les pierres précieuses. — Formation des marbres. — Grotte d'Antiparos. — Stalactites et stalagmites. — Cavernes d'Adelsberg. — Grotte de l'Ingal. — Le basalte.

— Mon père, dit Amédée après quelques instants de silence, je voudrais bien savoir de quoi et comment sont composés les pierres et les marbres?

— Et moi, dit madame Derville, je voudrais bien connaître d'abord la composition de la terre et du sable; car je m'imagine qu'ils doivent entrer pour beaucoup dans celle de la pierre, du marbre, et même des pierres précieuses.

CÉCILE. — Je croyais que mon père allait nous parler des grottes souterraines?

M. DERVILLE. — Les explications que ta mère et ton frère demandent, mon enfant, nous y conduiront tout naturellement. Elles seront brèves d'ailleurs, parce que ce n'est pas à présent que je m'arrêterai aux distinctions établies avec raison entre les différentes espèces de terres, de pierres, de sables, de marbres, de roches; j'en citerai seulement quelques-unes pour vous prouver l'utilité, la nécessité de ces distinctions. La terre, proprement dite, n'est qu'un assemblage de particules impalpables que l'humidité seule tient liées ensemble, mais qui, lorsqu'elles sont sèches, n'ont ni couleur, ni odeur, ni saveur.

CÉCILE. — Mais pourtant, mon père, la terre est brune ; on sent une odeur de terre quand elle vient d'être béchée, et l'on dit souvent que les légumes ont goût de terre ?

M. DERVILLE. — Je te répondrai simplement : la terre *mouillée* a de la couleur, de l'odeur et de la saveur ; *sèche* elle ne présente plus rien de tout cela. Les particules dont elle se compose ont la propriété de se gonfler dans l'eau, de ne point s'y fondre, et de résister au feu.

» La terre, ainsi réduite à sa propre nature, ne produit pas ; mêlée d'*humus*, c'est-a-dire de débris de plantes et d'animaux sur lesquels l'air, l'eau, la chaleur, ont exercé leur action toute-puissante, elle devient terre *végétale* et d'autant plus féconde que les terres marneuses, argileuses, entrent en plus grande abondance dans sa composition ; elle devient, au contraire, d'autant plus stérile, qu'elle contient davantage de terre calcaire, ou gypseuse, ou sablonneuse.

AMÉDÉE. — Je comprends maintenant pourquoi l'on marne les terres.

CÉCILE. — Mais on y mêle aussi du sable ; l'autre jour le jardinier en parlait à maman.

M. DERVILLE. — Les terres fortes, surabondantes en humus et surtout en argile, ont besoin d'être divisées pour devenir productives; c'est à celles-là qu'on mêle du sable. Mais toutes les *espèces* de sable ne peuvent être employées à ce mélange, car le sable provient de la destruction, par le temps, de roches et de pierres de *différentes* sortes, et qui présentent, par conséquent, des qualités différentes.

Ainsi le quartz, l'une des pierres les plus dures, ne donne point du sable pareil à celui que fournira une pierre argileuse et tendre, par exemple; de même, le sable ferrugineux qui entraîne avec lui des parcelles de fer et se couvre d'oxide ou de rouille de fer, n'a ni les mêmes caractères, ni les mêmes qualités que le sable aurifère que roulent les eaux aux environs des mines d'or. Venons aux pierres maintenant.

» L'action souvent lente, mais toujours certaine, de l'air, de l'eau, de la chaleur qui amène la destruction des roches les plus dures comme celle des métaux, amène également aussi leur formation. Des substances terreuses, sablonneuses, successivement amoncelées par les eaux, forment les bases des corps durs généralement connus sous le nom vulgaire de *pierres*. D'après ce que je viens de vous dire, vous comprendrez que, suivant la qualité de cette matière première, la pierre, en se solidifiant, devient dure, imperméable à l'eau, ou reste tendre et spongieuse.

Amédée. — Oui, mon père, mais ce que je ne comprends pas, c'est comment toutes ces particules s'attachent si bien les unes aux autres qu'on dirait un seul tout?

M. Derville. — Chaque nouveau sédiment laissé par les eaux sur la couche déjà déposée, presse sur la première, sur la seconde, sur la troisième, sur la sixième couche; le premier effet de cette pression, qui va toujours en augmentant, est de faire sortir l'humidité et l'air qui tiennent séparées les particules dont les couches se composent; l'air extérieur et la chaleur achèvent le desséchement des matières ainsi réunies; le poids qu'elles supportent augmente par la superposition de nouvelles couches; **celles-ci** se couvrent à la longue de terre végétale, de plantes, d'arbres; et le temps complète le travail commencé, de même que le temps détruit ce qui fut son ouvrage.

CÉCILE. — Mon père, est-ce que les pierres précieuses sont produites de la même manière?

M. DERVILLE. — Bien des causes, ma fille, concourent à la formation des pierres précieuses: elles ont sans doute pour base des terres argileuses, vitrifiables, calcaires; mais c'est à la cristallisation qu'elles doivent leur transparence, leur éclat; c'est aux métaux qu'elles doivent leurs nuances si riches et si variées.

AMÉDÉE. — Ainsi, mon père, les pierres précieuses ont été d'abord des solutions ou des eaux saturées de terres argileuses, vitrifiables, calcaires?

M. DERVILLE. — Je crois t'avoir déjà dit que *toutes* les cristallisations ne sont pas le résultat de l'évaporation *seule* d'un liquide qui tient en dissolution des matières cristallisables. Le refroidissement de cette solution suffit, pour quelques sels, à déterminer la cristallisation. Quant aux métaux, ils ne deviennent solubles dans l'eau et les acides qu'à l'état d'oxides ou de sels; la cristallisation qu'on obtient alors est le produit, non de l'évaporation ou du refroidissement du liquide, mais du *précipité* d'un métal par un autre. Ainsi, par exemple, si nous saturons de l'eau avec une petite quantité de pierre infernale ou nitrate d'argent, et que nous plongions dans cette solution un morceau de cuivre, nous verrons, après avoir laissé le tout en repos, une brillante cristallisation d'argent se former.

AMÉDÉE.—C'est comme pour l'arbre de Diane. Mon

père, ce genre de cristallisation est alors un précipité?

M. Derville. — Oui, mon fils. Vient ensuite la cristallisation par *fusion* et *refroidissement*. Le soufre fondu et refroidi lentement, se cristallise, à sa surface, en aiguilles qui se croisent en se rejoignant, et, à sa partie intérieure, en longs prismes à quatre pans et à base en losange. La cristallisation du soufre, quand elle a lieu par solution, diffère par la forme de celle que donne la fusion ; de plus, les cristaux qu'elle produit, conservent leur transparence, tandis que les cristaux obtenus par fusion perdent la leur. Vient enfin la cristallisation par *sublimation*. Nous venons de voir que le soufre fondu dans un vase découvert à une température peu élevée, se cristallise sous deux formes à sa surface et à sa partie intérieure ; si on le fait fondre à une température élevée dans un vase couvert, en donnant une issue aux vapeurs qui pourront se former, il se volatilise, c'est-à-dire se convertit en un gaz de couleur orangé. Ce gaz, conduit sous un réfrigérant, produit la cristallisation appelée *fleur de soufre*, à mesure qu'il touche les parois du réfrigérant.

Amédée. — Voilà qui est bien singulier !

M. Derville. — Nous avons vu les vapeurs dont l'air est chargé se condenser et former des gouttes de rosée, puis les cristaux de la gelée blanche par leur contact avec les végétaux refroidi par le rayonnement. Nous voyons ici les vapeurs du soufre se cristalliser par leur contact avec les parois froides du réfrigérant. Que concluons-nous de cela, mes enfants, et de tout ce que je viens de vous dire? »

Le frère et la sœur se regardèrent d'un air embarrassé.

— « Il me semble, reprit M. Derville, que l'action appelée *refroidissement*, joue un grand rôle dans les différents genres de cristallisation que je viens d'indiquer ?

— Ah ! c'est vrai, s'écria Cécile.

— Oui, c'est vrai, répéta Amédée, après **un** moment de silence.

MADAME DERVILLE. — Je dirai à mon tour que *c'est vrai;* car je songe à la cristallisation de l'eau en hiver.

M. DERVILLE. — Voilà donc trouvée l'une des principales causes de la cristallisation des sels en solution, des métaux en fusion; c'est la perte lente et graduée de leur calorique ou de leur chaleur. Mais cette cause n'est pas la seule; l'électricité joue encore un grand rôle dans la formation de ces brillants résultats des travaux du grand chimiste, dans les entrailles de la terre comme à sa surface; cette électricité détermine des attractions qui font que les atomes s'attirant par telle et telle partie, se repoussent par telle et telle autre. De ces attractions, comme de ces répulsions, résulte une constante unité de forme pour tel minéral, pour tel métal, et la certitude d'obtenir les mêmes résultats si l'on place les uns et les autres dans les mêmes conditions.

CÉCILE. — Ainsi, mon père, on peut faire des pierres précieuses ?

M. DERVILLE. — On peut les imiter au moyen des terres vitrifiables, mais on n'en *fait* jamais. Quelles que soient les découvertes de l'homme et ses persévérantes études, il n'arrive pas à pénétrer les secrets de la nature ni à imiter complètement, même en petit, la plupart de ses inimitables travaux.

Tant d'autres causes qu'il ignore, concourent, avec les causes qu'il a pu reconnaître, à la production de ces résultats qu'il a la prétention d'avoir complètement analysés !

AMÉDÉE. — Mon père, est-il bien vrai que le diamant ne soit que du charbon ?

M. DERVILLE. — Du charbon minéral, et pas autre chose, mon fils. Il cristallise à la manière de l'alun ; il se combine avec l'oxygène, quand on le chauffe en contact avec ce gaz, tout comme le charbon végétal ou minéral et tous les corps appelés comburants, et il dégage de même du gaz acide carbonique. Quelquefois le diamant présente des taches noires ; d'autres fois, il est lui-même tout entier d'un noir métallique, c'est-à-dire brillant à la manière des métaux.

CÉCILE. — Le charbon de terre brille aussi d'un noir métallique, surtout dans les cassures. Alors, mon père, c'est du diamant manqué ?

M. DERVILLE. — Complètement *manqué*, mon enfant.

AMÉDÉE. — Que tout cela est extraordinaire ! car enfin, j'ai lu quelque part que le charbon de terre ou la houille est le produit d'une multitude de végétaux enfouis dans la terre, et à une grande profondeur, depuis des siècles !

M. DERVILLE. — Rien de moins extraordinaire que cette transformation pour quiconque sait que les végétaux abondent en carbone. Il ne faut donc à ce carbone que le temps et la façon pour devenir houille ou diamant.

CÉCILE. — Mon père, pourquoi le diamant est-il blanc, je te prie ?

M. Derville. — Pourquoi le cristal de roche l'est-il également ? Comment, pas un de vous ne peut résoudre cette question ? Et pourtant je vous ai dit tout-à-l'heure que la coloration des pierres précieuses est due aux métaux.

Amédée. — Ah ! je m'en souviens. C'est qu'alors il ne se trouve aucun métal dans le cristal de roche ni dans le diamant.

M. Derville. — Mais il s'en trouve dans les cristallisations du quartz hyalin qui présentent le rose, le vert irisé, le violet, le noir, etc.

Amédée. — Mon père, et les émeraudes, les rubis, les saphirs qui sont si beaux, si brillants ? qu'est-ce que c'est, je te prie ? Est-ce du diamant qui renferme des métaux ou bien du cristal de roche coloré par les métaux ?

M. Derville. — Ces pierres précieuses sont le produit, non de la cristallisation du carbone, ou de celle de la silice, mais de l'alumine pure cristallisée, base de toutes les terres glaises ; on l'appelle *corindon*. La magnésie, les oxides métalliques concourent à la coloration du corindon et le revêtent des magnifiques nuances du rubis, de la topaze, du saphir, de l'améthiste, etc.

Cécile. — Mon père, et l'agate, qui est une si jolie pierre avec ses veines rouges et ses petits arbres bruns ?

M. Derville. — L'agate appartient aux silex, qui donnent aussi la pierre à fusil. Les arborisations brunes de l'agate, sont le produit d'un métal appelé manganèse. Les savants ne sont point parfaitement d'accord sur la manière dont les agates deviennent arborisées et mousseuses ; on peut du moins entrevoir comment la manganèse en fusion peut agir sur la silice également en fusion, mais bien près de se solidifier, lorsqu'on sait que le potier forme, avec une goutte de liquide coloré, sur la tasse de terre commune qu'il vient de tourner et qui est encore tout humide, des arborisations ou des mousses. La goutte de liquide coloré s'étend et se divise à volonté suivant le degré d'inclinaison que le potier donne à la tasse et suivant le degré d'humidité que la terre dont elle est pétrie conserve encore.

CÉCILE. Nous avons, dans la cuisine, des tasses blanches et des tasses jaunes arborisées en brun ; il faudra que je les regarde d'un peu près.

MADAME DERVILLE. — J'ai entendu dire que les arborisations de l'agate disparaissent quelquefois : c'est-à-dire, qu'elles se voilent sur la surface polie ou supérieure, pour se montrer d'une manière parfaitement nette à la surface inférieure moins bien polie, et plus luisante surtout.

M. DERVILLE. — C'est possible. Dit-on aussi qu'elles reparaissent ensuite ?

MADAME DERVILLE. — Oui, mon ami.

AMÉDÉE. — Alors, c'est peut-être comme pour le corail. Les arborisations pâlissent suivant la personne qui porte l'agate ; puis elles reprennent leurs couleurs.

M. DERVILLE. — Je ne me prononcerai point sur un fait qui a besoin d'avoir été examiné attentivement plusieurs fois avant d'être placé au nombre des phénomènes, souvent inexplicables que présente journellement la nature ; mais sans rejeter positivement, ma chère amie, cette observation qui m'a été-communiquée comme à toi, je te dirai, en ce qui touche la coloration en rouge de certaines parties de l'agate et la coloration plus ou moins prononcée des silex, ou pierres à fusil, que le microscope en a livré le secret. Turpin, botaniste et micrographe célèbre, a reconnu, dans les bandes rouges de l'agate, des bancs entiers de protococus, végétaux des plus simples, puisqu'ils se composent d'une vésicule renfermant de la globuline rouge. Ces végétaux se développent dans les eaux des marais salants au moment où le sel se cristallise. Dans les pierres à fusil divisées en lamelles plus minces que le papier, Turpin a trouvé ces mêmes végétaux vésiculeux, des polypes de diférentes formes, des œufs de polypes et des navicules. C'est à ces corps organisés et colorés que l'agate, la pierre à fusil, les cailloux, qui appartiennent tous aux silex, doivent leur coloration : veut-on s'en assurer, on n'a qu'à brûler ces pierres. Toutes les parties végétales et animales qu'elles contiennent étant détruites, on n'a plus que de la silice sans couleur.

AMEDEE. — Ainsi, mon père, ces végétaux, ces minéraux étaient pétrifiés ?

M. DERVILLE. — Tu vois bien que non, puisque le feu peut les détruire et que le feu ne détruit pas la silice, base de la pétrification.

AMÉDÉE. — Ah ! je n'y pensais pas. Je voudrais pourtant bien savoir ce que signifie positivement ce mot de pétrification des végétaux et des animaux.

M. DERVILLE. Nous l'apprendrons lorsque nous parlerons des fossiles. Disons un mot des marbres, puis nous irons voyager dans quelques-unes des grottes les plus célèbres des temps anciens et modernes.

» Vous savez, mes enfants, comment, par suite des révolutions qu'a subies la croûte terrestre du globe, il se trouve aujourd'hui, bien loin des rivages de l'océan, des bancs de coquillages marins. Dans quelques siècles d'ici, ces bancs donneront du marbre.

CÉCILE. — Comment ? les coquillages se transforment en marbre, en ce qu'il y a de plus dur?

M. DERVILLE. — Il existe des roches qui ont encore plus de dureté que le marbre ; mais elles ne portent pas ce nom, parce qu'on ne le donne qu'aux pierres calcaires assez dures et assez compactes pour recevoir un beau poli. Or, la base des coquillages étant la chaux, leurs débris, leurs sédiments pressés, travaillés par le temps, se consolident, se pétrifient et fournissent les pierres calcaires que nous appelons des marbres. Dans les marbres, on trouve parfois des coquillages entiers. Le sédiment fourni par ceux qui n'avaient pas assez de solidité pour résister à la pression exercée par les différentes couches du sol, a pénétré dans l'intérieur, les a enveloppés à l'extérieur, et les marbres tels que les *lumachelles*, le *drap mortuaire*, le *petit granit*, etc. nous présentent des madrépores, des crinoïdes, des polypiers même.

CÉCILE. — Mon père, le granit, le porphyre sont aussi des marbres, n'est-ce pas ?

M. DERVILLE. — Non, ma fille, car il n'y a rien de calcaire dans le granit et le porphyre. D'autres marbres ne renferment aucun débris visible des coquillages dont la poussière pétrifiée les a formés ; ceux-là sont dits *cristallins ;* tel est le marbre blanc dit encore *statuaire*. La finesse du grain montre la finesse des sédiments déposés par les eaux. Le mar-

bre est bien plus sensible aux injures de l'air que
la pierre de roche, surtout les marbres qui contiennent de l'argile; ils s'exfolient promptement, tandis
que ceux qui sont uniquement formés de carbonate
de chaux pure, résistent, pendant des siècles, aux
intempéries des saisons.

Cécile. — Mon père, qu'est-ce que c'est, je te
prie, que le carbonate de chaux ?

M. Derville. — On donne en général le nom de
carbonate à des composés salins que la nature offre
partout abondamment, et qu'on distingue entre eux
par une épithète qui désigne leur principal caractère.

Amédée. — Mon père, les marbres sont diversement colorés; je l'ai remarqué, hier, en reve-
nant du collège. Il se trouve, sur ma route, un
marbrier devant la boutique duquel je me suis arrêté pour les examiner. D'où viennent ces diverses
couleurs ?

M. Derville. — Il me semble que ce que j'ai dit
au sujet de l'agate et des silex, joint à ce que nous
savons des vives couleurs des polypiers et des coquillages, suffit pour mettre sur la voie.

Cécile. — Mais c'est vrai, Amédée! Tu vois bien;
les sédiments que l'eau dépose sur les bancs de coquillages, c'est de la poussière de ces coquillages de
toutes les couleurs...

Amédée. — Je ne dis pas non, ma sœur; mais il
y a des marbres bleu-turquin, des marbres porte-or,
qui ne sont pas nuancés de *toutes* les couleurs...
ah! mais, à propos, les métaux doivent concourir
aussi à la coloration des marbres !

Cécile. — Ah! bah! Nous saurons cela une autre
fois, n'est-ce pas, mon père? Si mon père nous di-

sait tout en un seul jour, nous n'aurions plus rien à apprendre. »

M. Derville sourit, et répondit : « Cécile est très-pressée de visiter les grottes d'Antiparos et de Fingal, célèbres entre les plus célèbres. Suivons-la donc, de crainte de dire *en un seul jour* TOUT ce qu'on peut dire sur les terres, les pierres, les pierres précieuses et les marbres.

AMÉDÉE. — Comme mon père se moque de toi, ma sœur!

CÉCILE. — Rire un peu, ce n'est pas toujours se moquer ; n'est-ce pas, mon père?

M. DERVILLE. — Assurément, ma fille. Eh bien! partons-nous pour l'Archipel?

CÉCILE. — Oh! tout de suite!

M. DERVILLE. — Mais il faut t'armer de courage, car nous aurons plus d'une difficulté à surmonter, plus d'un obstacle à vaincre, avant que nos yeux puissent jouir d'un spectacle magnifique, et vraiment magique!

MADAME DERVILLE, *en riant.* — Nous aurons, je pense, tout le courage qu'il faudra pour surmonter des obstacles qui ne sont qu'en paroles....

CÉCILE. — Et les jouissances, le spectacle aussi, maman!

M. DERVILLE. — On ignore l'époque de la découverte de la grotte d'Antiparos ; mais on a lieu de croire qu'elle remonte à la plus haute antiquité. Quelque berger, peut-être, à la recherche de ses moutons, ou quelque chasseur, à la recherche d'une bête fauve, entra dans la caverne, d'environ trente pas de largeur, et qui était alors, comme elle l'est encore aujourd'hui, partagée par des piliers naturels;

de là, ce berger arriva, en s'égarant, jusque dans la grotte d'Antiparos. Entre deux des piliers, à droite, le terrain descend en une pente douce; au fond de la caverne est une pente rude, d'environ vingt pas de longueur; c'est le seul passage pour pénétrer dans la grotte; passage difficile, où la flamme des torches n'éclaire que des rochers noirs et stériles. L'ouverture qui sert d'entrée est si basse, qu'il faut se mettre à genoux pour y passer. Au moyen d'un câble solidement attaché, on descend dans une espèce de précipice qui paraît sans fond; son affreuse nudité, l'humidité de l'air, tout concourt à glacer les sens; de ce précipice, on descend dans un autre; ici l'on glisse à chaque pas, et les nombreux échos qui répètent, avec le fracas du tonnerre, jusqu'au moindre bruit, font deviner qu'on est entouré de profonds abîmes. Il faut en traverser un, sans autre pont qu'une échelle, qui sert ensuite pour gravir un rocher tout-à-fait à pic; de l'autre côté, on se glisse avec précaution à travers mille dangers, et l'on se casserait la tête contre les pointes tranchantes des rochers, si les guides ne vous avertissaient de vous baisser. Arrivé en bas, on se couche sur le dos, et l'on se laisse couler doucement, en traînant après soi l'échelle dont on aura encore besoin, pour atteindre jusqu'à la véritable entrée de la grotte.

CÉCILE. — Mon père avait raison de dire qu'il faut du courage pour aller visiter la grotte d'Antiparos!

AMÉDÉE. — Et bien certainement celui qui l'a découverte le premier et qui en est sorti, après y être entré, devait être un proscrit.

M. Derville. — Ou un criminel allant chercher, dans les entrailles de la terre, un refuge contre la juste colère des hommes. Quoi qu'il en puisse
être de mes suppositions et des tiennes, toujours
est-il vrai que cette grotte immense, en élévation,
en largeur et en profondeur, est l'une des plus riches qu'on puisse voir. Elle présente de grandes et
belles stalactites qui réfléchissent, comme des milliers de miroirs à facettes, la lumière des torches, et
qui tombent en festons de la voûte. Le marquis de
Pointel, ambassadeur de France à la Porte, y descendit, le jour de Noël, 1773, accompagné d'un
grand nombre de personnes, et y fit célébrer la
messe de minuit avec beaucoup de solennité, ainsi
que l'apprendra, aux siècles à venir, l'inscription
gravée sur la fameuse pyramide appelée l'*autel ;* à
moins que cette inscription ne se trouve ensevelie
sous de nouveaux dépôts de molécules pierreuses et
métalliques.

Amédée. — Comment cela, mon père, je te
prie? car je ne comprends pas trop clairement.

Madame Derville. — Je comprends *à peu près ;*
mais je ne serais pas fâchée de savoir positivement
comment se forment les stalactites.

M. Derville. — L'eau joue encore ici un grand
rôle, et nous retrouvons les mêmes lois auxquelles
est soumis partout le sédiment qu'elle entraîne comme eau courante avec elle, et que, comme eau
stagnante, elle dépose sur son passage. Cette eau,
quand elle n'arrive que lentement et en passant à
travers des couches calcaires ou gypseuses, se
charge plus ou moins de molécules qu'elle tient en
dissolution jusqu'au moment où, par l'effet du re-

pos, elle s'en débarrasse. Filtrant d'une manière d'abord invisible, à travers les fissures étroites des rochers, elle se réunit lentement en gouttes qui demeurent plus ou moins long-temps suspendues. Peu à peu elle s'évapore; les parties étrangères que la goutte d'eau tenait en dissolution, comme je viens de le dire, se rapprochent; et alors se forme une espèce de commencement de tube. Il s'allonge et grossit à mesure que de nouvelles gouttes d'eau arrivent et coulent à l'extérieur et à l'intérieur qui se trouve bientôt rempli. La stalactite grossit à la partie supérieure, s'élargit à mesure que de nouvelles gouttes d'eau augmentent le premier noyau formé par la première goutte d'eau; et la voûte se découpe en franges, en festons, s'allonge en colonnes plus ou moins élégantes.

Madame Derville. — Que de gouttes d'eau se solidifient de la sorte, pour former les franges, les festons qui ornent la grotte d'Antiparos! Et, par conséquent, que de siècles il a fallu avant que cette merveille de la nature soit arrivée au point de perfection où nous la voyons aujourd'hui!

Cécile. — Mais, mon père, la grande pyramide, l'autel qui s'élève au milieu, comment a-t-il pu s'élever? Si c'était une colonne, on comprendrait qu'elle a dû commencer à partir de la voûte; mais une pyramide qui n'y tient pas et qui part d'en bas!

Amédée. — Que tu t'embarrasses quelquefois pour peu de chose, ma sœur! Les gouttes d'eau plus grosses, plus lourdes, qui sortaient de la voûte au-dessus de l'endroit où est aujourd'hui l'autel, au lieu de rester suspendues, seront tombées l'une après l'autre sur le sol, et là elles se seront solidifiées, en déposant, à chaque nouvelle goutte, une nouvelle couche de sédiment, et ainsi l'autel aura grandi, se sera élargi; n'est-ce pas, mon père?

M. DERVILLE. — Oui, mon fils, c'est cela même.

CÉCILE. — Qu'il est donc heureux, cet Amédée! il devine tout!

M. DERVILLE. — Tu serais aussi *heureuse* que lui, mon enfant, si tu réfléchissais davantage; tu trouverais alors ce que trouve ton frère. Seulement, je vous ferai observer à tous les deux qu'on donne le nom de *stalactites* aux concrétions qui restent suspendues aux rochers; et celui de *stalagmites* aux concrétions produit des gouttes d'eau qui tombent sur le sol et qui forment des dépôts mamelonnés. Dans la grotte d'Antiparos, on trouve des stalactites et des stalagmites; il en est de même dans les grottes d'Auxelle et d'Arcy, en France, et dans les cavernes d'Adelsberg, en Carniole. C'est ici que la plus grande variété et la plus grande magnificence sont déployées aux yeux éblouis du voyageur. On le fait passer du *petit temple* ou les stalactites et les stalagmites présentent les formes les plus élégantes, dans la *boutique du charcutier;* cette salle est très-bien nommée; on croirait y voir suspendues toutes les *richesses* qui remplissent la boutique d'un charcutier en vogue; de là on va à la *salle du tournoi;* d'autres salles présentent chacune quelque chose de remarquable; ici, c'est un gros pilier qu'il suffit de frapper du bout d'une canne pour produire le tintement d'une grosse cloche; ailleurs, se présente une colonne régulièrement cannelée; là, c'est un vase supporté sur un piédestal peu élevé et dans lequel une eau limpide et froide comme la glace, se maintient constamment au même niveau.

Le vase et son piédestal sont des stalagmites produit des premières gouttes d'eau tombées sur le sol. Celles que distille lentement la voûte, épaississent, mais insensiblement, les parois du vase par le sédiment qu'elles y déposent; action qui demeurera inaperçue pendant bien des siècles peut-être, la masse d'eau que contient le vase étant trop considérable pour s'évaporer rapidement. Mais, avec le temps, le vase finira par se remplir de sédiment; alors l'eau débordera, en altérera la forme, et l'on verra s'élever soit un autel, soit une pyramide.

Amédée. — Oh! oui, il faut des siècles et encore des siècles pour amener ce changement de l'eau en pierre.

M. Derville. — C'est après avoir conduit le voyageur dans ces différentes cavernes, dont l'entrée est plus facile que celle de la grotte d'Antiparos, que les guides l'introduisent dans la salle du *grand rideau*. Rien de plus beau, rien de plus magique que l'effet produit par cette magnifique stalactite qui descend de la voûte, c'est-à-dire de la hauteur de vingt pieds, d'une seule pièce, et en formant des ondulations élégantes et des plis gracieux. Ce *rideau* d'un nouveau genre, très-mince et d'une grande blancheur, est bordé, par le bas, de raies rouges qui en suivent tous les contours. Cette couleur est due à de l'oxide de fer, entraîné probablement par l'eau qui a formé peu à peu le rideau en suintant de la voûte. L'oxide étant plus pesant que la matière calcaire, qui compose le fond de l'*étoffe* tout entière, se sera accumulé au bas. Afin de mieux faire jouir le voyageur de cette vue magique, les guides passent avec leurs torches derrière le rideau.

MADAME DERVILLE. — Eh bien ! Cécile, quand ton père te disait que, sous nos pieds, est un monde de merveilles !

CÉCILE. — Oh ! mon père avait raison, comme toujours. Mais que tout cela doit être beau !... C'est dommage qu'il faille, pour aller chercher ces merveilles, passer par des chemins qui sont de vrais *casse-cou !*

AMÉDÉE. — Mon père, la chaussée des Géants, la Grotte de Fingal dont il est si souvent question dans les livres, sont-elles composées de stalactites seulement ou bien s'y trouve-t-il aussi des stalagmites ?

M. DERVILLE. — Rien de tout cela, mon fils ; et c'est ici que l'homme le plus instruit est obligé de reconnaître l'impuissance de ses moyens pour pénétrer le mystère d'un grand nombre des travaux de la nature. Depuis long-temps la côte septentrionale de l'Irlande est célèbre par la beauté et par la dimension des prismes basaltiques qui forment, au camp de Fairhead, une espèce de chaussée d'une assez grande étendue, et qui est comme pavée de pierres noirâtres, de figure hexagone. Dans l'île de Staffa, la grotte de Fingal où pénètre fort avant l'eau de la mer, est composée de prismes réguliers dont les uns s'élevant à une grande hauteur, soutiennent une voûte qui ne présente que de petits prismes couchés dans toutes les directions. Le Vicentin, le Vivarais, l'Auvergne sont aussi fort riches en constructions basaltiques naturelles qui offrent partout à peu près les mêmes dispositions. Je ne vous dirai pas, mes enfants, ce que c'est que le basalte ; les modernes non-seulement ne sont pas d'accord là-dessus avec les Anciens, mais ils ne le sont pas davantage entre eux. On ignore

encore de nos jours si les basaltes appartiennent au
système neptunien ou bien au système plutonien ; ce
qu'il y a de certain c'est que le basalte ne se divise
pas constamment en prismes réguliers formant une
sorte de gigantesque pavage, comme à la chaussée
des Géants, ni une sorte de temple à gigantesques
colonnes, comme à la grotte de Fingal ; on le trouve
en masses énormes dont la réunion constitue des
montagnes, des plateaux, des pays très-étendus.
D'une composition compacte et dure, il ne s'altère
que lentement à l'air, et il prend un assez beau poli.
Aussi l'emploie-t-on dans les arts. Les Romains s'en
servaient pour restaurer les monuments égyptiens,
en pierre noire d'Éthiopie, qu'ils avaient transportés
à Rome. En Europe on fait, avec le basalte, des
enclumes pour les batteurs d'or, des mortiers, des
pilons. Quand il est fondu, il donne d'excellent verre
à bouteille.

CÉCILE. — Alors nous en pourrons voir !

M. DERVILLE. — Sans doute ; mais le basalte ainsi
déshonoré par les usages auxquels on l'emploie, ne
saurait vous donner l'idée des prismes d'une grande
longueur, formés de tronçons placés bout à bout
et comme articulés, élevés ou plutôt *entés* les uns
sur les autres par une main toute-puissante pour
fonder et la chaussée des Géants, et la grotte de
Fingal, et tant d'autres *monuments* naturels de ce
que peuvent le temps et la nature.

» Vous avez bien des notes à prendre ce soir, mes
enfants. Si elles sont en ordre demain, nous descen-
drons dans quelques mines ; sinon, notre second
voyage souterrain sera retardé d'un jour. En voilà, je
pense, assez pour ce soir. »

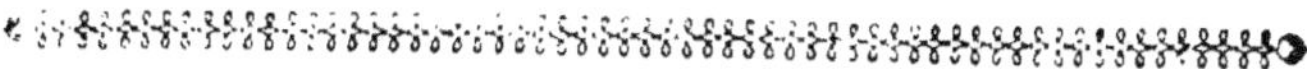

CHAPITRE V.

Les métaux. — Métallurgie. — Mines anciennes. — Mine de fer de l'île d'Elbe. — Air méphytique. — Explosions. — Exhalaisons. — Lampe de sûreté. — Tonnerre factice.

Grâce à son frère, Cécile ayant pu mettre en ordre les notes prises la veille un peu à la légère, rappela le soir à son père la promesse qu'il avait faite de les conduire dans quelques mines, comme déjà il les avait conduits dans les grottes d'Antiparos, d'Adelsberg et de Fingal.

« Je le veux bien, répondit M. Derville ; mais auparavant ne chercherons-nous pas à reconnaître ceux des principaux caractères qui distinguent les métaux des minéraux ? Ils sont en petit nombre, et ils *sautent aux yeux* pour ainsi dire. D'abord un certain éclat surnommé *métallique*, et qui n'appartient en effet qu'aux métaux ; ensuite leurs qualités générales, qui sont la *ductilité*, ou la propriété de se réduire en un fil plus ou moins long au moyen de la filière ; la *malléabilité*, ou propriété de s'étendre en lame très-mince sous le marteau ou le laminoir ; la *tenacité*, ou propriété de ne point se rompre lorsque le métal allongé en fil supporte un poids fort lourd ; enfin la *densité*, mot qui exprime combien sont compactes, serrées, et par conséquent multipliées les molécules ou parties atomiques et composantes des corps. Il n'y a pas de minéral qui puisse, sous ce rapport surtout, lutter avec un métal. De là résulte une pesanteur spécifique plus grande. Ainsi, par exemple, un lingot de fer *de même volume* qu'un bloc de pierre, est beaucoup plus lourd.

AMÉDÉE. — Je comprends cela, mon père. Non, il n'est pas possible de tirer les marbres à la filière ni d'étendre les pierres sous le marteau. Mais quant à l'éclat, le marbre poli est pourtant bien brillant !

M. DERVILLE. — Compare ce brillant à l'éclat que présente n'importe quel métal également poli, et tu reconnaîtras toi-même que l'éclat métallique n'appartient à aucun autre corps du règne minéral.

» Aujourd'hui, le nombre des métaux se trouve porté à vingt-huit ; les nommer serait, pour le moment, inutile ; mais je vous ferai remarquer que quelques minéralogistes les divisent d'après l'ordre de leur fusibilité ou de leur infusibilité. Les uns fondent ou deviennent fusibles au-dessous de la chaleur rouge : les autres sont infusibles, même au feu de forge. Ces deux premières divisions sont ensuite subdivisées par les propriétés que possèdent les métaux, à un degré plus ou moins grand, de s'allonger à la filière, de s'étendre sous le marteau ; l'or et l'argent étant les métaux les plus malléables et les plus ductiles, tiennent ici le premier rang : mais ils perdent leur priorité si on les considère sous le rapport de la *tenacité* et de la *densité* ; le fer est le plus tenace de tous les métaux, le platine ou or blanc est le plus dense. Si ensuite on les considère dans l'ordre que leur assignent et leur importance et leur utilité dans l'économie domestique et dans les arts, le fer tient le premier rang.

CÉCILE. — J'aurais cru que c'était l'or.

M. Derville. — L'or, quelque précieux qu'il puisse être, ne saurait remplacer le fer. Sans le fer point d'outils d'aucune espèce.

Amédée. — Et point d'armes!

M. Derville. — La découverte du fer a plus contribué à la civilisation des nations que l'or, qui ne sert trop souvent qu'à les corrompre. Vient ensuite le plomb, ce *vil métal*, si dédaigné et si utile pourtant; le cuivre, dont personne, je pense, ne contestera l'importance; l'étain non moins nécessaire; le zinc, qui, aujourd'hui, remplace si avantageusement la tôle étamée et surnommée *fer blanc;* le mercure, l'argent, l'or, le platine, etc.

Amédée. — Mon père, je voudrais bien savoir comment on découvre que dans tel ou tel endroit il y a une mine?

M. Derville. — Il serait difficile, mon fils, de repondre en peu de mots à une question qui te parait toute simple pourtant. Quelquefois le hasard fait découvrir un filon; quelquefois aussi, même alors que l'on possède peu de connaissances en métallurgie, on reconnaît le voisinage d'une mine à un terrain montueux et aride; car les richesses du règne minéral excluent, de la surface du sol, les richesses du règne végétal. On sait généralement que les montagnes qui recèlent des mines, se composent de roches solides, schisteuses ou graniteuses; on sait encore que le pied de ces montagnes, qui se terminent en pente douce, est ordinairement coloré; que les filons métalliques se trahissent par des veines de quartz ou de spath communément vitreux; enfin les eaux qui sortent de ces montagnes entraînent souvent avec elles quelques parcelles de métal.

II. 23

Cécile. — Alors, c'est bien facile à reconnaître. Que je voudrais donc être déjà *en route!*

M. Derville. — Eh bien, pars, ma fille, puisque tu es si pressée. Mais nous, qui une fois arrivés dans les mines, n'aurons plus le temps de nous informer des procédés employés par la métallurgie pour nous donner purs les métaux qu'on retire du sein de la terre mélangés de matières étrangères et souvent d'autres espèces de métaux, nous allons essayer de prendre au moins une légère idée de ces procédés si certains aujourd'hui. Ils sont le fruit des recherches d'une foule d'hommes savants et dominés par l'amour de leur art.

— Je reste! répondit Cécile en étouffant un soupir. Elle n'était pas encore bien guérie de la *frayeur* que lui avait toujours inspirée *la science.*

— Ta résignation et ta patience, reprit M. Derville, qui ne put s'empêcher de sourire, ne seront pas mises à des épreuves bien rudes ni bien longues; ainsi je t'engage à écouter, avec toute l'attention dont tu es capable, et à prendre des notes que tu seras bien aise de retrouver plus tard. Ce que j'ai à dire d'ailleurs, n'est nullement ennuyeux.

» C'est aux travaux de la chimie minérale qu'est soumis d'abord le minerai, soit terre, soit pierre, qu'on a découvert par hasard, ou en cherchant une mine. Il s'agit de savoir quel métal y domine; parce que, comme je viens de vous le dire, mes enfants, on en trouve souvent deux mêlés ensemble. La chimie seule peut donner le moyen de reconnaître, avec certitude, lequel des deux est le plus abondant ou le plus riche, lequel, par conséquent, il importe d'extraire; on s'attachera à celui-là en sacrifiant l'autre ; car il est rare que les mêmes procédés puissent servir à l'extraction de deux métaux différents du minerai qui les réunit. Le chimiste ne met point ici l'économie qui doit régner plus tard dans l'exploitation de la mine ; sa seule affaire c'est d'arriver à un résultat certain qui servira de guide pour les travaux métallurgiques ; mais ceux-ci ne commencent que lorsque l'ingénieur des mines a bien pesé les avantages et les désavantages que peuvent présenter les localités. Il examine ensuite quels sont les agents chimiques qu'on doit employer pour traiter économiquement le minerai ; la qualité du combustible qu'il faut préférer ; la manière dont on s'y prendra pour se procurer, à moins de frais possibles, l'eau, l'air atmosphérique nécessaires aux opérations ; enfin les produits accessoires qui naîtront de la fusion du minerai, tels que les fluides élastiques ou gaz qu'il faut recueillir afin d'augmenter les bénéfices.

AMÉDÉE. — Vois-tu, Cécile, que c'est curieux !

CÉCILE. — Oui, c'est vrai. Je ne m'en serais jamais doutée.

M. DERVILLE. — Après avoir préparé le *laboratoire*, en décidant si l'on se servira de tourbes, ou de houilles brutes ou épurées, de bitume ou d'hydrogène, et en choisissant les métaux purs ou combinés qu'on doit employer comme fondants ou comme alliage, on songe à ces machines qui doivent réduire les minerais en fragments ; au lavage, qui exige des plans inclinés, et plus ou moins de main-d'œuvre ; au grillage, qui a pour objet de faciliter la fusion du minerai ; aux moyens à prendre pour conduire les vapeurs dans des cheminées de condensation où il soit possible d'en recueillir les produits ;

car, mes enfants, dans les grandes exploitations surtout, aucun profit, quelque petit qu'il soit, ne doit être dédaigné, parce que ce petit profit devient grand bénéfice ou grande perte si on le néglige, lorsque tout est monté sur une grande échelle. Quelque jour, je vous parlerai d'industrie, et alors j'entrerai dans des détails que je laisse aujourd'hui de côté, parce que nous nous occupons d'histoire naturelle proprement dite. J'ajouterai seulement, ce qu'au reste vous pouvez bien deviner de vous-mêmes, que le traitement métallurgique pour le fer, pour le cuivre, pour l'or, pour l'argent, n'est pas le même ; que l'opération dégage de ces divers métaux des gaz fort différents ; que pendant qu'elle a lieu, et ce n'est pas l'affaire d'un jour puisque le grillage seul du cuivre dure quelquefois un an, il se forme d'autres corps désignés par les dénominations d'oxides, de sulfates, etc. Revenons maintenant à l'objet principal de nos entretiens actuels, à l'histoire du règne minéral.

Cécile. — Je voudrais pourtant bien, mon père, savoir comment on opère sur l'or?

M. Derville. — Ma chère enfant, je te le dirais volontiers si tu connaissais une seule des opérations métallurgiques employées pour traiter quelqu'autre métal ; mais ton ignorance étant complète à cet égard, je me trouverais engagé dans des explications interminables. Seulement, comme je vois à regret que toi aussi tu regardes une mine d'or comme la source d'immenses richesses, je veux te prouver, par des chiffres, combien est grande une erreur presque générale. Un Espagnol a eu dernièrement l'idée de comparer les produits des mines d'or et d'argent qu'on exploite dans l'Amérique du Sud, avec le produit des mines de houille de l'Angleterre; et il établit, de la manière la plus claire, que le produit brut des mines d'or et d'argent n'est annuellement que de deux cent vingt millions cinq cent mille francs, tandis que le produit brut des mines de houille de l'Angleterre est de *quatre cent cinquante millions;* différence en plus, *deux cent vingt-neuf millions cinq cent mille francs.*

CÉCILE. — Ah! mon Dieu! qui pourrait croire que des mines de charbon de terre puissent, à elles seules, donner de si énormes produits!

M. DERVILLE. — Tous ceux qui savent, mon enfant, a combien d'usages est employée la houille, dans un pays surtout où elle abonde. Je le répète, l'or n'est qu'une richesse *fictive;* tandis que le fer, le cuivre, l'étain, le plomb, la houille, sont, ainsi que les récoltes des productions du règne végétal et que la multitude des troupeaux de gros bétail et de bêtes à laine, des sources intarissables de richesses réelles, parce que la consommation de ces produits est journalière et universelle. Jusqu'au plus pauvre, dans les pays où l'on ne se chauffe qu'avec de la houille, en brûle dans son petit foyer; jusqu'au plus misérable consomme du pain, a besoin de vêtements, soit de chanvre soit de laine, et d'outils pour travailler; le riche seul *a besoin* d'or; et le nombre des riches est partout limité.

CÉCILE. — C'est vrai. Mais le calcul de cet Espagnol étonne au premier moment.

M. DERVILLE. — Maintenant *mettons-nous en voyage.*

» Si nous allons en Misnie, l'un des cercles de la

Saxe, nous trouverons des mines exploitées depuis plusieurs siècles : nous y parcourrons des galeries qui
s'étendent à plusieurs lieues de longueur, et qui
communiquent d'une montagne à l'autre à neuf cents
pieds de profondeur perpendiculaire sous terre; si
de là nous passons en Suède, nous pourrons descendre à quatre cents toises du sol dans des mines de
cuivre, fouillées par bien des générations; en Pologne,
nous trouverons des mines de sel; en Lorraine, des
mines de charbon; en Bretagne, des mines d'étain,
etc., et ne croyez pas, mes enfants, qu'aucune de
ces mines ressemble à l'autre; elles ont chacune leur
aspect particulier, indépendamment de la différence
du minerai qu'on en retire, et des travaux divers
que ces diverses exploitations exigent.

MADAME DERVILLE. — Ce que tu nous as dit tout-
à-l'heure, mon ami, des avantages ou des désavantages offerts par les localités, à l'ingénieur des mines
chargé d'établir les travaux, explique encore ces
dissemblances.

AMÉDÉE. — Mon père, est-ce qu'on n'abandonne
jamais aucune mine ?

M. DERVILLE. — Il faut qu'une mine soit totalement épuisée, tu le conçois, mon fils, pour qu'on
se résigne à perdre tous les travaux qu'on a dû exécuter pour l'ouvrir, pour y creuser des galeries, des
chemins. Cela se voit cependant quelquefois. Ainsi
à Orbrisseau en Bohême, est une mine de fer abandonnée depuis long-temps, sans doute, puisqu'on y
a trouvé, il y a quelques années, du bois tellement
incrusté de cristallisations ferrugineuses, qu'on aurait pu le prendre pour un lingot de fer. Dans une
mine de plomb, en Angleterre, on a découvert une

portion de l'os de la cuisse d'un mineur, tué apparemment par une moufette, tout couvert de pyrites de plomb; cet os en était tellement chargé, qu'il paraissait lui-même être changé en pyrite.

CÉCILE. — Le pauvre homme! Mon père, qu'est-ce que c'est donc, je te prie, qu'une moufette?

M. DERVILLE. — Nous le saurons tout-à-l'heure. L'île d'Elbe, dont le nom seul réveille de si grands et de si douloureux souvenirs, possède une mine de fer très-belle que visitent souvent les curieux et dans laquelle on marche et l'on travaille à ciel ouvert.

AMÉDÉE. — Comment donc cela, mon père?

M. DERVILLE. — Il est probable que quelque tremblement de terre ayant bouleversé en partie le sol, aura ainsi découvert la mine exploitée jadis par les Romains, selon toute apparence; car on y a trouvé, dans le siècle dernier, deux de leurs outils appelés *pics de roche*. Ils étaient restés piqués entre deux blocs de mines et tellement couverts de mine cristallisée (on appelle mine, par abréviation, le minerai), qu'ils parurent mériter, comme objets rares, d'être recueillis dans un cabinet de curiosités naturelles.

AMÉDÉE. — Dire qu'on trouve les traces du passage des Romains jusque sous terre !... Mon père, puisque tout ce qui reste dans une mine abandonnée se couvre ainsi de pyrites et de mine, c'est que la nature continue à travailler, n'est-ce pas? Alors le minerai ne doit jamais s'épuiser? Pourquoi donc abandonner les mines?

M. DERVILLE. — Mon enfant, la nature est moins prompte à produire ou à reproduire, que l'homme ne l'est à détruire. Avec la poudre à canon, il ouvre de vastes cavernes dans le sein de la terre ; le minerai qu'il a ainsi détaché et qu'il fait griller puis fondre dans de hauts fourneaux, ne suffit pas à son avidité ; s'aidant du pic de roche et de la pioche, il détache autour de lui d'énormes blocs pour les réduire en fragments ; il ne réserve de la mine que ce qui est nécessaire pour empêcher les voûtes souterraines de crouler, et, en quelques dizaines d'années, il a détruit une grande partie de ce qui est le résultat de vingt ou de trente siècles des travaux de la nature. Mais cette nature ne se montre pas constamment la même ; c'est-à-dire que, contrairement à l'avidité de l'homme, elle ne produit pas des mines inépuisables d'une seule et même substance ou de deux métaux principaux réunis dans un seul minerai. Au filon de fer, de cuivre qui a payé avec usure les efforts de l'homme occupé à l'arracher aux entrailles de la terre, succède le filon d'un autre métal ; et suivant que les nations sont plus ou moins instruites en métallurgie, l'exploitation est abandonnée ou change de face. Ainsi, pour vous en citer quelques exemples curieux, en Saxe, en Sibérie, dans le Hartz, en Alsace, on aurait abandonné, peut-être, dans les siècles d'ignorance, les mines qui cessaient de fournir l'antimoine en plumes rouges, le plomb rouge, le plomb blanc en aiguilles, l'argent corné, l'argent vierge en végétation ; mais la science de la métallurgie étant assez avancée, à l'époque où ces filons cessèrent de donner, pour qu'on reconnût que d'autres non moins précieux les remplaçaient, on a continué les travaux, et l'on obtient aujourd'hui le marcassite en crêtes de coq ; des pyrites cuivreuses, cristallisées et brillant de toutes les couleurs de l'arc-en-ciel, du mercure coulant, etc., etc. Il est possible que, dans un siècle ou deux, on retrouve, à quelques centaines de toises plus loin, les mines primitives ; ceci est arrivé souvent déjà ; aussi, de nos jours, on n'abandonne plus les mines.

CÉCILE. Mon père, n'oublie pas, je te prie, que tu as promis de nous dire ce que c'est que les moufettes.

AMÉDÉE. — Cécile meurt d'envie d'entendre raconter les histoires tragiques de mineurs asphixiés dans les mines.

M. DERVILLE. — Ces *histoires tragiques*, mes enfants, ne se renouvellent que trop souvent malgré toutes les précautions qu'on prend en perçant des puits, en ouvrant des galeries afin que l'air puisse circuler dans toute la mine, en offrant, à l'aide d'espèce de tuyaux de cheminée, un passage à l'air atmosphérique et enfin en établissant plusieurs sortes de ventilateurs. C'est surtout dans les mines de houille que règne l'air méphytique auquel les mineurs ont donné le nom de *moufette* ou de *pousse;* beaucoup de cavernes en sont infectées ; telle entre autres la grotte du chien, si fameuse par les expériences que chaque voyageur veut répéter lui-même. C'est une vapeur qui ressemble quelquefois à un brouillard épais ; elle se dégage particulièrement pendant les vives chaleurs de l'été. Peu à peu elle éteint, dans les mines, les lampes, le charbon allumé ; et son effet est si prompt, qu'une chandelle ainsi éteinte n'exhale point de fumée et que le charbon ardent ne conserve aucun vestige de chaleur.

23.

CÉCILE. — Jugez un peu de ce que les moufettes doivent produire sur les hommes !

M. DERVILLE. — Les mineurs, toujours inquiets, ont l'œil à la lumière autant qu'à leur ouvrage. Dès que la flamme de la lampe s'affaiblit, ils prennent la fuite et tâchent de sortir promptement de la mine. Mais quelquefois c'est en y entrant et sur l'échelle même qu'ils sont suffoqués. Saisis à la gorge, comme si on leur serrait le cou avec une corde, ils tombent sans connaissance. Si l'on peut les secourir à temps en les portant au grand air, en les couchant à plat ventre la face appuyée sur la terre qu'on vient de dépouiller de gazon et en les couvrant de mottes de ce même gazon, ils reviennent à eux comme sortant d'un profond sommeil ; mais parfois il reste au malheureux, pour toute sa vie, une toux convulsive et dont rien ne peut le guérir.

CÉCILE. — Pauvres gens !

MADAME DERVILLE. — Les richesses que quelques-uns acquièrent ne sont trop souvent obtenues qu'au prix de la vie des hommes !

AMÉDÉE. — Mon père, j'ai entendu parler d'explosions qui ont lieu dans les mines et qui tuent des mineurs par centaines ? Ce n'est pas la moufette qui les produit, puisqu'elle éteint au contraire jusqu'au charbon bien allumé ?

M. DERVILLE. — Des vapeurs plus ou moins malfaisantes et de *différentes espèces* s'exhalent, vous le savez, mes enfants, des minéraux et des métaux ; car je vous ai dit quelques mots des gaz retenus captifs et que la chaleur, que l'humidité, que bien des causes enfin contribuent à dégager. Ces vapeurs, qui vicient l'air atmosphérique, au moins au-dessus des lieux d'où elles s'élèvent, alors même que cet air atmosphérique étant libre peut se renouveler, sont bien plus dangereuses dans l'intérieur des mines où l'air circule difficilement : mais il existe quelques mines où elles le deviennent plus encore : ce sont les mines de cuivre, d'étain et surtout de mercure. Il ne faut pas vous figurer que ces exhalaisons soient désagréables à l'odorat : c'est ordinairement par le parfum de la violette ou des pois-fleurs qu'elles se manifestent, et ce parfum avertit les mineurs de fuir.

Cécile. — Ah ! mon Dieu ! Et les personnes qui n'en savent rien et qui croient respirer le parfum des fleurs !

M. Derville. — Elles tombent évanouies et meurent si on ne les porte pas aussitôt à l'air. Vous savez encore que le gaz acide carbonique est mortel ; tous les endroits fermés en contiennent en abondance ; autre cause encore de dangers bien grands. Enfin il y a des mines où le gaz hydrogène, ou gaz inflammable, se trouve si abondant, que, pour s'y procurer une lumière sans flamme, les Anglais ont imaginé de construire une grande roue dont le pourtour est rempli de morceaux de silex ou pierre à fusil ; la roue tourne sans relâche, et les morceaux de silex frappant continuellement contre un grand nombre de pièces d'acier, produisent un courant continu d'étincelles dont la lumière scintillante suffit pour éclairer les mineurs dans leurs travaux.

Amédée. — Voilà une invention bien singulière, j'espère !

Cécile. — Quel bruit tout cela doit faire !

AMÉDÉE. — **Je** comprends maintenant que c'est le gaz hydrogène qui est cause des détonations et des explosions dans les mines. Mais, mon père, est-ce qu'il n'y a absolument aucun moyen de s'en garantir? il est sans doute invisible?

M. DERVILLE. — Sir Davy ayant découvert que l'hydrogène, quelque dense qu'il puisse être, ne saurait pénétrer entre les mailles étroites d'une toile métallique très-fine, a imaginé de construire, avec cette toile, une lampe de sûreté pour les mineurs. Par ce moyen fort simple, la flamme des lampes ne se trouvant plus en contact immédiat avec l'air inflammable, les explosions sont beaucoup moins fréquentes. Quant à ta seconde question, je répondrai que je ne crois pas que le gaz hydrogène, arrivé même au plus haut degré de densité, soit *visible;* mais les vapeurs qui le contiennent le sont du moins. Elles sortent avec une espèce de sifflement par les fentes des souterrains où l'on travaille, et elles apparaissent sous la forme de fils blancs ou de toiles d'araignées; c'est particulièrement vers la fin de l'été, qu'on les voit voltiger. Quand ces vapeurs sont très-divisées, elles n'offrent point de danger; mais se réunissent-elles, les mineurs s'en saisissent et les écrasent entre leurs mains avant qu'elles soient parvenues à la flamme de leurs lampes. Car les malheureux ont parfois l'imprudence d'ouvrir ces lampes de sûreté, afin d'y mieux voir, et dans quelques mines on ne les connaît même pas. S'ils ne saisissent pas à temps ces terribles vapeurs, elles s'enflamment; des détonations se font entendre, et souvent ont lieu des explosions terribles qui coûtent la vie à des centaines d'ouvriers, car

la mine en est ébranlée, et, de ces ébranlements,
résulte souvent la chute de piliers, de blocs énormes
qui ensevelissent les malheureux sous les décombres.

CÉCILE. — Mon Dieu! que de dangers! Est-il
possible que les hommes aient imaginé d'aller ainsi
fouiller au fond de la terre !

AMÉDÉE. — Il est bien certain que ce ne sont
pas les femmes qui auraient fait cela ! Elles sont
trop poltronnes !

MADAME DERVILLE. — Les femmes, mon enfant,
sont aussi courageuses que les hommes; mais elles
ont moins de hardiesse, de cette hardiesse qui fait
entreprendre des travaux qu'on ne peut exécuter
sans les forces physiques dont la nature ne les a
point dotées en général.

CÉCILE. — Entendez-vous, monsieur mon frère?

AMÉDÉE. — Oui, j'entends; et maman a raison.
Mais quelque chose m'inquiète, mon père; c'est
cette roue remplie de fragments de pierres à fusil
et d'acier, et ces milliers d'étincelles qu'elle fait
jaillir en tournant. Est-ce qu'une seule ne suffit
donc pas pour enflammer le gaz hydrogène?

CÉCILE. — On n'a qu'à entourer la roue d'une
toile métallique....

M. DERVILLE. — Cette roue, mon fils, n'est pas
mise en usage dans toutes les mines où abonde le
gaz hydrogène. Elle ne réussirait point partout, et
son emploi exige bien des précautions, bien de l'expérience; mais il faut surtout admirer, en ceci, le
génie inventif des Anglais et leur tenacité à tirer
parti des produits de la nature, quelque danger que
leur exploitation présente. C'est le caractère parti-

culier de cette nation; de là viennent ses richesses, sa puissance. Ce caractère n'est blâmable que lorsqu'il conduit à placer les hommes au nombre des produits qu'on peut et qu'on doit exploiter de même que tous les autres; c'est là une erreur, pour ne pas employer un mot plus fort, dans laquelle tombe souvent l'Angleterre, quoiqu'elle se soit posée dès long-temps comme le champion le plus ardent de l'abolition de l'esclavage. Mais revenons aux mines et à ce que les mineurs nomment simplement *exhalaisons*.

« Ces exhalaisons ont lieu à l'heure matinale où la rosée couvre la terre; elles sont considérables, elles sont visibles, et jamais elles ne se résolvent en eau. Après leur disparition, les mineurs trouvent les mines des filons qui étaient dans le voisinage du lieu où elles se sont montrées avec abondance, dans un tel état de décomposition, qu'il n'y reste plus de métal; on dirait des os cariés; enfin d'autres exhalaisons minérales produisent les cristallisations les plus merveilleuses, mais altèrent en même temps la santé des hommes; aussi la plupart des mineurs meurent-ils jeunes, et ceux qui survivent sont affectés, dans leurs vieux jours, d'infirmités inconnues aux ouvriers qui travaillent sur la surface du globe.

Cécile. — A présent que je sais tout cela, je ne suis plus aussi pressée de descendre dans les mines.

Madame Derville. — Oh! cette fois tu mérites, ma fille, d'être mise au rang des poltronnes !

Cécile. — Mais, maman, songe donc qu'on peut mourir dès en mettant le pied sur l'échelle !

M. Derville. — Beaucoup de personnes cependant, des femmes même sont descendues et descendent journellement, par curiosité, dans les mines, sans que jamais il ait été fait mention d'aucun événement de ce genre, et sans qu'on se soit jamais arrêté à la foule des autres dangers qui menacent et les curieux et les mineurs ; tels, par exemple, la soudaine irruption des eaux qui pénètrent tout-à-coup, en averse, ou bien en torrent, par la partie supérieure ou inférieure de la voûte, et qui mettent en fuite les travailleurs, quand ceux-ci ont le temps de fuir ; tels encore les éboulements inattendus qui viennent combler les puits, les galeries. Ces deux causes obligent souvent d'abandonner tout-à-fait une mine très-riche. Une crainte exagérée de la mort n'a d'autre effet, mon enfant, que d'empoisonner la vie, sans profit pour soi-même, ni pour personne ; car cette mort, qu'on redoute, peut nous frapper partout, et, quelque soin que nous prenions pour l'éviter, elle nous atteindra pourtant un jour !

« Je vous ai dit déjà, qu'après les mines de cuivre et de mercure, les mines de houille sont les plus dangereuses ; vous savez aussi qu'il s'en trouve, en grand nombre, dans l'Angleterre et l'Écosse. Le lendemain d'une journée où l'on n'a point travaillé, l'accumulation de l'acide carbonique est si forte, que pas un ouvrier ne pourrait rentrer dans la mine qu'au risque de la vie ; et cependant il faut reprendre les travaux.

CÉCILE. — Ah ! mon Dieu ! comment faire, alors ?

M. DERVILLE. — L'un des mineurs se vêtit d'une toile cirée qui l'enveloppe de la tête aux pieds, ou bien il se couvre de linges mouillés ; deux ouvertures seulement garnies de morceaux de verre sont laissées pour les yeux. Ainsi *armé*, et tenant une longue perche à l'extrémité de laquelle est une lanterne, il descend courageusement; arrivé dans la mine, il se met ventre à terre, rampe jusqu'au lieu d'où part ordinairement, pour se répandre aux environs, la vapeur mortelle; il avance sa perche de ce côté, et, au moyen d'une ficelle, il ouvre la lanterne. Aussitôt la vapeur s'enflamme avec un bruit épouvantable, et sort par l'un des puits.

Amédée. — J'espère que c'est là du courage!

M. Derville. — La violence de la commotion ébranle la masse d'air contenue dans la mine, en chasse une partie qui est promptement remplacée par l'air atmosphérique, et les travaux peuvent être repris sans nul danger.

Cécile. — Mais l'ouvrier! il reste mort sur la place, n'est-ce pas, mon père?

M. Derville. — Non, mon enfant. Aucun mal ne lui arrive, pourvu qu'il se tienne bien étendu à terre. La violence de l'action de ce tonnerre factice ne se déploie que dans la partie supérieure de la mine.

Cécile. — Ah! qu'il faut de courage pourtant!

Amédée. — Les mines de fer et surtout les mines de sel ne présentent pas les mêmes danger, mon père?

M. Derville. — Non, mon fils. Dans un moment, quand je serai reposé, je vous lirai le récit d'une excursion faite par le capitaine Bathurst, sa femme et ses enfants dans une mine de sel des plus célèbres de la Pologne. »

Mines de sel de Wieliczka. — Fleuve souterrain. — Lac souterrain.
— Salines. — Marais salants.

M. Derville prit, sur la table, un volume qu'il avait
apporté, et auquel, jusqu'alors, personne n'avait
fait attention; il le feuilleta quelque temps et dit :
« Dans les années 1832 et 1833, le capitaine Bathurst et sa famille firent un voyage en Russie et en
Pologne ; voici ce que le capitaine rapporte des mines si célèbres de Wieliczka. J'abrégerai un peu son
récit. C'est le capitaine qui parle. « Je ne voulais
pas quitter Cracovie sans aller visiter les mines de
sel à Wieliczka. Un seul obstacle s'y opposait, la
présence de ma femme ; mais lorsqu'elle connut mon
intention, elle témoigna le désir de me suivre, accompagnée de nos deux enfants. Je refusai d'abord,
mais je cédai bientôt à ses instances.

» Nous partimes enfin. Après un court trajet, nous
nous trouvâmes aux portes de Wieliczka. C'est une
petite ville située au milieu d'une vallée, au pied
de l'une des chaines des monts Krapacks. Wieliczka
n'était autrefois qu'un amas de hameaux ; mais insensiblement, grâces aux richesses que répand dans
le pays l'exploitation des mines, Wieliczka est aujourd'hui une assez jolie petite ville.

» Ces mines de sel gemme furent découvertes vers
le milieu du treizième siècle, sous le règne de Bo-

leslas V, roi de Pologne. Casimir-le-Grand régla leur exploitation, et depuis cette époque, elles sont devenues une source inépuisable de prospérité pour la contrée entière.

» A notre approche, l'un des mineurs nous demanda la permission de nous servir de guide; nous acceptâmes. Il nous dit qu'on pouvait descendre par un escalier de quatre cents marches, ou à l'aide d'un câble. A mon grand étonnement, ma femme choisit le câble.

» Aussitôt on nous affubla de longues tuniques blanches pour préserver nos vêtements de l'humidité, et l'on nous conduisit sous une espèce de hangar, où deux petits garçons, une lampe à la main, nous attendaient. Dès qu'ils nous virent arriver, ils découvrirent l'ouverture par laquelle nous devions descendre et ramenèrent à eux un câble d'une grosseur prodigieuse, enroulé sur un cylindre fixé à la voûte du hangar.

» Je fis asseoir ma femme et mes deux enfants sur l'un des siéges disposés le long du câble, en ayant soin de les attacher à la corde par-dessous les aisselles. Dès que nous fûmes tous prêts, visiteurs et conducteurs, à la faible lueur des deux petites lampes, nous nous laissâmes plonger dans les profondeurs de l'abîme. La corde se déroulait avec rapidité; il me semblait, à mesure que nous descendions, que la vitesse augmentait, tant la colonne d'air que nous déplacions, soulevait avec violence nos vêtements. En moins de deux minutes nous touchâmes le fond. Un groupe de mineurs vint nous souhaiter la bienvenue et nous aider à nous dégager de nos siéges et de nos attaches. Je reconnus ce service par quelques pièces de monnaie. Les mineurs retournèrent à leurs travaux, et nous nous trouvâmes seuls avec notre conducteur Klakowicz, et les deux enfants chargés de nous éclairer.

» Pendant quelque temps, mes yeux, accoutumés à la clarté d'un jour brillant, ne purent rien distinguer dans le monde ténébreux et nouveau où nous nous trouvions. Mais peu à peu je commençai à voir ces voûtes épaisses qui se prolongent à une immense distance, et enfin je pus contempler le produit des travaux de l'homme audacieux dans les entrailles de la terre.

» Klakowicz nous fit traverser de grandes salles, de longs corridors, où le silence n'était interrompu que par le bruit des outils, attaquant les rocs de sel minéral et par le chant de quelques ouvriers dispersés çà et là. Nous arrivâmes à une salle assez spacieuse, à l'entrée de laquelle est placée la statue d'Auguste II, roi de Pologne, de grandeur naturelle et faite d'un seul bloc de sel. « Nous voici dans la chapelle, » dit Klakowicz. En effet, nous étions dans un petit temple consacré au culte catholique. Au fond, s'élève un autel d'un travail magnifique, et, tout autour, la voûte est soutenue par des colonnes sans nombre ; cette voûte était à une hauteur trop grande pour que la lueur des lampes pût l'éclairer. A droite et à gauche de l'autel, sont deux statues d'enfants de chœur exécutées en sel rose. Klakowicz nous dit que cette espèce de sel est devenue fort rare. Tirant de sa poche une petite boîte, il me pria de lui permettre d'offrir à ma fille quelques bijoux, sans autre valeur que la rareté de la matière avec laquelle ils étaient faits. Emma remercia et s'empressa d'ouvrir la boîte qui contenait un collier et des boucles d'oreilles de sel rose. Ces bijoux étaient travaillés avec beaucoup d'art et de délicatesse. »

CÉCILE. — Je voudrais bien, au moins, voir du sel rose !

MADAME DERVILLE. — Quand tu voudras nous irons, à notre tour, visiter la mine de sel de Wieliczka.

AMÉDÉE. — Je suis bien certain que Cécile préférera l'escalier de quatre cents marches au câble !

M. DERVILLE *continuant*. — « Nous passâmes ensuite dans la salle du lustre, appelée *Kloska* par les mineurs. Rien de plus majestueux et de plus imposant que le spectacle qui s'offre en ce lieu. Tout autour règne une forêt de piliers noirs ; de chaque côté viennent aboutir des corridors vastes et obscurs ; mille arcades se succèdent les unes aux autres. Du milieu de la voûte descend une immense girandole de sel cristallisé dont les branches se prolongent au loin dans tous les sens. »

AMÉDÉE. — Mon père, est-ce l'ouvrage de la nature ou des hommes ?

M. DERVILLE. — Le capitaine Bathurst ne le dit pas ; mais il est présumable que la main des hommes a perfectionné ce que la nature avait ébauché grandement, largement. Je continue : « Nous marchâmes quelque temps sans jamais rencontrer d'obstacles ; cependant un mugissement épouvantable se faisait entendre de temps en temps. On eût dit un torrent grossi par l'orage. C'était en effet un fleuve souterrain dont les eaux tombent avec force d'une hauteur prodigieuse, pour couler quelques pas plus loin avec tranquillité. »

Cécile. — Ah! mon Dieu ! si ce torrent venait à déborder !

M. Derville *continuant.* — « Nos enfants, étourdis par le bruit, émus par ce spectacle, tremblaient et pleuraient de frayeur. Je priai Klakowicz de les conduire auprès de quelques ouvriers, dans un endroit moins horrible, et j'ordonnai à John de les surveiller. Pour nous, nous attendîmes le retour du guide au pied de la cataracte.

» Klakowicz fut bientôt de retour ; il nous assura que nos enfants étaient à l'abri de tout danger, et il nous conduisit, en suivant les sinuosités du torrent, sur un petit pont d'où nous pûmes apercevoir avec plus de facilité cette vaste enceinte. Nous avions autour de nous une centaine d'ouvriers qui, une lampe suspendue à la ceinture, coupaient des blocs de sel. Le fleuve coulait au-dessous de nous ; une étendue de sept mille pieds se déroulait devant nos yeux ; à gauche était la cascade ; et au-dessus de nos têtes, s'élevait une voûte à la hauteur de quatre cent trente-deux pieds du sol.

« Nous parcourûmes ensuite une infinité d'autres salles non moins remarquables, des corridors de toutes les grandeurs, des allées de toutes les dimensions dont les voûtes étaient, pour la plupart, soutenues par des piliers de bois brut. Nous visitâmes ensuite les écuries, où quelques chevaux décrépits se reposaient en attendant l'heure du travail. Klakowicz esquissa en peu de mots le tableau de l'administration des mines ; il nous indiqua les différentes branches de travail qu'elles exigent, et porta à plus de douze cents le nombre des hommes employés à leur exploitation. Il nous montra des blocs de sel de cinq a six quintaux (le quintal, mes enfants, pèse cent livres), taillés en forme cylindrique, ce qui les rend plus faciles à transporter ; des tonneaux contiennent les débris de ces blocs réduits en petits morceaux. Puis, il nous fit distinguer les quatre espèces de sel qui forment les roches de Wiesliczka ; le sel brun ou grossier ; le sel vert ou *zielow* ; le sel blanc appelé *szibikawa*, et le sel cristallisé, transparent, qui porte le nom de *oczkowata*. Il nous présenta des morceaux de sel extraits des strates ou couches supérieures et qui étaient mêlés avec de la terre glaise, des coquilles et des pétrifications. »

Amédée. — Remarques-tu cela, Cécile? Avec le temps, ces morceaux-la seraient devenus tout entiers du sel gris, ou vert, ou blanc, comme celui de l'intérieur de la mine; ainsi que les coquillages et la **terre** glaise, deviennent pierres et marbres, n'est-ce pas, mon père?

M. Derville. — C'est probable, mon fils; ce que rapporte le capitaine Bathurst, confirme cette supposition ; le voici : « La première couche de sel *pur* est à *mille pieds* au-dessous de la surface du sol. »

Cécile. — Ah ! que de temps il faudra pour que celui qui est dans les couches d'en haut, devienne du sel pur !

Amédée. — Du temps, et une énorme quantité de sédiments déposés en dessus par les eaux. Mais probablement cela n'arrivera jamais ; car aujourd'hui Cracovie est bien loin de la mer, et il paraît que la mer a passé par là autrefois, puisqu'on trouve encore des coquillages dans les couches supérieures. Il faut absolument que j'étudie la géologie.

« Je l'étudierai avec toi ! » dit vivement Cécile.

Un tendre baiser des bons parents récompensa le frère et la sœur du désir si vif qu'ils montraient d'acquérir de l'instruction.

M. Derville reprit son livre et sa lecture. « Klakowicz nous assura que, d'après les archives, on a tiré de la mine, depuis l'époque où elle fut découverte, plus de six cent millions de quintaux de sel. »

AMÉDÉE. — Six cent millions de quintaux !

M. DERVILLE *continuant*. — « Nous passâmes ensuite devant l'obélisque et nous nous arrêtâmes dans la salle du bal. Mais, je ne sais pourquoi, je n'éprouvai pas ici le saisissement dont l'aspect de tant de grandeurs souterraines avait pénétré mon âme. Peut-être ma froideur venait-elle du mauvais effet produit par l'alliance malheureuse des beautés grandioses de la nature, avec les richesses mesquines et frêles de nos salons. Klakowicz avait fait allumer cependant des bougies dont la clarté se répandait dans toute l'enceinte, et si l'ensemble ne me saisit pas d'admiration, les détails, du moins, attirèrent mon attention. Cette singulière salle est garnie de meubles construits des mêmes matériaux que les colonnes, et le tout est curieusement travaillé. Notre conducteur, homme de quarante-cinq ans, avait été témoin, dans sa jeunesse, des fêtes magnifiques données dans les mines de sel. Il nous parla surtout de celle qui y fut célébrée en 1813 à l'époque de la retraite du prince Poniatowski. Ma femme prêtait une oreille attentive au récit animé de Klakowicz. La moindre circonstance de la narration l'intéressait, et elle faisait souvent répéter au guide complaisant les particularités qui la frappaient le plus. Il fallut cependant quitter la salle de bal ; ma femme s'y décida avec peine. Elle aurait très-volontiers fait le sacrifice de ce qui restait à voir, pour jouir encore quelques instants de la vue de cette salle et des récits qui l'intéressaient si vivement.

» On éteignit les bougies, et nous sortîmes.

» Nous étions retombés dans les ténèbres, et comme la lueur des lampes ne suffisait plus, les deux enfants qui nous précédaient allumèrent des torches. Après quelques détours, nous arrivâmes dans la salle du lac. Ici, à la lueur des flambeaux, se développait à nos yeux une vaste nappe d'eau, un lac souterrain. Cette eau était noirâtre et tranquille ; sur les rives éloignées s'avançaient des étrangers que la curiosité amenait comme nous en ces lieux. Revêtus de leurs longues tuniques blanches, éclairés par la flamme vacillante des torches, ils apparaissent comme les ombres des morts privés de sépulture qui voltigent sur les bords du Styx, jusqu'à ce qu'une main pieuse creuse une tombe à leur dépouille. Pour compléter l'illusion, il y avait sur le Pezikos (c'est le nom du lac), une barque amarrée à une chaine de fer.

» Une voix lugubre nous demanda d'un ton brusque si nous voulions nous embarquer.

» Nous nous approchâmes ; les autres étrangers imitèrent notre exemple, et nous tentâmes ensemble la traversée. Deux bateliers dirigèrent notre esquif sur les eaux pesantes du lac infernal. Le tourbillon de fumée que répandaient nos torches, leur clarté qui se réfléchissait sur la surface de ce lac souterrain, le chant des bateliers, le bruit des rames, l'agitation de l'eau, ces habits étranges dont nous étions revêtus, ce vague qu'on ne saurait définir, mais que l'on éprouve dans les circonstances extraordinaires, tout cela avait exalté mon imagination ; je laisse à penser si celle de ma femme était demeurée oisive. Nous débarquâmes enfin sur l'autre rive, incertains encore si le batelier n'exigerait pas l'obole des morts. »

Cécile. — Mais ils n'étaient pas morts, j'espère !

Madame Derville *en riant*. — Oh ! ma fille, que tu es prosaïque !

M. Derville *continuant*. — « Klakowicz nous fit descendre aux étages inférieurs. Après avoir parcouru avec lui beaucoup d'autres salles également remarquables, visité les machines, les pompes, nous allâmes sous une voûte où pendaient des stalactites brillantes, des cristaux réguliers et incrustés de globules de sel semblables à des diamants. Nous admirions, depuis quelque temps, ces richesses naturelles si élégantes et si variées, quand, avec le plus grand sang-froid, Klakowicz nous dit, en appuyant sur les mots : « Le lieu où nous sommes » correspond juste au milieu du lac que nous avons » traversé tout-à-l'heure ! Le lac est au-dessus de » nos têtes ! »

Cécile. Ah ! le lac va se faire jour à travers la voûte, je le parie !

M. Derville *continuant*. — « Ma femme, à ces mots, dominée par une terreur soudaine, jette un cri, se dégage de mon bras, et court vers l'entrée ; je cours après elle... Tout-à-coup une explosion se fait entendre tout près de nous, puis le bruit de la chute des décombres retentissant au milieu du fracas répété, de proche en proche et de loin en loin, par les échos... Nous crûmes que les voûtes s'écrouleraient sous le poids des eaux du lac, et nous demeurâmes comme pétrifiés. »

AMÉDÉE. — Pour cela, je le crois! Cécile en est devenue toute pâle.

M. DERVILLE *continuant*. — « Klakowicz qui venait à nous, en riant, dissipa d'un mot nos folles terreurs. On venait de détacher, par le moyen de la poupre, un énorme bloc de sel.

» Nous quittâmes enfin ce sombre et magnifique séjour où nous avions passé plus de huit heures, mais qui, au dire de notre guide, ne pourrait être visité en entier à moins de six mois de séjour. Nous remontâmes au premier étage par un escalier taillé dans le sel, et nous retrouvâmes nos deux enfants, un peu inquiets, mais heureux de nous revoir!

» Je laissai quelques schellings à Klakowicz, qui riait sous cape de notre frayeur; et, après avoir fait attacher au câble qui nous avait descendus une de ces bennes dans lesquelles on retire le sel de la mine, j'y déposai ma femme, mes enfants; puis j'y entrai à mon tour, et nous regagnâmes tous ensemble la surface terrestre. »

CÉCILE. — Ouf! J'ai eu plus d'une fois le cœur serré! Et, cependant, tout cela est si beau à voir, que je crois que j'irais bien volontiers.

AMÉDÉE. — Et moi aussi. Mais je comprends qu'il faille bien six mois pour tout voir en détail. C'est immense! Mon père, il y a d'autres mines de sel encore que celles de Pologne?

M. DERVILLE. — Sans aucun doute, mon enfant.

Celle de Wieliczka étant la plus célèbre, je m'y suis arrêté d'autant plus volontiers, que le voyage du capitaine Bathurst a été fait pour ainsi dire récemment.

AMEDEE. — Mon père, je me suis mal expliqué je voulais dire qu'il y a d'autres.... salines ; enfin qu'on peut fabriquer du sel.

M. DERVILLE. — En *fabriquer*, non. On peut l'extraire des eaux qui proviennent de sources naturellement salées, ou bien des eaux de la mer, qui en contiennent une grande quantité en dissolution ; le sel donné par ces dernières est appelé *sel marin ;* on le préfère de beaucoup au sel gemme, ou sel natif. La manière dont on s'y prend pour l'évaporation des eaux salées, est fort curieuse.

CÉCILE. — Oh ! raconte-nous-le ; veux-tu, mon petit père ?

M. DERVILLE.—Je le veux bien. Elle est à peu près la même en Allemagne, en France, en Angleterre.

» Les eaux des sources salées, réunies dans un reservoir, y sont puisées par une pompe, et conduites par des rigoles fort élevées, qui les laissent retomber d'une grande hauteur sur des fascines ou fagots de bois menu et épineux. Cette opération a pour objet de diviser à l'infini les eaux salées ; de les exposer, par une multitude de points ou de surfaces, à l'action de l'air, et d'en hâter ainsi l'évaporation. La même eau est soumise un grand nombre de fois à passer par les fascines ; cela s'appelle *graduer l'eau.* L'eau, amenée ainsi au degré de salure convenable, est conduite dans de grandes chaudières plates et carrées ; on achève de la faire évaporer par le moyen du feu, et l'on recueille le sel qui se précipite au fond, en cristaux plus ou moins bien **formés**.

CÉCILE. — On a plus tôt fait de recueillir le sel dans les mines !

M. DERVILLE. — Les habitants des côtes forment des *marais salants*. Ce sont des bassins ou fossés étendus et peu profonds que l'on creuse, et que l'on consolide de manière à ce qu'ils retiennent bien l'eau. Par le moyen d'une écluse, on les remplit d'eau de mer à la marée montante. Cette eau, qui présente une vaste surface aux rayons du soleil, s'évapore par l'effet de la chaleur et du vent; et tout le sel qu'elle peut contenir en dissolution est déposé en cristaux sur le sol. On retire ce sel, on le met en tas sur les bords pour le faire égoutter et sécher, puis on le soumet au raffinage. D'autres fois, on établit sur le rivage une vaste esplanade de sable que le flot doit submerger dans les hautes marées des nouvelles et des pleines lunes; ce sable s'imprègne de sel; dans les intervalles des marées, on en réunit la surface en tas; puis on lave ces tas dans de l'eau de mer que l'on sature ainsi de sel; on verse doucement l'eau pour la séparer du sable, et on la fait évaporer ensuite dans des chaudières plates et carrées, ainsi que je vous l'ai dit déjà.... Mais tout ceci, mes enfants, appartient plutôt à l'industrie qu'à l'histoire naturelle dont nous nous occupons spécialement; nous y reviendrons quelque jour; quelque jour, nous pénétrerons dans les laboratoires de chimie, dans les cabinets de physique, où l'homme audacieux décompose et recompose l'air, l'eau, les minéraux; où il joue avec le feu du ciel, l'électricité; où il donne une image sensible de la circulation du sang; de là, nous pénétrerons dans les ateliers de l'industrie, si puissamment aidée par les hautes sciences, et qui les aide, à son tour, en les mettant sur la voie de nouvelles découvertes à faire, de nouvelles combinaisons à constater ; car, mes enfants, un lien bien fort, quoique invisible pour ceux qui ne savent point *voir*, unit entre elles toutes les sciences, produits des travaux de l'intelligence, tous les arts, conceptions du génie ; et, de même, sont unis tous les objets animés ou inanimés de la création. Ne le comprenez-vous pas aujourd'hui ? aujourd'hui que nous venons de jeter un coup-d'œil sur ce que l'homme appelle les trois règnes de la nature ? L'un pourrait-il exister sans l'autre ? Ne se reproduisent-ils pas l'un l'autre bien plus encore qu'ils ne s'entredétruisent ?

Amédée. — C'est vrai, au moins, ma sœur !

Cécile. — Je ne... vois pas trop...

Amédée. — Comment ! tu ne vois pas que, s'il n'y avait point de végétaux, les animaux herbivores n'auraient pas de quoi manger ; ils mourraient tous, et alors comment se nourriraient les animaux carnassiers ? Si ensuite les animaux, les végétaux ne mouraient pas, de quoi seraient composés l'humus qui rend la terre végétale, productive, et la houille ? et où prendrait-on de la tourbe ? Car, j'ai lu l'autre jour que la tourbe n'est pas autre chose que des détritus de végétaux.

Cécile. — J'espère qu'Amédée se sert des plus grands mots sans hésiter du tout !

Amédée. — Ensuite, sans les coquillages, sans les madrépores, aurions-nous du marbre ? Sans le sable, sans la poussière, et sans les eaux aurions-nous des pierres ?...

CÉCILE. — Et sans les pierres, nous n'aurions ni sable, ni poussière..... Oui, je commence à entrevoir que tout cela se tient.

M. DERVILLE. — Mon enfant, dans quelques années, lorsque, par l'étude, tu auras acquis de l'instruction et reculé les bornes, un peu étroites encore, où est renfermée ton intelligence, tu comprendras que l'homme a bien pu *diviser* par *règnes*, et, dans les trois règnes de la nature, par embranchement, classes, ordres et familles, les animaux, les végétaux, les minéraux, mais que ces trois règnes ne forment, en effet, qu'un *tout* qui constitue l'univers. Alors seulement tu prendras une idée claire et digne de la grandeur du Créateur; alors seulement tu reconnaîtras les influences réciproques qu'exercent l'un sur l'autre les objets qui nous entourent; influences auxquelles nous ne pouvons pas plus échapper qu'aucun des êtres de la création.

CÉCILE. — Mon père, je te prie, par où faut-il commencer? est-ce par la minéralogie ou par la géologie?

M. DERVILLE. — L'étude de la géologie doit précéder celle de la minéralogie. Comment le minéralogiste pourrait-il trouver les roches ou dépôt quelconque, s'il ignore leur gisement, c'est-à-dire l'ordre dans lequel ces roches se présentent constamment sur toute la surface du globe? Il ne faut pas, mes enfants, entendre par là que cet ordre est tel que partout les roches ou dépôts ou sédiments sont constamment placés l'un au-dessus de l'autre dans un ordre immuable. Il faut entendre seulement que tel dépôt est toujours supérieur à tel autre quand il existe; s'il ne se montre pas à son rang, il est inutile de prétendre le trouver en creusant davantage ; il manque absolument dans cette partie de la contrée.

AMÉDÉE. — Vois-tu, Cécile! c'est bien par la géologie qu'il faut commencer.

M. DERVILLE. — Je ne surchargerai pas maintenant votre mémoire des dénominations imposées aux différents dépôts dont se compose la croûte terrestre ; mais j'appuierai sur ce fait important de la succession uniforme des terrains, parce qu'il vous prouve qu'ici, comme partout, régnent des lois immuables qui régularisent et soumettent à un ordre constant les suites de ces grandes crises appelées éruptions des volcans, tremblements de terre, auxquelles sont dues de nouvelles montagnes, de nouveaux lacs et la disparition des anciens lacs et des anciennes montagnes. C'est de ce point de vue élevé que les considère le géologue, tout en recueillant des parcelles de roches de différentes formations, qu'il soumettra plus tard, en qualité de minéralogiste, à l'analyse chimique, après les avoir classées d'après leurs caractères déjà reconnus.

AMÉDÉE. — Alors, mon père, on doit savoir positivement ou chercher des fossiles?

M. DERVILLE. — On en trouve depuis le sommet des hautes montagnes jusqu'à toutes les profondeurs où l'on a pu parvenir dans les mines.

MADAME DERVILLE. — D'où il faut conclure que ces sommets et ces profondeurs ont été habités, n'est-ce pas, mon ami ?

M. DERVILLE.—Sans nul doute ; seulement on n'a pas encore trouvé d'hommes fossiles ; mais en revanche, on a découvert les ossements d'animaux dont les espèces sont aujourd'hui perdues, je l'ai déjà dit.

Amédée. — C'est qu'on n'a pas creusé assez avant dans la croûte terrestre ; car bien sûr, le déluge a dû... faire... c'est-à-dire, qu'il a dû en résulter des hommes fossiles.

M. Derville. — Ta conjecture est très-probable, mon enfant ; mais la science n'admet que des faits positifs et prouvés, autant du moins qu'il est donné à l'homme de prouver quelque chose, et elle repousse, souvent avec trop d'orgueil, ce qui n'est que probabilité.

Cécile. — Mais, mon père, j'ai pourtant entendu parler d'un homme fossile et de son cheval fossile aussi, qu'on a trouvés dans la forêt de Fontainebleau ?

M. Derville. — Et tu as cru naïvement, comme une foule de gens, que l'homme et le cheval avaient été pétrifiés dans leur entier, c'est-à-dire, changés en grès ?

Amédée. — Est-ce que ce n'est donc pas ainsi que sont les *vrais* fossiles, mon père ?

M. Derville.—*Les vrais fossiles*, pour me servir de tes expressions, sont des ossements d'où la gélatine qu'ils contiennent à l'état de vie et même après la mort, a totalement disparu. Il ne reste que le phosphate calcaire qui a subi une certaine dilatation. Quant aux coquilles et aux polypiers, tantôt ils perdent leurs couleurs, leur brillant, leur nacre, tantôt ils les conservent en partie ; mais l'animal a disparu. Les parties cartilagineuses, les parties cornées, comme, par exemple, les sabots des ruminants, le bec des oiseaux disparaissent également.

Amédée.—Ainsi, il n'y a que les os qui résistent.

Cécile. — Et les végétaux fossiles, mon père ?

M. Derville. — Nous y viendrons tout-à-l'heure. Un poisson fossile, un oiseau fossile, un animal fossile ne sont donc autre chose que le squelette de ce poisson, de cet oiseau, de cet animal conservé dans un sédiment que le temps a transformé en pierre. Mais les chairs ont disparu. Quelquefois, bien souvent même, on ne trouve que des *empreintes*. Ainsi, par exemple, que le marteau du géologue ouvre une pierre en deux; le géologue trouve dans cette pierre l'empreinte de la valve supérieure et de la valve inférieure d'une moule, je suppose; ce sédiment s'est moulé autour de la coquille, mais la coquille a *fondu* comme l'animal qu'elle contenait. Dans les mines de houille, les *empreintes* de végétaux dont quelques-uns paraissent ne plus exister aujourd'hui, particulièrement dans le genre des fougères, offrent a l'amateur des échantillons fort curieux.

Amédée. — J'ai vu une empreinte de ce genre chez le père d'Eugène. Mais à présent il faudra que je la regarde de plus près.

M. Derville. — Il arrive parfois que dans l'intérieur de cette coquille bivalve, autour de laquelle le sédiment s'est moulé et pétrifié, se développe une cristallisation calcaire qu'on a prise jadis pour l'animal lui-même dans son entier; erreur dont aujourd'hui on est revenu.

Cécile. — Cela me rappelle l'os de la jambe de ce mineur et qu'on a trouvée toute couverte de...

Amédée. — De pyrites de fer.

M. Derville. — Les oxides des métaux s'introduisent assez souvent dans les ossements fossiles, et les colorent; ainsi, l'oxide de cuivre, par exemple, les métamorphose en turquoise.

Cécile. — Comment, cette jolie pierre bleue que j'aime tant, ce n'est pas une pierre ! c'est un morceau d'ossement ! ah ! cela me donne le frisson ! Porter en bagues, en boucles d'oreilles, en colliers les os des morts !...

Amédée. — Bah ! un os de chien ou de chat, puisqu'on ne trouve pas d'ossements humains.

Cécile. — Et la jambe de ce mineur !

Amédée. — C'est vrai ! voilà pourtant, mon père, un ossement humain ?

M. Derville. — Sans doute ; mais il ne peut pas compter au nombre des fossiles antiques, les seuls qui fassent foi pour l'histoire des révolutions de la terre. Le bois fossile ne présente rien qui rappelle son état ligneux. Pour celui-ci, il y a véritablement *pétrification* ; c'est-à-dire que toutes les molécules composantes ont été transformées en silex. Quelques minéralogistes prétendent que la transformation n'est pas réelle ; que des molécules siliceuses ont *remplacé* celles du bois, et c'est tout ; alors le bois aurait disparu et le silex en aurait pris la place. Quoi qu'il en puisse être, le bois pétrifié est une véritable pierre qu'on peut couper et polir comme on coupe et comme on polit le marbre.

Amédée. — Que tout cela est curieux ! Trouves-tu encore, Cécile, que l'étude des *vieux os*, comme tu disais hier, soit si ennuyeuse ?

— Non sûrement, répondit Cécile en devenant fort rouge. Mais aussi, c'est qu'elle est racontée par mon père.

M. Derville. — Les annales de la géologie, ma fille, se composent de documents plus certains que ceux de l'histoire proprement dite, et elles sont ouvertes à quiconque y veut regarder. Les immortels travaux des Cuvier et des Lamark ont débrouillé le chaos de ce qu'on appelait jadis *pétrifications;* et aujourd'hui il ne serait plus possible de mystifier personne, comme le fut, au siècle dernier, un bon naturaliste allemand plein de zèle et de crédulité.

Cécile. Oh! mon petit père, raconte-nous cette histoire, veux-tu?

M. Derville. — Volontiers; la voici telle que la rapporte M. Bory de St.-Vincent.

« Au temps où l'on croyait qu'un animal tout entier en chair et en os, pouvait se pétrifier, un naturaliste allemand entreprit une histoire in-folio des fossiles les plus remarquables. Il enrichit son livre d'une multitude de figures où étaient représentés tous ces prétendus monuments du vieux monde, trouvés dans diverses carrières de son pays. On y voyait des crapauds, des grenouilles, des serpents, jusqu'à des étoiles, des comètes, des petits pâtés...

—Ah! par exemple! s'écria Cécile, en riant de bon cœur.

M. Derville. — Des comestibles, le tout parfaitement conservé. La plus vaste érudition accompagnait ces figures remarquables... Mais quand l'ouvrage fut fini, quelques amis du savant lui envoyèrent un potier de terre avec le mémoire des fossiles fournis à juste prix.

Amédée. — Comment, un potier de terre?

M. Derville. — Et oui. Ce potier avait *pétrifié* lui-même les fossiles si exactement reproduits dans de beaux dessins; et les amis du savant avaient pris le soin d'aller les enfouir dans des couches où se trouvaient des fossiles réels. On dirigeait de ce côté les promenades géologiques, et le savant avait tout l'honneur des découvertes.

AMÉDÉE. — Ah! quelle indignité!

CÉCILE.—Mais c'est un conte, un vrai conte; ne le vois-tu pas bien, Amédée? n'est-ce pas, mon père?

M. DERVILLE.—Je le présume, ma fille. M. Bory de St.-Vincent l'aura composé pour se moquer des amateurs de fossiles en chair et en os.

MADAME DERVILLE. — Eh bien, mes enfants! que dites-vous de ce monde souterrain, à l'entrée duquel votre père vous a conduits?

AMÉDÉE. — Je dis, maman, qu'il est aussi intéressant a observer que le monde... visible...

CÉCILE. — Et moi aussi. Mais à propos de souterrains, mon père, il doit y avoir des villes souterraines?

M. DERVILLE. — Herculanum et Pompei peuvent être *classées*, je crois, dans les villes souterraines.

AMÉDÉE. — J'y pensais justement quand Cécile a fait sa question. Mon père, si on ne les avait pas découvertes, elles se seraient sans doute... fossilisées avec tout ce qu'elles contenaient?.. Dis donc, Cécile, quel étonnement lorsque, dans dix siècles, dans vingt siècles peut-être, on les aurait découvertes!

M. DERVILLE. — Je doute que dans dix siècles, dans vingt siècles, comme tu dis, mon fils, elles eussent été dans un autre état que celui où on les a trouvées, à l'époque des premières fouilles; à moins cependant que quelques nouvelles secousses n'eussent ouvert des issues à de nouveaux torrents de lave ; dans ce cas, tout aurait été détruit, et quelques fossiles seulement eussent marqué la place où avaient été jadis Herculanum et Pompei.

AMÉDÉE. — Mon père, j'étudierai bien certainement les fossiles ; mais je veux avant tout étudier l'homme qui forme le premier ordre dans la classe des mammifères, ainsi que je l'ai lu hier chez Eugène qui a de bon éléments d'histoire naturelle par M. Salacroux. Je croyais toujours que tu nous en parlerais.

M. DERVILLE. — Il n'y a point eu *oubli* de ma part, tu dois le penser, mon enfant. Mais ta sœur et toi vous m'avez paru être trop jeunes encore pour qu'il me fût possible de vous faire envisager cette étude comme elle doit l'être, sous le double rapport du moral et du physique. Écoutez ce qu'a dit à ce sujet l'éloquent M. Mignet, dans la notice historique qu'il a faite sur la vie et les travaux de Broussais.

« Dans les temps anciens.... on connaissait peu ou mal le corps humain, ce chef-d'œuvre de la création divine, cette matière organisée, vivante, sensible, intelligente, qui, sous un si petit espace et avec un tissu en apparence si fragile, lutte victorieusement contre ces puissantes forces de la nature physique, se les assimile, et ne tombe sous leur empire que lorsque le principe qui l'anime fléchit ou succombe ; ce vaste ensemble d'appareils si divers qui pourvoient à la conservation de l'homme et le mettent en relation avec l'univers entier ; cette admirable structure osseuse si bien combinée pour les soutenir et les protéger ; ces muscles si ingénieusement appropriés, par leur position et leur forme, aux mouvements qu'ils sont destinés à accomplir en vertu d'une mécanique mystérieuse ; ces nerfs doués d'une sensibilité si variée, qui transmettent la connaissance des objets extérieurs à l'intelligence et les impressions de la volonté ou des instincts conservateurs aux muscles ; ces vaisseaux qui portent la substance réparatrice dans toutes les parties du corps, où, par l'entremise de mille forces diverses, elle subit les transformations les plus merveilleuses et les plus différentes ; ces grands viscères dont l'un fait le sang par une chimie compliquée et qui sera peut-être éternellement insaisissable, dont l'autre le pousse, par un mouvement régulier partout où il doit entretenir la vie, et dont le troisième le régénère en lui apportant dans ses cellules, qui se remplissent et se vident sans cesse, l'air destiné à lui rendre les qualités qu'il a perdues dans sa course et par ses distributions à travers le corps ; tous ces organes enfin qui, dans des limites précises et avec une harmonie admirable, voient, entendent, sentent, se meuvent, respirent, analysent, composent, secrètent sous la direction de la volonté, ou sous l'impulsion d'une puissance instinctive plus habile encore que si elle était raisonnée, car elle a l'intelligence qui lui vient de son Créateur ; et, au-dessus de tous les autres, cet organe supérieur qui semble les dominer par sa place comme par ses fonctions, qui est le signe et le moyen de manifestation de la pensée à l'aide de laquelle l'homme ne prolonge pas seulement la vie dont il connaît mieux les conditions, mais s'élève au-dessus d'elle pour contempler les lois de l'univers et remonter à son Auteur ! »

MADAME DERVILLE. — Quel admirable exposé ! quelle clarté ! quelle éloquence !

AMÉDÉE. — Mon père, si tu nous avais lu ce beau morceau dans le temps où nous avons commencé à nous occuper d'histoire naturelle, nous n'y aurions rien compris du tout, à cause de notre ignorance ; mais aujourd'hui..... Il faudra que je l'écrive pour le méditer à mon aise.

M. DERVILLE. — Un vaste champ est ouvert à vos études, mes enfants, vous le savez maintenant. Travaillez donc, et que vos propres observations viennent à l'appui du peu que je vous ai enseigné. Nous n'avons fait autre chose, depuis trois mois, qu'apprendre qu'il y a beaucoup à apprendre ; songez-y sans cesse pour vous exciter à la patience et à la persévérance.

CÉCILE. — Mais, mon père, tu nous parleras pourtant encore d'histoire naturelle d'ici à l'année prochaine ?

M. DERVILLE. — Je vous en parlerai à tous les deux si vous me prouvez que vous cherchez à acquérir quelque chose par vous-mêmes, en faisant des herbiers, en recueillant des chenilles pour former des collections de papillons, des cailloux, des pierres pour commencer un cabinet minéralogique ; en examinant les couches dont se compose ce terrain dans lequel on commence à creuser, aux environs, les carrières d'où l'on extraira de la pierre. Vous me le prouverez encore si vous questionnez les paysans sur leurs travaux, sur leurs troupeaux, sur leurs basses-cours ; et enfin si vous notez avec soin les faits que vous aurez recueillis et les observations d'autrui.

Cécile. —Maman, tu nous aideras, n'est-ce pas?

Madame Derville. — Oui, ma fille.

Cécile. — Et toi aussi, tu m'aideras, mon frère ; tu me l'as promis.

Amédée.—Je te le promets encore ; voici ma main!

— Et voici la mienne, dit madame Derville avec un doux sourire. Courage, mes enfants! Rien ne nous manquera pour nos études. Nous avons la nature, les observations pratiques de ceux qui ont beaucoup fait, beaucoup vu ; des livres, et, par-dessus tout, un professeur dont tous les deux vous avez éprouvé plus d'une fois la patience et la bonté. »

Amédée et Cécile s'élancèrent au cou de leur père qui les serra tendrement sur sa poitrine, en disant d'une voix émue : « Mes enfants, nous sommes tous maintenant sur la route qui conduit au bonheur! »

FIN DU TOME II ET DERNIER.

TABLE DES MATIERES

DU TOME SECOND.

Cinquième partie.—Les Insectes.

Sixième partie.— Les Animaux - Plantes.

FIN DE LA TABLE DU DEUXIÈME ET DERNIER VOLUME.

www.ingramcontent.com/pod-product-compliance
Lightning Source LLC
LaVergne TN
LVHW020554180726
843502LV00002B/237